統計学図鑑

栗原伸一・丸山敦史／共著
ジーグレイプ／制作

統計学は
科学の
文法である

K・ピアソン（1892）

はじめに

少し前になりますが、ニューヨーク・タイムズが大学を卒業する学生に向けて以下のようなタイトルの記事を贈りました[1]。

「今日、卒業する者達へひと言だけいわせてもらおう。“統計”だ。」

同記事では、Googleのチーフエコノミストが、「今後10年で最も魅力的な職業はStatistician（統計専門家）になる」と述べています。そしてGoogleだけでなく、マイクロソフトやIBMといった世界をリードする企業が、すでにそうした人材をこぞって奪いあっていることは、有名な話です。

一方、我が国でも事情は同じです。私は、最近、社会人を対象とした統計セミナーの講師をよく頼まれるのですが、受講生はみな「統計学をもっと大学でまじめに勉強しておけば良かった」と後悔しています。そして、いかに企業では統計分析をできる人材が必要とされており、不足しているのかを語ってくれます。

本書は、主にそうした「学校や会社で統計分析が必要になったが、何をどうすれば良いのかわからない」という方や、「基本的な入門書は読んだが、実際に使おうとなると、どの手法を選べば良いのかわからない」という方などを想定し、基礎的な部分から応用編まで、まんべんなく解説するように心がけました。

オーム社から2011年に発売した『入門 統計学―検定から多変量解析・実験計画法まで―』は期せずして大変な好評をいただきました。本書は、二匹目のドジョウを狙った訳ではありませんが（少しはあります…）、その内容や構成を土台としつつも、図表やイラストを多用することで、図鑑のようにどこからでもパラパラとめくるだけで、気楽に学べるように工夫してみました。また、表計算ソフトではできないような分析手法については、無料ソフト「R」（アール）による方法を記載しました。もちろん、本書で使用しているデータは、オーム社のサイトから入手できます[2]。

そして今回は、大学の同僚の丸山敦史先生にご協力いただくことで、（手前味噌で恐縮ですが）画期的にわかりやすい内容になったと自負しております。

さあ、一緒に統計学の扉を開いて、科学的なデータ分析を始めましょう！

2017年8月

著者代表　栗原　伸一

1）当記事は現在（2017年8月）でも、下記URLで読むことができます。
http://www.nytimes.com/2009/08/06/technology/06stats.html

2）書籍連動／ダウンロードサービス
http://www.ohmsha.co.jp/data/link/bs01.htm

もくじ

第４章　信頼区間の推定

第５章　仮説検定

第６章　分散分析と多重比較

第7章　ノンパラメトリック手法

第8章　実験計画法

第9章　回帰分析

第10章　多変量解析

第11章　ベイズ統計学とビッグデータ

【コラム】

【偉人伝】

Now you see.

序章　統計学とは？

統計学とは？

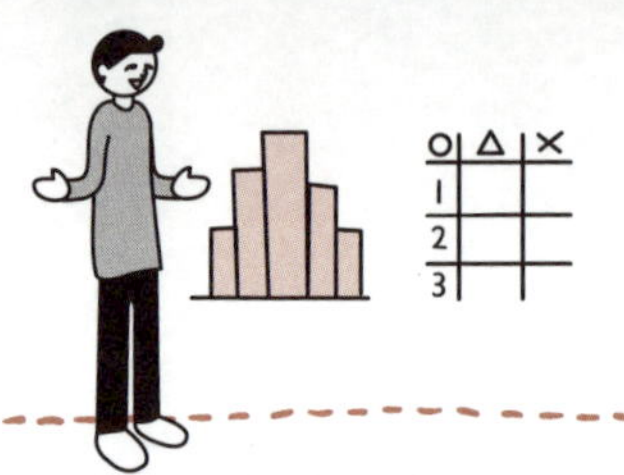

統計学は、いまや自然科学の分野だけでなく、心理学など社会科学の分野でもなくてはならない学問となりました。

統計学

- 統計学とは、データを統計量（平均など）や図・表にまとめて、その特徴をとらえる学問です。

統計学の種類

- 手元にあるデータの特徴をとらえる記述統計学、その背景にある母集団の特徴を標本からとらえる推測統計学、マーケティングなどで注目されているベイズ統計学などがあります。

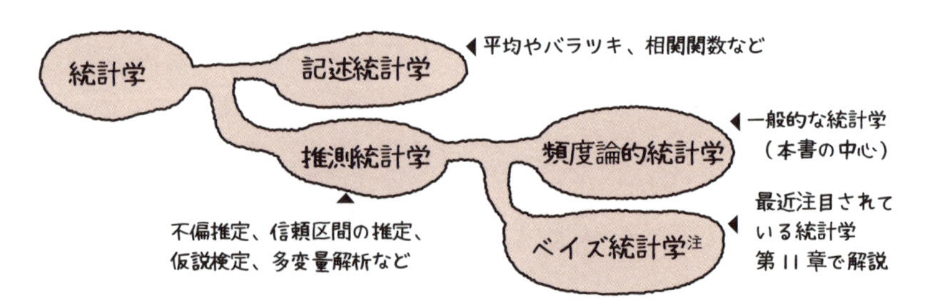

注：ベイズ統計学を推測統計学に含めないとする考え方もあります。

統計（statistics）･･･分析対象となる集団の特徴を測定したデータの集合。統計学の意味でも使用される。
統計学（statistics）･･･対象集団の特徴を把握する方法を体系化したもので、記述統計学と推測統計学がある。

歴史といっても、統計学は学問の一分野ですので、ある日ある人が突然ひらめいたわけではありません。このコラムでは、現代の統計学を築きあげた偉大な統計学者達のなかから、とくに重要な方々を紹介させていただきますが、その前に統計学の発展の歴史を簡単にまとめておきたいと思います。

①統計の発祥：国勢調査

「統計学」というと学問ですが、ただ「統計」というと、データの集合という意味合いが強くなります。統計（学）は英語でstatisticsといいますが、その語源が国家の状態を意味するstatusにあるように、統計（学）の起源は、国家が税や役を徴収するため実施した国勢（人口）調査でした。たとえば、古代エジプトではピラミッドを作るために実施された記録がありますし、日本では飛鳥時代に田の面積と紐付けされた調査が実施されました。

②初めての統計分析：疫学から始まった記述統計学

ペストがロンドンで猛威を振るった17世紀中頃、ジョン・グラントによって、初めて統計分析が実施されました。彼は教会が保存していた統計（死亡記録）を使って、幼少期の死亡率が高いことや、地方よりも都市の死亡率が高いことなどを明らかにし、偶然に発生していると考えられていた社会現象も、大量に観察すれば一定の法則を見いだせることを示しました。こうした記述統計学は、その後、カール・ピアソンによって大成されました。

③確率論で全体を占う：推測統計学

20世紀に入り、フィッシャーやゴセットが、ついに小標本（少ないデータ）から母集団の特徴（母数）を推測する考え方に到達しました。また、近年では、母数自体が確率分布すると考えるベイズ統計学も注目されています。現代の生活や研究に不可欠な推測統計学が誕生してからまだ100年も経っていないことに驚かされますね。

母集団
標本

02

統計学でできること

みなさんが生活するうえで、統計学はすでに無くてはならないものになっています。どのようなことができるのか、具体的な事例をあげてみましょう。

記述統計学

- 手元にあるデータの特徴（平均やバラツキ）や傾向をとらえます。
- たくさんの（標本サイズの大きな）データを対象とした統計学です。

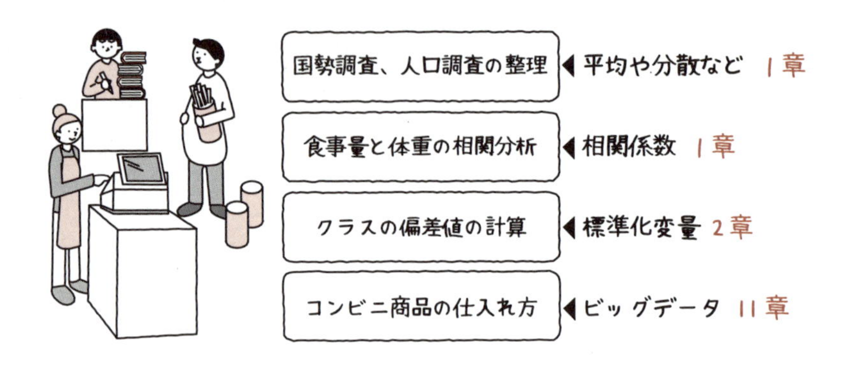

推測統計学

- 標本の情報を使って、母集団の特徴を推測します。
- 不偏推定、信頼区間の推定、仮説検定が主な内容となります。

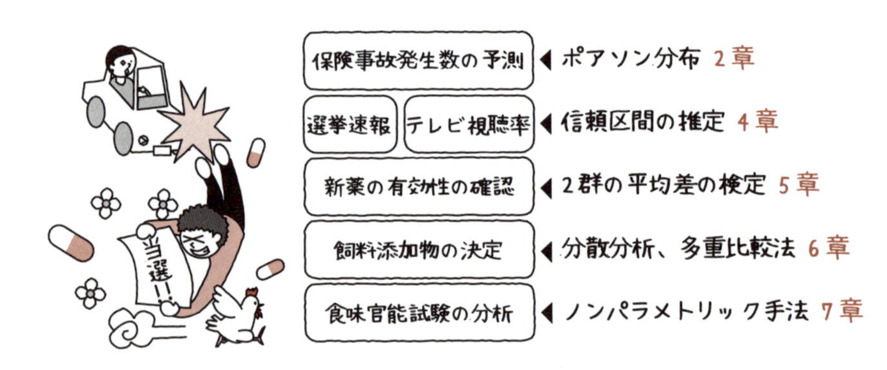

記述統計学（descriptive statistics）･･･観測したデータの特徴を、平均や分散などの統計量や図表から捉える学問。
推測統計学（inferential statistics）･･･観測したデータから、背景にある母集団の特徴について推定や検定をする学問。

実験計画法

- 実験を成功させるためのマナー集です。
- 時間やスペースを節約する方法もあります。

実験の順番や配置	フィッシャーの3原則	8章
製品の品質管理	直交計画法	8章
被験者（データ）数の決定	検出力分析	8章

重回帰分析・多変量解析

- たくさんの変量（変数）を一度に処理する手法の総称です。
- 複雑な問題を単純なモデルでとらえ、予測や評価をします。

中古車買い取りの査定	重回帰分析	9章
検査結果からの疾病診断	プロビット分析	9章
企業の経営診断	主成分分析	10章
入社適性試験	因子分析	10章
ブランドのポジショニング	コレスポンデンス分析	10章

ベイズ統計学

- 知識や経験、新しいデータを柔軟に取り込むことができます。
- 徐々に学習させて精度を向上させることができます。

迷惑メールの振り分け
機械翻訳
画像解析
Webアクセスログ分析（マーケティング）

→ ベイズ統計学 11章

実験計画法（experimental design）･･･空間や時間の配置法や標本サイズの決定、実験の効率化に関する方法論。
ベイズ統計学（Bayesian statistics）･･･知識や経験、新しいデータを柔軟に取り込む統計学で、ベイズ推定が中心となる。

Data is here.

第1章　記述統計学

いろいろな平均

平均は、データの中心的な値を表すものです。

▶▶▶算術平均

- xの算術平均は次のように計算します。xは変数、nはデータの個数です。

算術平均 $\bar{x}=(x_1+x_2+x_3+\cdots\cdots+x_{n-1}+x_n)\div n$　　$\bar{x}$はエックスバー

- ここに、月別の電気代のデータが１年分あります。これをならして、ひと月当たりの平均的な電気代を知りたい場合は、算術平均を用いてください。

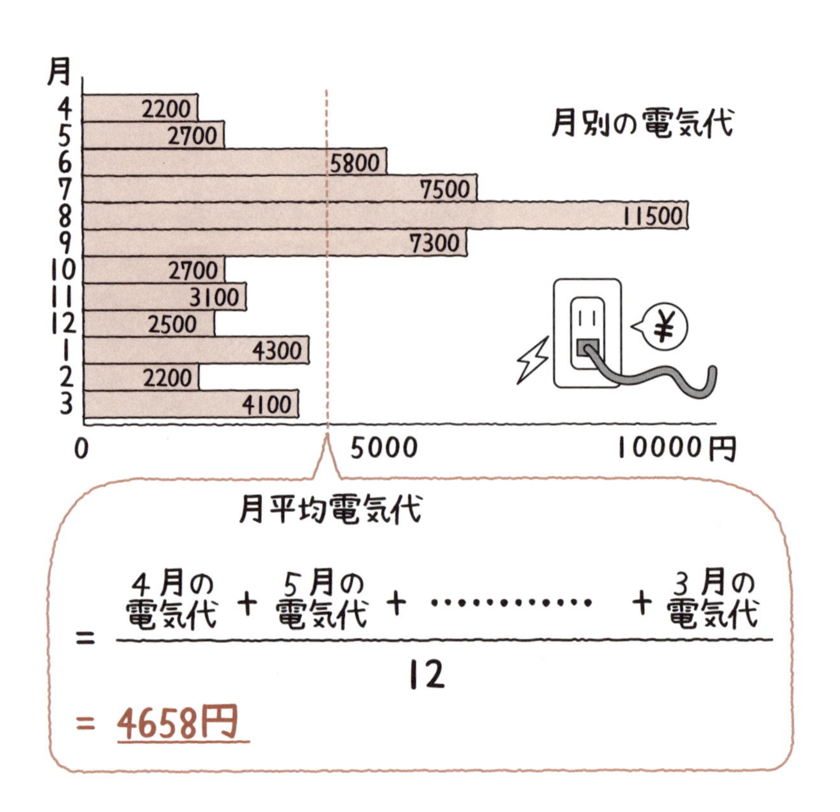

月平均電気代
$$= \frac{\text{4月の電気代} + \text{5月の電気代} + \cdots\cdots + \text{3月の電気代}}{12}$$
$$= \underline{4658\text{円}}$$

算術平均 (arithmetic mean) •••「平均」といえばこれ。データの総和をデータの個数で割ったもので、外れ値の影響を強く受ける。相加平均とも呼ばれる。

幾何平均

- xの幾何平均は次のように計算します。

$$\text{幾何平均}\quad \overline{x_G} = \sqrt[n]{x_1 \cdot x_2 \cdot x_3 \cdot \cdots\cdots \cdot x_{n-1} \cdot x_n}$$

Gは "Geometric"
$\sqrt[n]{x}$ はxのn乗根

- 幾何平均は、年々の成長率や対前年比といった数値の平均を求めるのに適しています。

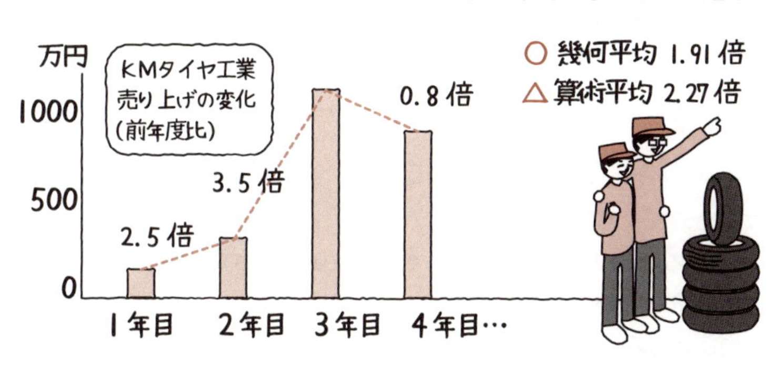

調和平均

- xの調和平均は次のように計算します。

$$\text{調和平均}\quad \overline{x_H} = \frac{n}{\frac{1}{x_1} + \frac{1}{x_2} + \frac{1}{x_3} + \cdots + \frac{1}{x_{n-1}} + \frac{1}{x_n}}$$

Hは "Harmonic"

- 調和平均は、一定の距離を移動する際の平均速度を求めるときに用いられます。

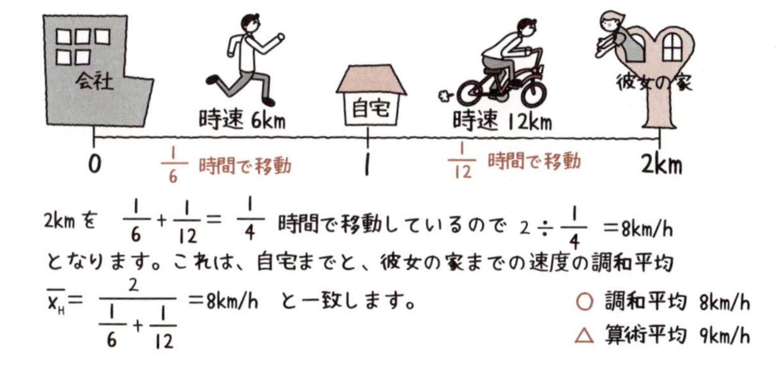

2kmを $\frac{1}{6} + \frac{1}{12} = \frac{1}{4}$ 時間で移動しているので $2 \div \frac{1}{4} = 8\text{km/h}$
となります。これは、自宅までと、彼女の家までの速度の調和平均
$\overline{x_H} = \frac{2}{\frac{1}{6} + \frac{1}{12}} = 8\text{km/h}$ と一致します。

○ 調和平均 8km/h
△ 算術平均 9km/h

幾何平均 (geometric mean) …成長率や利率の平均値を計算したいときに用いる。相乗平均とも呼ばれる。
調和平均 (harmonic mean) …速度や電気抵抗の平均値の計算に用いる。算術平均≧幾何平均≧調和平均となる。

12

データのバラツキ①

～分位数と分散～

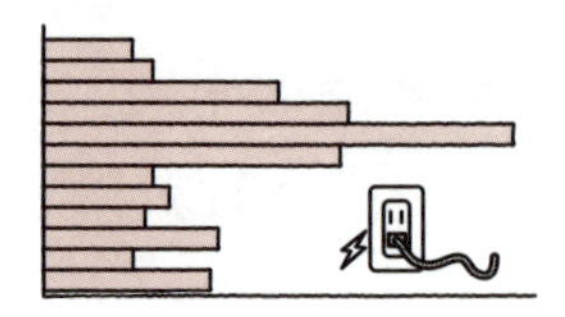

平均だけでは、データがどのようにばらついているのかわかりません。そこで、最大値、最小値、分位数、四分位範囲、分散（標準偏差）といった指標を用いて、データのバラツキ方を把握します。

分位数

- n個のデータを小さい数から大きい数に並べ、それをk等分したときに、その境になった数値を分位数と呼びます。
- よく用いられるのは四分位数（k=4）です。数値の小さい方から第1四分位数、第2四分位数、第3四分位数と呼びます。第2四分位数は全体の中央に位置することから、中央値とも呼ばれます。

←　四　分　位　範　囲　→

2200　2200　2500	2700　2700　3100	4100　4300　4800	7300　7500　11500

第1四分位数（2600）　第2四分位数（中央値）（3600）　第3四分位数（6050）

四分位範囲

- 第3四分位数 と第1四分位数の差のことです。データが中央値の周りに集中しているほど、四分位範囲は小さくなります。

偏差

- データの値と平均値との差。偏差（絶対値）が大きなデータが多ければバラツキの大きなデータセットであるといえます。

$$偏差(d_i)=観測値(x_i)-平均値(\bar{x})$$

分散

- 偏差は、個々のデータについて計算されますが、分散はそれを1つの指標にしたものです。次の式で計算されます。

四分位数（quartile）…データを大きさの順に並べて4等分したときに、それぞれの境に来る数値のこと。
中央値（median）…データを大きさの順に並べたときに真ん中に来る数値のこと。外れ値の影響を受け難い。

$$\text{分散}\quad s^2=\{(x_1-\bar{x})^2+(x_2-\bar{x})^2+\cdots\cdots+(x_n-\bar{x})^2\}\div n$$
$$=\frac{1}{n}\sum_{i=1}^{n}(x_i-\bar{x})^2$$

- 右辺の第１項目は偏差平方和、分散の正の平方根は標準偏差（s）といいます。

▶▶▶外れ値

- データの平均から大きく外れた値を外れ値と呼びます。

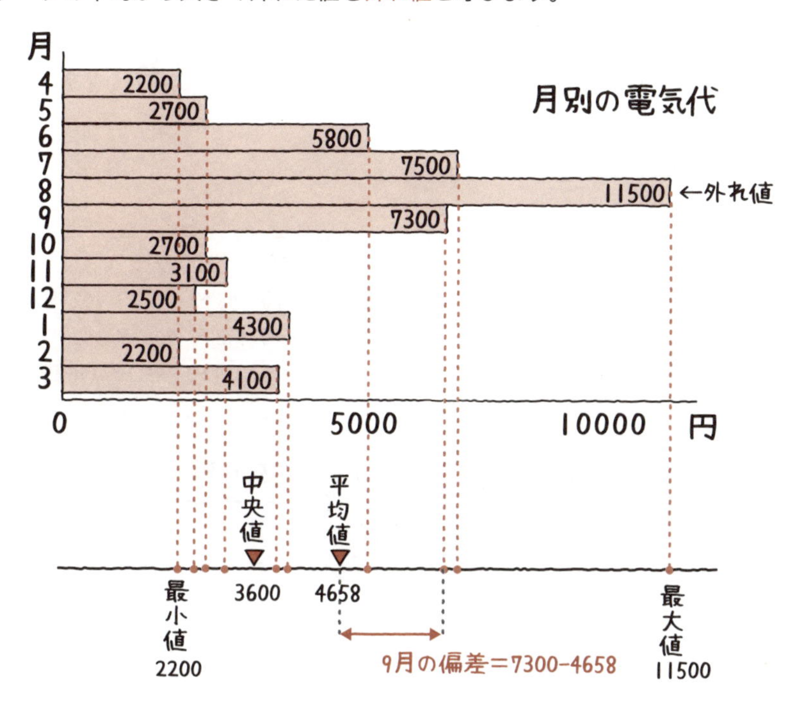

電気代の平均値は4658円で
最大値は11500円
どの季節が多いのかな？

電気代のバラツキはどうだろう？

分散（variance）…データが、平均値の周りにどの程度ばらついているかを表す指標。偏差の２乗の平均値。
標準偏差（standard deviation）…分散の正の平方根。単位がデータと同じになるので便利。

1 3

データのバラツキ②

～変動係数～

変動係数

- ２つのデータのバラツキ度合いを比較する場合に用います。
- 変動係数は、次の式で計算されます。

$$\text{変動係数（CV）}=\text{標準偏差（s）}\div\text{平均（}\bar{x}\text{）}$$

- 価格の変動が大きいのはどちらでしょうか？

牛肉（100グラム）

256円	260円	266円	269円
257円	257円	266円	267円
264円	266円	262円	260円

豚肉（100グラム）

194円	195円	195円	202円
196円	193円	200円	192円
191円	191円	195円	196円

牛肉		豚肉
262.5円	算術平均 $\bar{x}$	195.0円
4.25円	標準偏差 s	3.19円
0.016	変動係数 CV	0.016

- 標準偏差は牛肉の方が大きいのですが、変動係数は同じです。したがって、バラツキ度合いに違いはないことがわかります。

度数分布表を用いた平均値と分散の求め方

データが度数分布表（下）で与えられている場合は、階級値（階級の中央値）を用いて平均と分散の近似値を求めることができます。

階級	階級値	度数
255-259円	257円	3
260-264円	262円	4
265-269円	267円	5

平均＝（階級値×度数の和）÷データの個数
　　＝$(257\times3+262\times4+267\times5)\div12=262.8$

分散＝（階級値－平均）の２乗の平均
　　＝$((257-262.8)^2\times3+(262-262.8)^2\times4+(267-262.8)^2\times5)\div12=15.97$

変動係数（coefficient of variation）…標準偏差を平均値で割ったもの。異なる単位を持つ群間で、バラツキの程度を比較するときに用いる。

HELLO I AM...

カール・ピアソン

Karl Pearson（1857-1936）

標準偏差や相関係数、ヒストグラムなど、現在の記述統計学はカール・ピアソンによって大成されました。1857年に、弁護士の子としてロンドンに生まれたピアソンは、高校にも満足に通えないほど病弱でした。それでも大学入学後は数学に没頭し、卒業後は物理学を学ぶためにドイツに留学しますが、むしろそこでは文学や法学、社会主義に興味を示します。もともとCarlであった名前をKarlにしたのも、この頃有名な経済学者であるカール・マルクス（Karl Marx）に影響を受けたためといわれています。翌1880年に帰国後も法学の勉強を続けますが、ほどなく数学の世界に戻り、ロンドンのいくつかの大学で応用数学の教授を歴任します。

こうした“応用数学者”ピアソンを統計学の世界に引き込んだのが、大学の同僚で動物学者であったウェルドンです。ウェルドンは、ゴルトンの影響を受け、生物の進化を統計的に解明しようとしていました。そこで数学の得意なピアソンに協力を仰いだのです。ピアソンは、こうしてウェルドンと一緒に、遺伝や進化の問題に対して統計的な手法を使って接近しようとしますが、その過程で、近代統計学になくてはならない数多くの概念や手法を考えついたのです。そうした活躍が認められ、1911年にゴルトンが亡くなると、ピアソンは後継者としてユニバーシティ・カレッジ・ロンドンの優生学部の初代教授になり、世界で初めてとなる（応用）統計学部を創設します。

さて、数あるピアソンの業績のなかでもっとも重要なのは、χ^2分布を使った検定方法の考案でしょう。本書の第7章で解説している「独立性の検定」とほぼ同じ内容である「適合度検定」において、観測度数と期待度数の間の一致を測る尺度としてχ^2分布に従う統計量を独自に思いついたのです（ただし、χ^2分布自体はヘルメルトという測地学者がすでに発見していました）。また、初めて充実した数値表をまとめたほか、モーメント法という母数推定法も考え出しました。

晩年はフィッシャーや息子のエゴンらの推測統計学の台頭によって、すっかり影の薄くなってしまったピアソンですが、近年になって1892年に出版した『科学の文法（*The Grammar of Science*）』が再び注目を浴びるなど、世界的に再評価の機運が高まっています。なお、この本は、いわゆる科学哲学書で、「科学を言語とするならば、統計学は文法のようなもので、必要不可欠である」ことを説いており、アインシュタインや夏目漱石も影響を受けたといわれています。日本語版は残念ながら絶版となってしまいましたが、英語版ならばインターネット上で無料閲覧できます。

1 4

変数の関連性①

～相関係数～

販売宣伝費と売上、気温と収量、ゲームの時間と成績など、２つの変数間に想定される「一方が増えるともう一方も増える」「一方が増えるともう一方は減る」といった直線的な関係を相関といいます。

ピアソンの積率相関係数

- 相関の程度を表す指標で-1から1の値をとります。
- 変数ｘと変数ｙの相関係数は次の式で計算されます。

$$\text{相関係数}\quad r=\frac{(x_1-\bar{x})(y_1-\bar{y})+(x_2-\bar{x})(y_2-\bar{y})+\cdots+(x_n-\bar{x})(y_n-\bar{y})}{\sqrt{(x_1-\bar{x})^2+(x_2-\bar{x})^2+\cdots+(x_n-\bar{x})^2}\sqrt{(y_1-\bar{y})^2+(y_2-\bar{y})^2+\cdots+(y_n-\bar{y})^2}}$$

消費者	りんごの購入量（x）	みかんの購入量（y）	$x-\bar{x}$	$y-\bar{y}$
1	1	2	-2.5	-0.5
2	2	1	-1.5	-1.5
3	5	4	1.5	1.5
4	6	3	2.5	0.5
平均	3.5	2.5	0	0

$$r=\frac{(-2.5)(-0.5)+(-1.5)(-1.5)+(1.5)(1.5)+(2.5)(0.5)}{\sqrt{(-2.5)^2+(-1.5)^2+(1.5)^2+(2.5)^2}\sqrt{(-0.5)^2+(-1.5)^2+(1.5)^2+(0.5)^2}}=0.76$$

- rが1に近いと正の相関（一方が増えるともう一方が増える、または、一方が減るともう一方も減る）が強くなり、散布図上の点は右上がりに分布します。

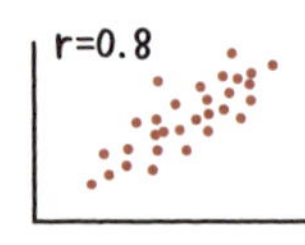

- 反対に、-1に近いと負の相関（一方が増えるともう一方は減る、または、一方が減るともう一方は増える）が強くなり、散布図上の点は右下がりに分布します。

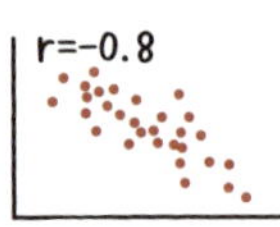

- 0に近いときは、相関がない（無相関）ことを示し、散布図上の点は円を描くように分布します。

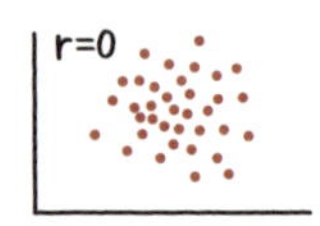

相関係数（coefficient of correlation）… ２つの変数間の関連性（相関）がどの程度強いかを表す指標。１に近いほど正の相関が強く、－１に近いほど負の相関が強い。０のときは無相関となる。

HELLO I AM...

フランシス・ゴルトン

Francis Galton（1822-1911）

その名称の通り、相関係数を定式化したのはカール・ピアソンですが、この概念を最初に思いついたのは、師匠で優生学者のゴルトンです。

1822年、バーミンガムの裕福な銀行家に生まれたゴルトンは、父親の希望で嫌々ながらも医学部へ入学しますが、結局はケンブリッジ大学で数学を学びました。大学卒業と同時期に父親が亡くなると、これ幸いとアフリカ探検に明け暮れ、そこで色々な人種に出会ったことが、ゴルトンを優生学の道へと進ませたようです。

1875年、ゴルトンは優生学の１つの根拠として、人間の身長が遺伝することを確かめようとしました。まずはデータを集めやすいスイートピーを使って、種子の重さが親子間で遺伝するか調べたところ、予想どおり重い種子のスイートピーからは重い種子がとれたのですが、もう１つ興味深い現象が起きていることに気がつきました。親の種子よりも子の種子の重さのバラツキの方が小さくなっていたのです。ゴルトンは、生物のあらゆる形質が極端にならず、種を維持していけるのは、この現象、つまり世代間で少しずつ平均（先祖）へ退行する力が働いているからだと考えたのです。その後、この現象を「回帰」と呼び、実際にイギリスで膨大な親子の身長を測定し、人間でも起こることを確認しました（下図）。そして、この親子間の身長の関係の強さを示す尺度として相関係数を考え出したのです。

ゴルトンは、生涯で340を超える論文や本を書きました。四分位範囲や中央値もゴルトンが考え出したものですし、天気を予想するために重回帰分析の土台となる考え方にも到達していました。また、指紋を利用して犯罪者の特定を行う捜査方法の確立にも貢献するなど、多産・多才な科学者でした。晩年には、遠縁にあたるナイチンゲールから相談をうけたことをきっかけに、大学に統計学の学部を創立するなど、近代統計学に多大な貢献をし、89歳でその生涯を閉じました。

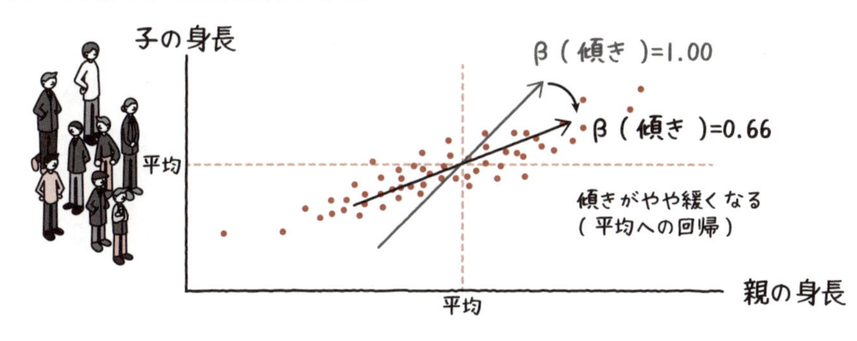

15

変数の関連性②

～順位相関～

順位のデータしか利用できない場合や、２つの変数間に曲線的な関係が想定される（散布図が曲線状になる）場合は、順位相関係数を用います。

スピアマンの順位相関係数

- 順位データに対して計算したピアソンの積率相関係数が、スピアマンの**順位相関係数**です。
- 連続変数（連続的な値をとる変数）の場合は、まず順位データに変換します。

消費者	x の順位	y の順位	$x-\bar{x}$	$y-\bar{y}$
1	1	2	-1.5	-0.5
2	2	1	-0.5	-1.5
3	3	4	0.5	1.5
4	4	3	1.5	0.5
平均	2.5	2.5	0	0

スピアマンの順位相関係数

$$\rho = \frac{(-1.5)(-0.5)+(-0.5)(-1.5)+(0.5)(1.5)+(1.5)(0.5)}{\sqrt{(-1.5)^2+(-0.5)^2+(0.5)^2+(1.5)^2}\sqrt{(-0.5)^2+(-1.5)^2+(1.5)^2+(0.5)^2}} = 0.60$$

（ρ：ロー）

ケンドールの順位相関係数

- x についての順位と y についての順位が一致しているかどうかに着目して、相関の程度を測る指標です。
- 消費者１の順位データ（x_1、y_1）と消費者２の順位データ（x_2、y_2）について、

①$x_1<x_2$ かつ $y_1<y_2$、または、$x_1>x_2$ かつ $y_1>y_2$ であるとき→順位の一致

②$x_1<x_2$ かつ $y_1>y_2$、または、$x_1>x_2$ かつ $y_1<y_2$ であるとき→順位の不一致、と判定します。

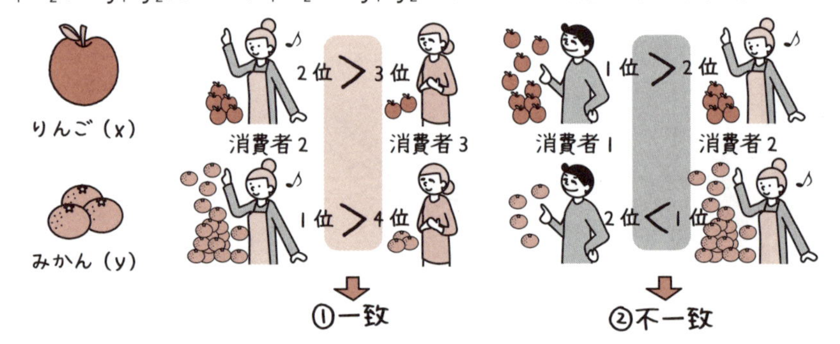

順位相関係数（coefficient of rank correlation）…２つの順序変数間の相関の強さを測る指標。スピアマンの順位相関係数とケンドールの順位相関係数がある。どちらの手法を用いるかについての明確な基準はない。

●3人の消費者の順位データについて、「順位の一致」がみられる場合に○を、「順位の不一致」がみられる場合に×を割り当てます。

消費者	x の順位	y の順位	消費者 1	消費者 2	消費者 3
1	1	2			
2	2	1	×		
3	3	4	○	○	
4	4	3	○	○	×

	消費者 1	消費者 2	消費者 3	計
○の数	2	2	0	4
×の数	1	0	1	2

●ケンドールの順位相関係数は、A = ○の数、B = ×の数、n = データの対の数（例では4）としたとき、次式で求められます。同順位がある場合は計算式が異なります。

ケンドールの順位相関係数

$$\tau = \frac{(A-B)}{(n\text{個から}2\text{個取り出す組み合わせの数})}$$

$$= \frac{4-2}{\frac{1}{2}\cdot 4 \cdot (4-1)} = 0.33$$

組み合わせの数について

●A・B・C・Dから、２つ取り出すときの組み合わせは、(A・B) (A・C) (A・D) (B・C) (B・D) (C・D) の6通りとなります。この時、(A・B) と (B・A) は同じものとして考えています。

●A・B・C・D・Eの場合は、(A・B) (A・C) (A・D) (A・E) (B・C) (B・D) (B・E) (C・D) (C・E) (D・E) の10通りです。

●一般にn個から2個取り出す組み合わせの数は$\frac{1}{2}n\cdot(n-1)$で求められます。

また、n個からx個取り出す組み合わせは、${}_nc_x = \frac{n!}{x!(n-x)!}$で求められます。（x!はxの階乗と読み、x!=x × (x-1) ×…× 2 × 1と計算します。）

組み合わせ（combination）…異なるn個のものからx個を取り出す方法のこと。

Where is
“everywhere” ?

第2章　確率分布

2 | 1

確率と確率分布

サイコロ投げやコイン投げで何が出るか、その結果は実際に投げてみるまで分かりません。しかし、コインを投げでは「50%の可能性で表が出る」というように、結果を予測（期待）することはできます。
結果は偶然的に決まるものの、その決まり方が予測できる事柄を考えるときは、確率や確率分布を用います。確率分布は、推測統計学の基礎になります。

事象

- 実験や観測など何らかの行為（試行）によって生じた結果のことです。サイコロ投げの例では、「出た目」が事象にあたります。

確率

- ある事象がどの程度起こりやすいか（偶然性の程度）を数値化したものです。すべての事象についての確率を合計すると、1（100%）になります。

確率変数

- 試行して初めて結果がわかる変数を確率変数と呼びます。そして、変数のとる値が、1、2、3、・・・のように、とびとびの値になっているものは離散確率変数、身長や体重、売上金額のようにある範囲でどのような値も取りうるものは連続確率変数と呼びます。

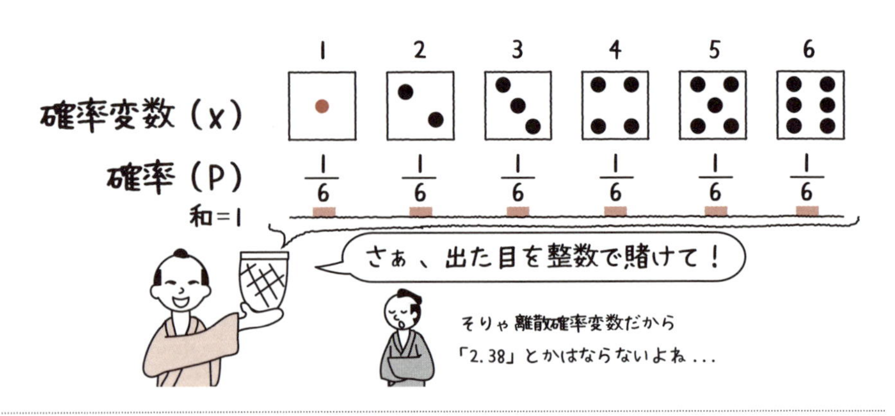

確率変数（random variable）・・・取りうる値の表れやすさが確率によって定義されている変数のこと。

▶▶▶確率分布

- 確率変数のとる値と、その値が実現する確率の関係を表したものです。以下のような、確率分布があります。

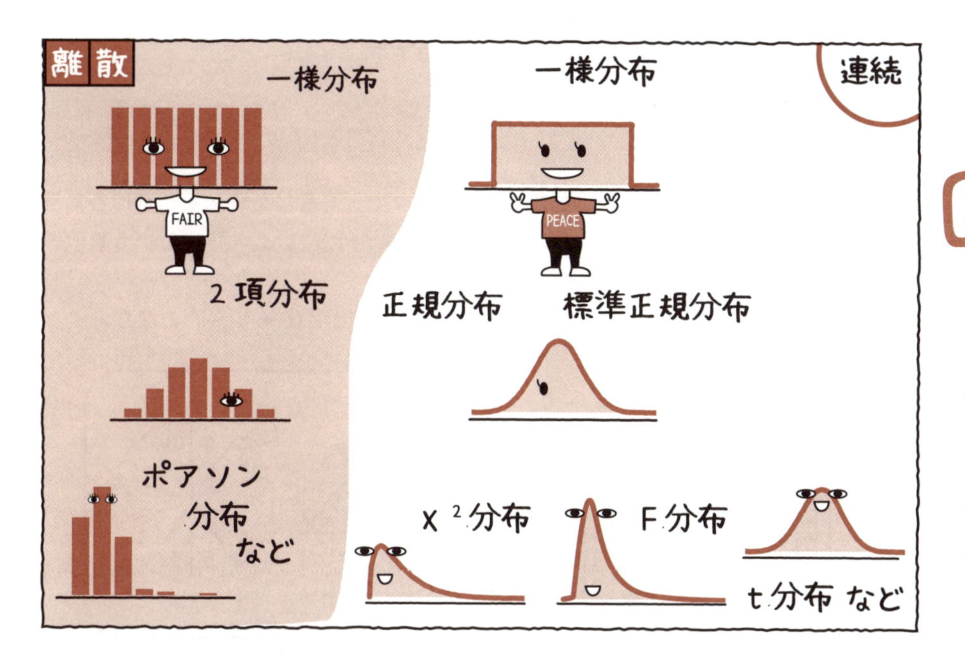

母集団

- 日本人の身長について知りたければ、「全ての日本人の身長」が研究の対象となります。この全ての研究対象を、母集団と呼びます。
- 母集団の分布（この例では、日本人の身長の分布）のことを、母集団分布と呼びます。
- 母集団分布の平均や分散のこのこと、母平均（μ）、母分散（σ^2）といい、これらを合わせて母数（θ）と呼びます。

確率分布（probability distribution）…確率分布をみれば、確率変数のどのような値が実現しやすいか、実現し難いかが分かる。人数、個数などが対象の場合は離散型を、身長、体重などが対象の場合は連続型を用いる。

2 2

確率が等しい分布

～一様分布～

各事象の起きる確率（生起確率）が等しい分布です。

離散一様分布

- サイコロ投げでそれぞれの目が出る確率、ダーツで当選番号を決めるときに各番号が当たる確率などは、生起確率が等しく、確率変数が1、2、3、・・・という離散的な値をとるので、この一様分布に従います。
- $x=\{1, \cdots, n\}$ の値をとるとき、平均は $\mu=\frac{n+1}{2}$、分散は $\sigma^2=\frac{n^2-1}{12}$ となります。

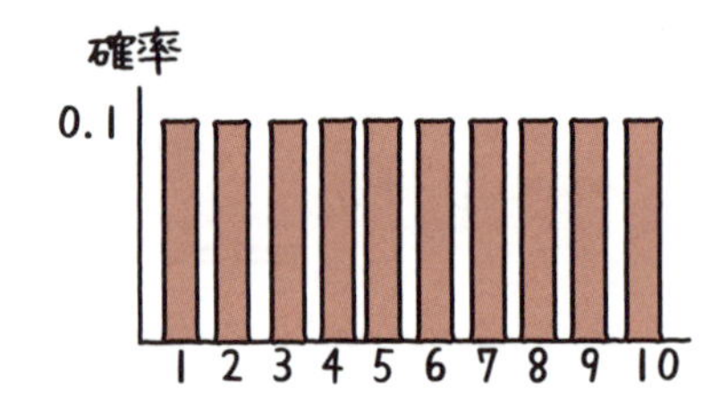

連続一様分布

- ダーツ板の決められた位置（下図で基準と表示）からダーツがあったところまでの角度を測り、その値を確率変数と考えます。この確率変数は、0から360の値を連続的に取りますので、この分布に従います。
- xが $[\alpha,\ \beta]$ の間にあるとき、$\mu=\frac{\alpha+\beta}{2}$、$\sigma^2=\frac{(\beta-\alpha)^2}{12}$ となります。

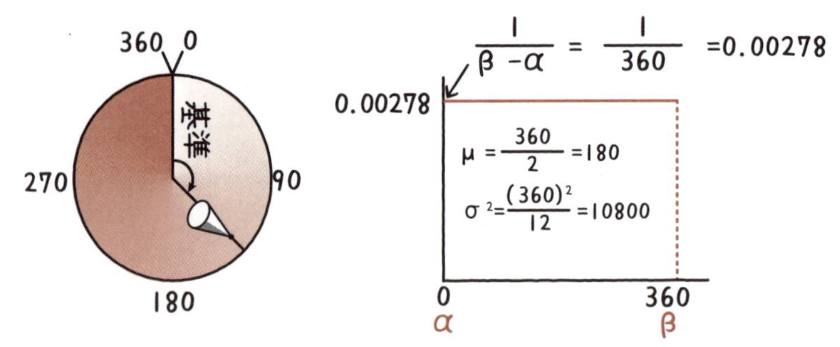

一様分布（uniform distribution）･･･全ての確率変数値が等しい確率を持つ分布。離散型と連続型がある。サイコロ１つを投げたときに出た目、ダーツが当たった円盤上の点の位置（中心角）などの確率分布に用いられる。

コイン投げの分布

～2項分布～

2項分布は、成功・失敗といった事象についての分布です。
成功・失敗のように結果が2種類しかない試行（実験や観測などの行為）を、ベルヌーイ試行といいます。

- コインを投げて表が出たときを「成功」（x = 1 と表記）、裏が出たときを「失敗」（x=0 と表記）と考えます。

- 1回の試行で成功する確率 $Pr(x=1)=\frac{1}{2}=0.5$　　Pr は "Probability"
- 1回の試行で失敗する確率 $Pr(x=0)=1-Pr(x=1)=\frac{1}{2}=0.5$
- 1回目に成功し2回目と3回目に失敗する確率

$$Pr(x=1, x=0, x=0)=Pr(x=1)\times Pr(x=0)^2=0.5\times 0.5^2=0.125$$

- 3回の試行で1回成功し2回失敗する確率

〔3回の試行で1回成功し2回失敗する組み合わせの数〕× $Pr(x=1, x=0, x=0)$

$$=3\times 0.125=0.375$$

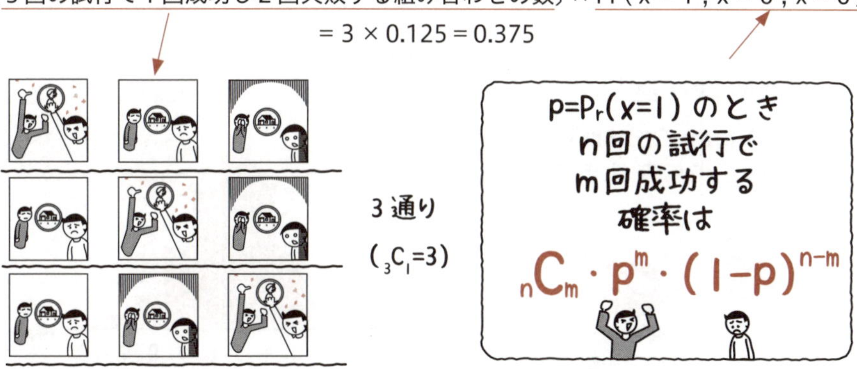

3通り
($_3C_1$=3)
p=Pr(x=1) のとき
n回の試行で
m回成功する
確率は
$_nC_m\cdot p^m\cdot(1-p)^{n-m}$

2項分布（binominal distribution）･･･コイン投げで表（裏）の出る回数、ある治療により症状の改善が見られた人の数などの確率分布に用いられる。ベルヌーイ分布とも呼ばれる。平均（期待値）はnp，分散はnp（1-p）。

つり鐘型の分布

～正規分布～

正規分布は、平均値を中心とした"つり鐘型"の分布です。
検定などでは正規分布が前提されることが多く、統計学を学ぶ上で最も重要な分布といえます。

2項分布から正規分布へ

- 2項分布の試行回数を増やすと、その分布は正規分布に近づきます。
- ここでは、コイン投げのシミュレーションを行い、試行回数により分布の形が変わる様子をみていきます。
- まず、コイン投げで成功した（表が出る）ときに1点を獲得し、失敗したとき（裏が出る）は0点とします。次にコインを10枚投げ、その合計得点を記録します。そして、この10枚投げの試行を繰り返します。

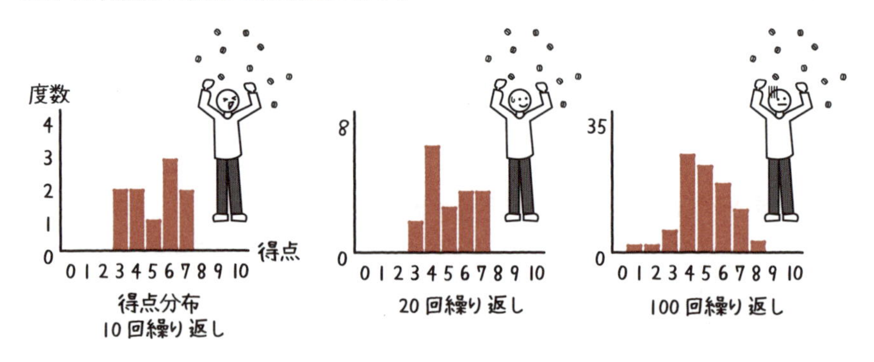

1000回繰り返し

正規分布のグラフ曲線とよく似た形になります。

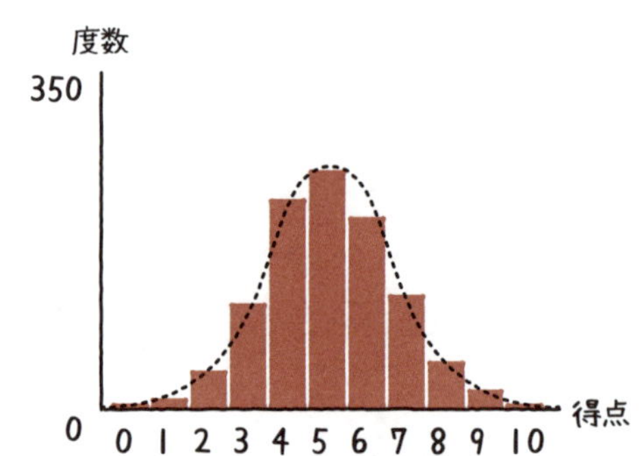

正規分布（normal distribution）…左右対称で平均値付近の値が観測されやすい（平均値から離れると観測され難い）確率分布。ガウス分布とも呼ばれる。2項分布は、試行回数がとても多いとき正規分布で近似される。

身近にある正規分布

- 身近な正規分布の例として、10歳男子身長の度数分布図を作成してみます。
- 縦軸が相対度数（度数を総数で割ったもの）になっていますので、相対度数分布図ともいいます。一見して、正規分布に似ていることがわかります。
- 正規分布のような連続型の確率分布では、xが一定の区間、例えば［144, 148］に入る確率を考えます。

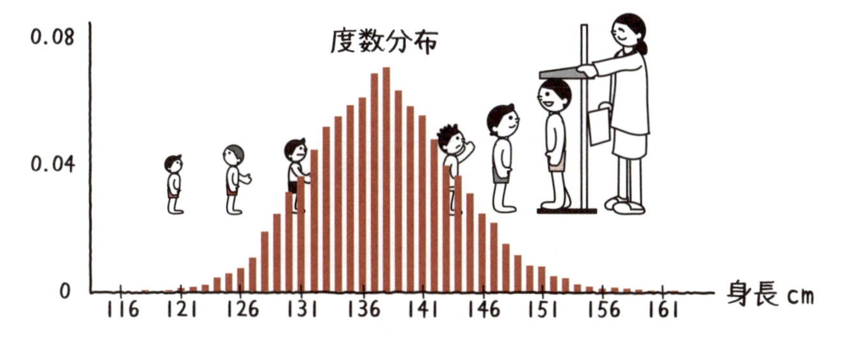

↓正規分布で近似確率の計算

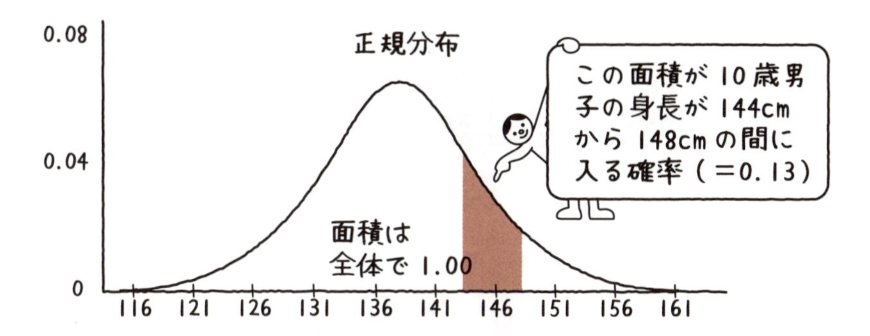

正規分布の式（確率密度関数）

正規分布の関数は次式で与えられます。

$$f(x) = \frac{1}{\sqrt{2\pi}\sigma} e^{-\frac{(x-\mu)^2}{2\sigma^2}}$$

μは確率変数xの平均、σはxの標準偏差、eはネイピア数（2.718...）です。
この関数を積分することで、確率を計算することができます。

確率密度関数（probability density function）･･･確率変数の値（x）と確率（p）との間の関数関係。連続型の場合は、微小な区間（dx）に対する確率を考える。確率密度関数と横軸とに囲まれた範囲の面積は１となる。

2 5

尺度のない分布

～標準正規分布～

標準化とは、データの平均値を0に、標準偏差（分散）を1に変換することです。変換後のデータは標準化変量と呼ばれます。尺度（単位）を意識せずに使えます。標準化した正規分布は標準正規分布（z 分布）といいます。

標準化

●標準化は、右の式で行います。
　ここで、μは平均、σは標準偏差です。

$$\text{標準化変量}\quad z_i = \frac{x_i - \mu}{\sigma}$$

NO	元データ（x_i）	偏差（$x_i-\bar{x}$）	標準化変量（z_i）
1	-10	-5.2	-1.05
2	-8	-3.2	-0.65
3	-7	-2.2	-0.44
4	-3	1.8	0.36
5	4	8.8	1.78
平均（μ）	-4.8	0.0	0.00
標準偏差（σ）	4.96	4.96	1.00

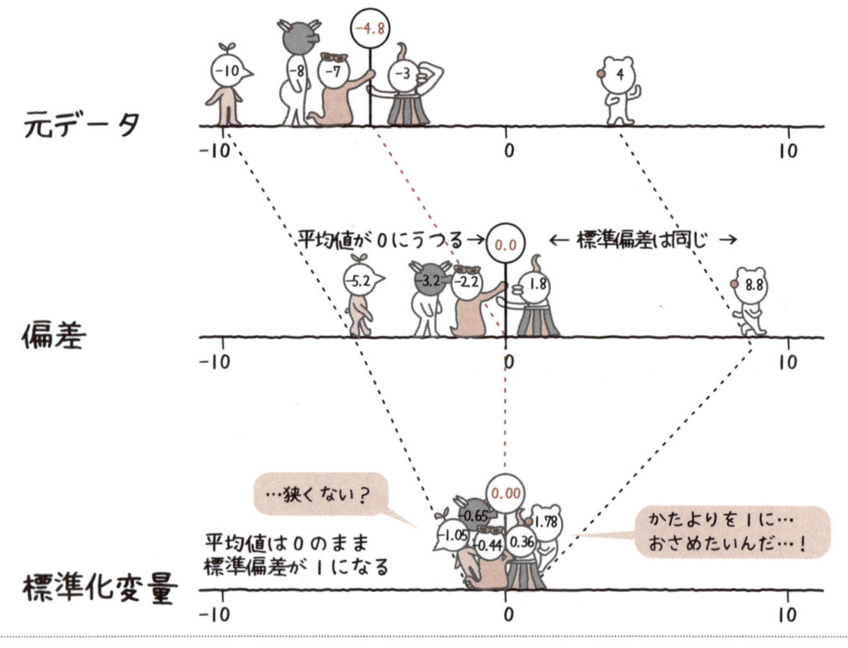

標準正規分布（standardized normal distribution, z-distribution）…平均0、分散1に標準化されたデータ（標準化変量z）の正規分布。z分布とも呼ばれる。

どっちがいい成績？？

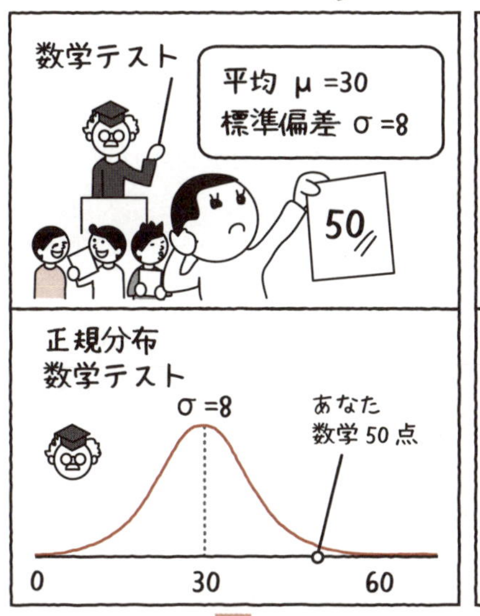

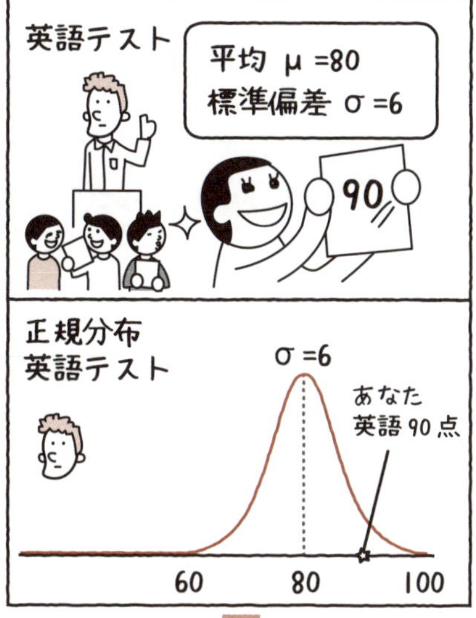

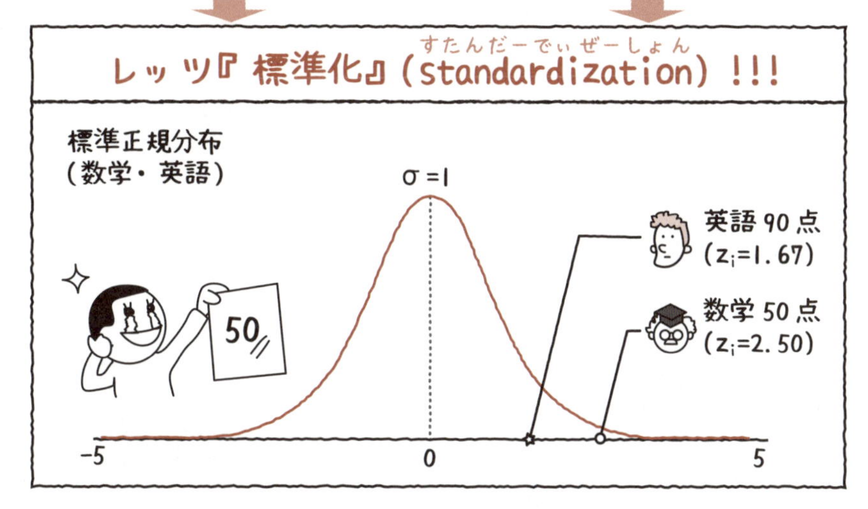

数学の50点と英語の90点を比較すると、英語の方が成績が良いように思えます。しかし、標準化変量に変換すると、数学の方がクラスの上位にいることがわかります。（次ページのコラム参照）

標準化変量（standardized variate）…「（変数値－平均値）／標準偏差」という変換を施された確率変数で、zで表す。標準化変量の平均は0、分散は1になる。単位に影響されず、変数間の比較ができる。

コラム

偏差値

高校や大学を受験するとき、偏差値という言葉をよく聞いたと思います。どのようなものか知っていますか？

テストの難易度は毎回異なるので、得点を単純に比較しても学力が上がったのか下がったのか良くわかりません。難しいテストで80点とったのか、やさしいテストで80点とったのかを知るためには、偏差（80点－平均点）が役立ちます。平均点が低いほど偏差は大きくなり、難しいテストで高得点をとったことが分かります。

さらに、平均点が30点のテストでほとんどの受験生が30点前後の得点をとっている場合と、満点もいれば0点もいるような場合とでは、80点をとったことの意味は違います。

このような違いを考慮して、学力をより正確に測るための指標が偏差値です。

$$\text{偏差値}\quad T_i = 50 + 10 \times \left(\frac{x_i - \mu}{\sigma}\right)$$

上の式の　（　）内の式はxの標準化変量で、これに10を掛けて50を足すことで、偏差値の平均値が50、標準偏差が10となるように変換しています。

前ページの例では、

$$T_{\text{数学}} = 50 + 10 \times \left(\frac{50-30}{8}\right) = 50 + 10 \times 2.50 = 75.0$$

$$T_{\text{英語}} = 50 + 10 \times \left(\frac{90-80}{6}\right) = 50 + 10 \times 1.67 = 66.7$$

となり、学力の違いがあるかどうかがわかりやすくなります。

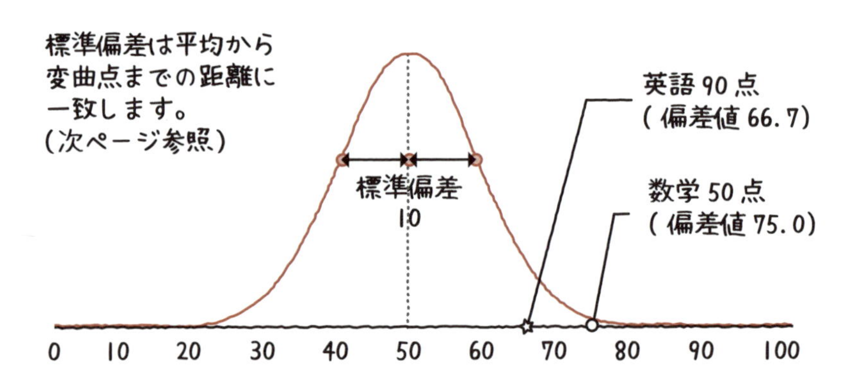

2 6

データの位置を知る

～シグマ区間～

標準化すると、データが標準正規分布のどこにあるか、おおよその位置を知ることができます。

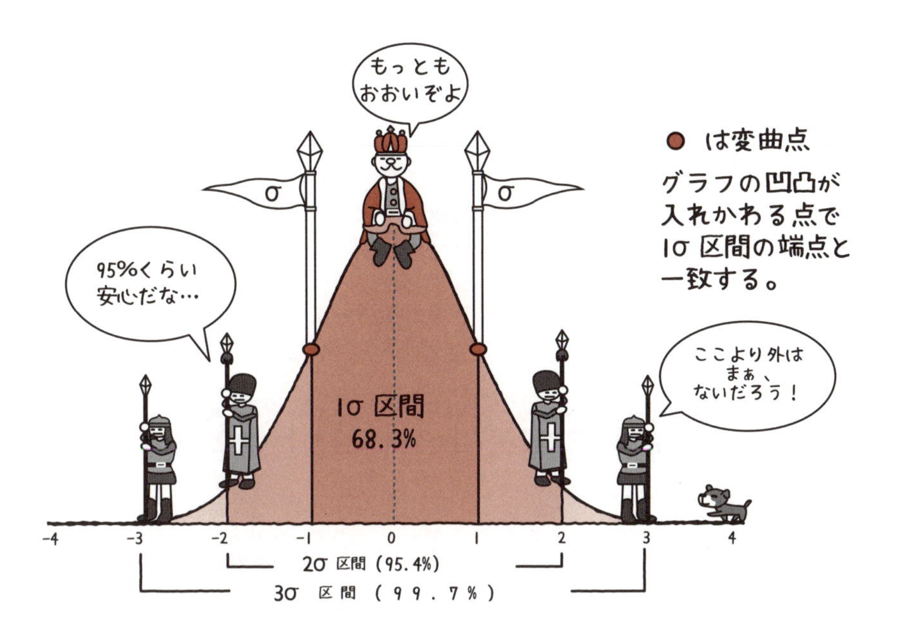

- z の値が 3 σ 区間の外（－ 3 より小さいか 3 より大きい）にあるとき、そのデータは正規分布の下ではあまり起こらない数であること、すなわち、外れ値の可能性があることを示しています。

コラム シックスシグマ活動

0.0000034

6 σ区間の外、すなわち100万分の3.4のレベルにミスや欠陥品の発生確率を抑えることを、経営や品質の管理の目標に設定するという考え方（活動）のことです。この考え方は、1980年代後半から米国モトローラ社で始まったといわれています。

2 7

分布のかたち

～歪度と尖度～

正規分布は左右対称で、きれいなつり鐘型の分布をしています。しかし、そうならない分布も多く存在します。
歪度と尖度は、標本の分布の形が正規分布からどの程度離れているかを測るための指標です。

歪度（ワイド）

- 分布が左右対称か、右裾が長い（左側に偏っている）か、左裾が長い（右側に偏っている）か、分布のゆがみを表す指標が歪度です。
- 標本データから歪度を計算したいとき、次の式を用います。ここで、nはデータの数、$\bar{x}$はxの平均、sは標準偏差です。

歪度 $$S_w=\frac{1}{n}\left\{\left(\frac{x_1-\bar{x}}{s}\right)^3+\left(\frac{x_2-\bar{x}}{s}\right)^3+\cdots+\left(\frac{x_n-\bar{x}}{s}\right)^3\right\}=\frac{1}{n}\sum_{i=1}^{n}\left(\frac{x_i-\bar{x}}{s}\right)^3$$

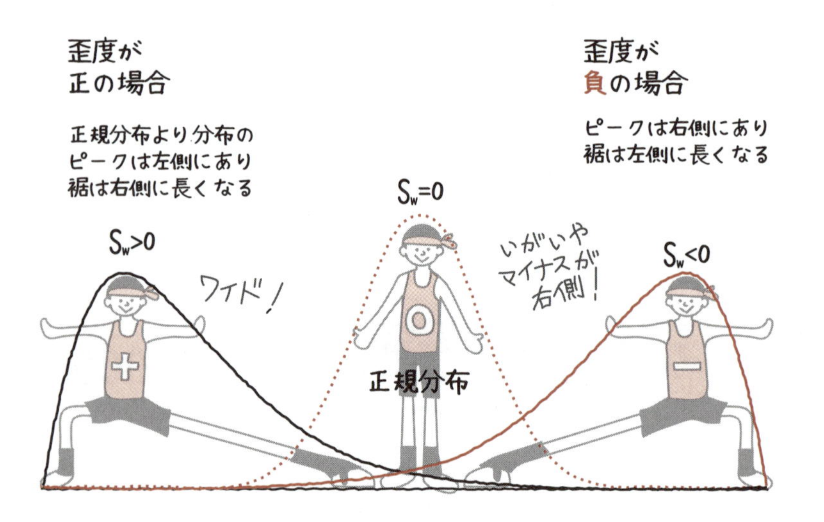

歪度が
正の場合
正規分布より分布の
ピークは左側にあり
裾は右側に長くなる
歪度が
負の場合
ピークは右側にあり
裾は左側に長くなる
$S_w=0$
$S_w>0$
$S_w<0$
ワイド！
いがいや
マイナスが
右側！
正規分布

歪度（skewness）･･･非対称性を表す指標で、正規分布と比較したときの上下（左右）への偏り度合いを測る。確率変数の小さい値（下側）の方の裾が長い場合は負の値に、大きな値（上側）の方の裾が長い場合は正の値になる。

▶▶▶ 尖度

- 分布のとんがり度合いを表す指標が尖度です。

- 標本データから尖度を計算したいとき、次の式を用います。

$$\text{尖度}\quad S_k = \frac{1}{n}\left\{\left(\frac{x_1-\bar{x}}{s}\right)^4+\left(\frac{x_2-\bar{x}}{s}\right)^4+\cdots+\left(\frac{x_n-\bar{x}}{s}\right)^4\right\}-3=\frac{1}{n}\sum_{i=1}^{n}\left(\frac{x_i-\bar{x}}{s}\right)^4-3$$

さっきのを4乗にかえて3引いただけ…。

尖度が正の場合

正規分布より急で分散が小さくなる傾向がある

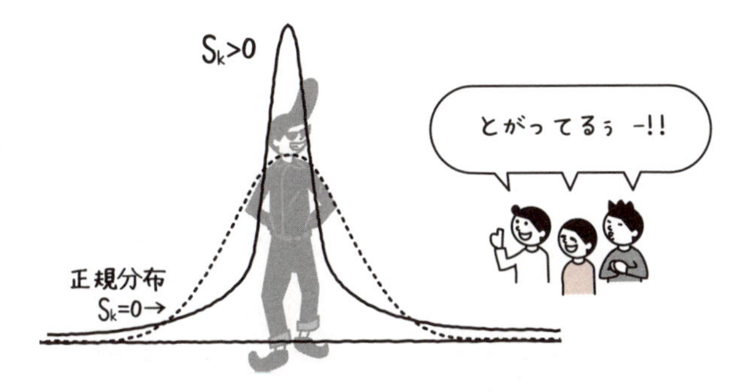

尖度が負の場合

緩やかで分散が大きくなる傾向がある

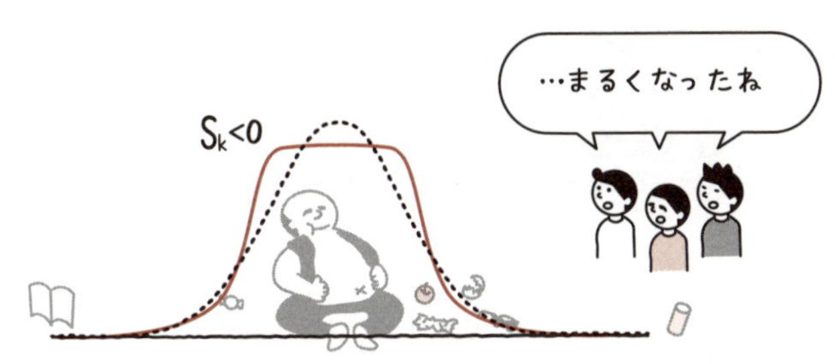

外れ値の検出

歪度や尖度が0から大きく離れた値をとった場合、極端に値の大きな（小さな）数値が紛れ込んでいる可能性があります。

	データ						歪度 S_w	尖度 S_k
正しいデータ	131	140	134	124	137	132	-0.43	-0.60
入力ミスのあるデータ	131	140	134	1240	137	132	1.79	1.20

入力ミス

尖度（kurtosis）…正規分布と比較したときのとんがり度合い（ピークの鋭さと裾の厚さの違い）を測る。正規分布のとき0となり、0より小さい分布を緩尖的分布、0より大きい分布を急尖的分布という。

2 8

まれにしか起こらないことの分布

〜ポアソン分布〜

ポアソン分布は、試行回数がとても多く（nが大きい）、事象発生の確率（生起確率 p）がとても小さいときの２項分布です。
ひと月に生産した物のうちの不良品の数、ある交差点で交通事故が起きる数、ある地域に落ちる雷の数といった、「まれにしか起こらない事柄」の確率分布を表すために用いられます。

● ポアソン分布は、次の関数で表されます。

$$f(x)=\frac{e^{-\lambda}\lambda^{x}}{x!}$$

e: ネイピア数
λ（ラムダ）: 平均値（試行回数 n × 確率 p）
x: 事象の起こる回数（x! は x の階乗）

ここで、xの階乗とは、xから１つずつ小さい数（正の整数）を順に掛けたものです。例えば、3! = 3 × 2 × 1 = 6となります。

例えば、工場で電球が生産されているとします。そして、その工場での不良品の発生は、500個に１個（0.2%）であると分かっているものとします。
したがって、1000個の電球（n = 1000）を生産するときの平均不良品個数（λ）は、生産個数（n）×不良品発生率（p）= 1000 × 0.002 = 2となります。

次に、ポアソン分布を用いて、不良品が０個（x = 0）の確率を計算すると、

$$f(0)=\frac{e^{-2}2^{0}}{0!}=\frac{0.1353...}{1}=0.135$$ となります。

さらに、不良品が１個（x = 1）である確率は

$$f(1)=\frac{e^{-2}2^{1}}{1!}=\frac{0.1353...\times 2}{1}=0.271$$ となり、

不良品が２個（x = 2）の確率は

$$f(2)=\frac{e^{-2}2^{2}}{2!}=\frac{0.1353...\times 4}{2\times 1}=0.271$$ となります。

以上の計算から、この工場で不良品が２個以下に収まる確率は、
f(0) + f(1) + f(2) = 0.135 + 0.271 + 0.271 = 0.677（67.7%）となります。

ポアソン分布（Poisson distribution）…１回の観測で起こることはまれだが、一定の時間内にはある程度の頻度で起こるイベントの数（不良品の発生件数、事故の発生件数、まれな病気の発生件数など）の分布。

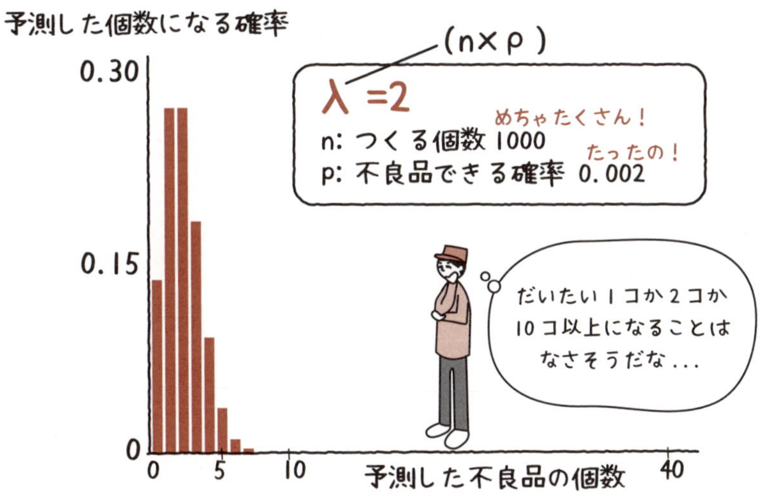

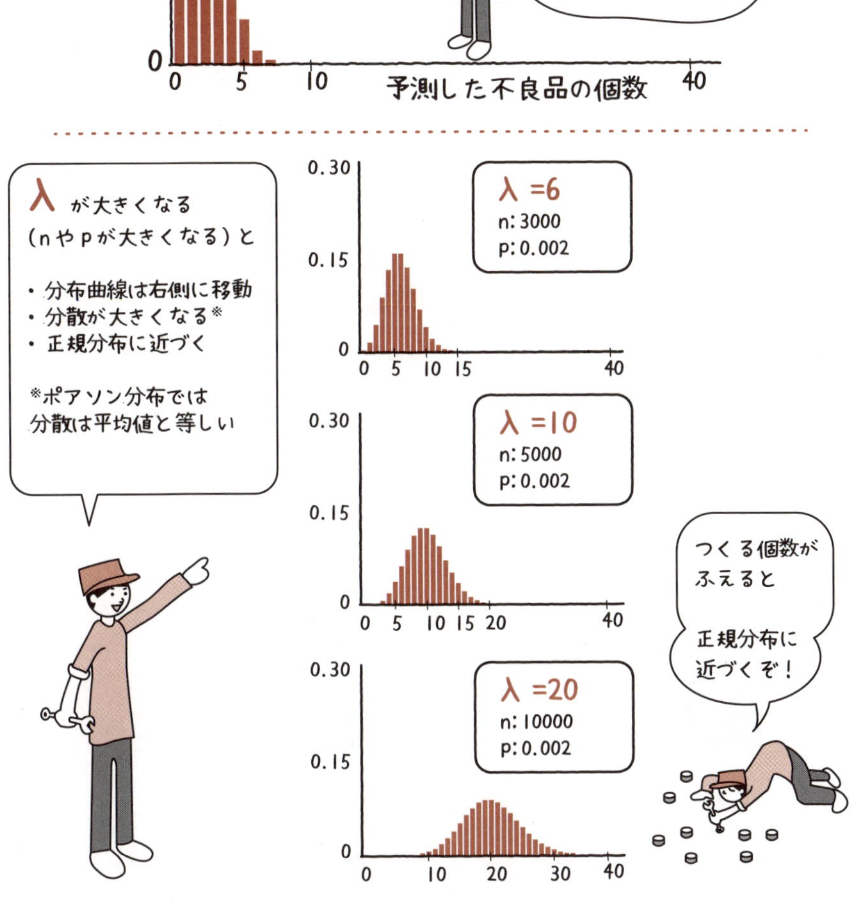

階乗（factorial）・・・1からある数（n）までの連続した整数について、それらの積を計算することをnの階乗といい、n！と書く。なお、0の階乗（0！）は1と定められている。

29

複数のデータを同時に扱う

～χ^2分布～

χ^2は、“カイジジョウ”と読みます。

χ^2分布は、正規分布に従う複数のデータを一斉に扱うことができるので、例えば、分散の分析に用いることができます。

2乗するデータの数（自由度、46ページ参照）によって、分布の形が異なります。

χ^2統計量とχ^2分布

自由度1のχ^2分布

-1.32	-0.84
-0.61	1.27
0.35	0.44
1.88	…
1.37	…
0.63	…

1つの標準正規分布から
1つのデータを取り出して
2乗する。例えば
$1.37^2=1.88$

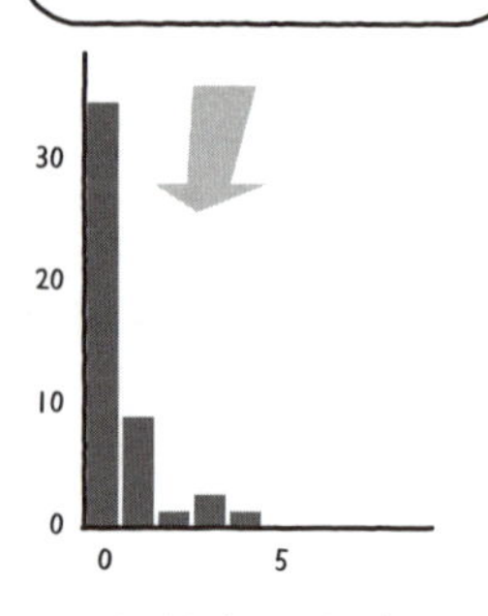

-0.40も0.40も
2乗すると0.16
になるので0付近の
データが多くなる

自由度3のχ^2分布

1.04	-0.11
-0.28	2.01
-0.33	-0.32
-1.99	…
0.43	…
0.11	…

1.61	-1.02
-0.35	0.09
2.08	-0.07
-1.14	…
-0.41	…
-1.43	…

-0.54	-0.40
0.48	0.13
-0.20	-0.64
-0.91	…
-0.79	…
0.82	…

3つの別々な標準正規分布から
1つずつデータを取り出し
2乗して足し合わせる。例えば
$0.11^2+(-0.41)^2+(-0.64)^2$
$=0.012+0.168+0.410=0.590$

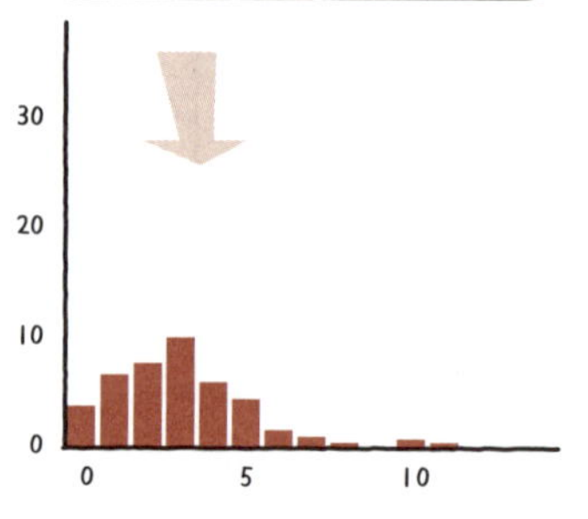

左図よりも
平均値が大きくなり
分布が右に動いている

χ^2分布（chi-squared distribution）…$z_1^2+z_2^2+\cdots+z_n^2$の確率分布（zは標準正規分布に従う）。独立性の検定や適合度検定や独立性検定に用いる。

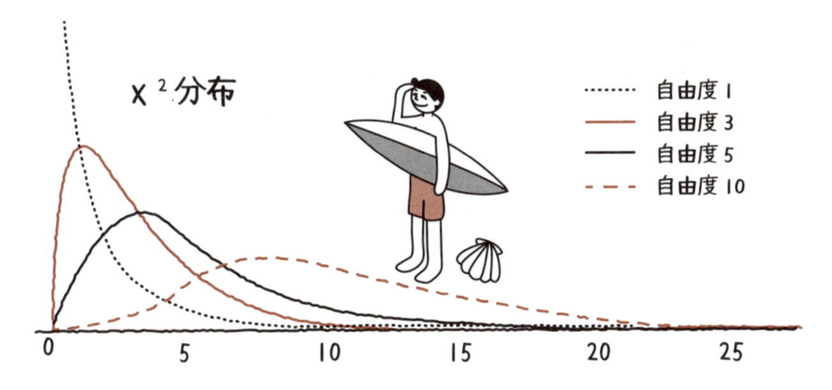

- 自由度mのχ^2分布は$\chi^2_{(m)}$と表記します。

- 標準正規分布から抽出されたm個の変数（$z_1, z_2, \cdots, z_m$）のχ^2統計量（χ^2値）は（互いに独立）

$$\chi^2_{(m)} = z_1^2 + z_2^2 + \cdots + z_m^2$$

となります。

- 一般に、正規分布から抽出されたm個の変数（$x_1, x_2 \cdots, x_m$）について計算する場合は、変数x_iの平均をμ_i、標準偏差をσ_iとすると

$$\chi^2_{(m)} = \left(\frac{x_1-\mu_1}{\sigma_1}\right)^2 + \left(\frac{x_2-\mu_2}{\sigma_2}\right)^2 + \cdots + \left(\frac{x_m-\mu_m}{\sigma_m}\right)^2$$

（カイ、エックス）

となります。

さらに、元の正規分布の平均と分散が等しいときは、

$$\chi^2_{(m)} = \left(\frac{x_1-\mu}{\sigma}\right)^2 + \left(\frac{x_2-\mu}{\sigma}\right)^2 + \cdots + \left(\frac{x_m-\mu}{\sigma}\right)^2 = \frac{1}{\sigma^2}\sum_{i=1}^{m}(x_i-\mu)^2$$

Σはシグマ
総和を表します

となります。

- χ^2分布には、

平均値＝自由度 そして **分散＝2× 自由度**

といった関係があります。自由度が増えるとχ^2分布のグラフが右に移動し、平たくなるのはこのためです。

Σ（sigma）･･･総和の記号。基本的な用法は次のとおり。i=1…nについて、$\Sigma(x_i+y_i)=\Sigma x_i+\Sigma y_i$、$\Sigma a \cdot x_i = a\Sigma x_i$、$\Sigma a = na$（aは定数）。

χ^2値の比

～F分布～

F値は、2つのχ^2値の比として定義され、それの分布が**F分布**です。標本ごとのχ^2値を使うので、自由度が2つあります。

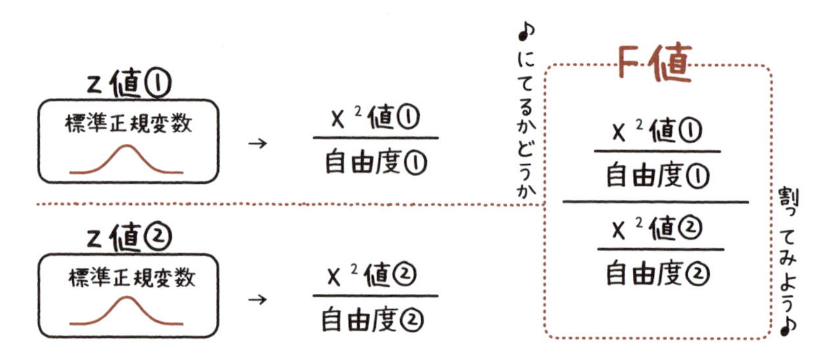

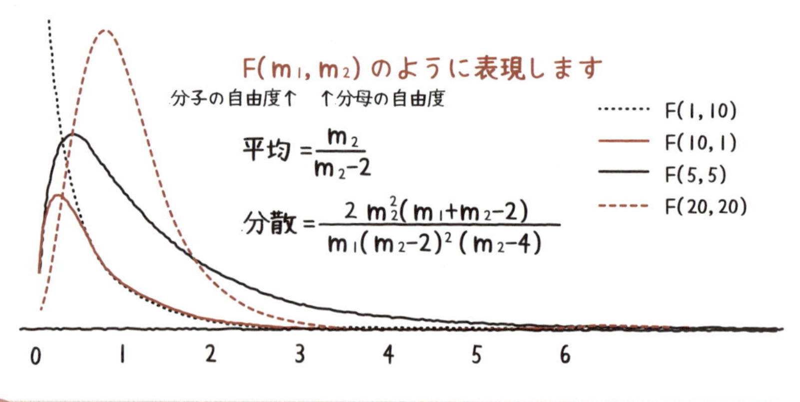

分散比の分布

まず、2つの変数(x、y)についての式$\frac{(1/\sigma_x^2)\ \Sigma\ (x_i-\mu_x)^2}{(1/\sigma_y^2)\ \Sigma\ (x_i-\mu_y)^2}$を考えます。この分子と分母が、それぞれ$\chi^2$分布に従うことは前ページで述べたとおりです。従って、この式はχ^2値の比になっている、すなわち、F分布に従うことがわかります。

次に、xとyが同一の母集団から抽出されたものと考えます。$\mu_x=\mu_y=\mu$、$\sigma_x^2=\sigma_y^2=\sigma^2$となりますので、$\frac{(1/\sigma^2)\ \Sigma\ (x_i-\mu)^2}{(1/\sigma^2)\ \Sigma\ (y_i-\mu)^2}=\frac{\Sigma\ (x_i-\mu)^2}{\Sigma\ (y_i-\mu)^2}=\frac{\Sigma\ (x_i-\mu)^2/n}{\Sigma\ (y_i-\mu)^2/n}$と変形できます。最後の項はxとyの分散比です。

以上のことから、変数(x、y)の分散比が従うのはF分布であることが分かります。

F分布(F-distribution)…独立した2つのχ^2分布に従う確率変数の比の分布。**分散比の分布**ともいわれる。等分散の検定、分散分析に用いる。

2 | 11

正規分布の代わりに使う

～ t 分布 ～

母分散が分からなく標本サイズが小さいとき、正規分布（z 分布）を用いた推定や検定は、結果を誤ることがあります。
その様な場合は、準標準化変量が従う **t 分布**を用います。

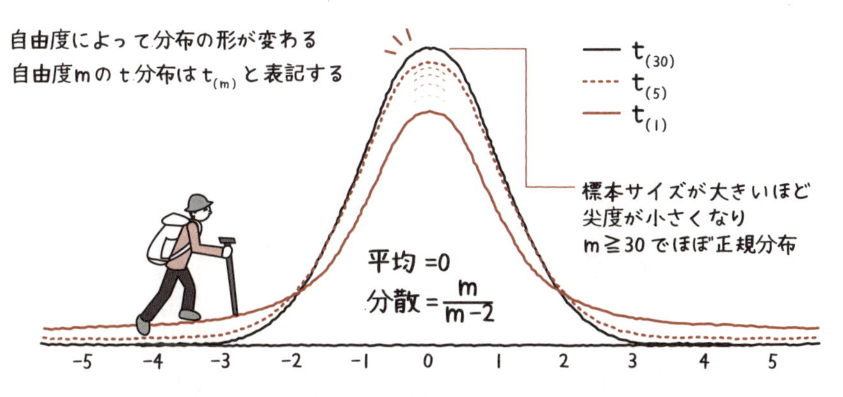

自由度によって分布の形が変わる
自由度mの t 分布は $t_{(m)}$ と表記する
$t_{(30)}$
$t_{(5)}$
$t_{(1)}$
標本サイズが大きいほど
尖度が小さくなり
m≧30 でほぼ正規分布
平均 =0
分散 $=\frac{m}{m-2}$
-5 -4 -3 -2 -1 0 1 2 3 4 5

注：小標本の t 分布は、正規分布より裾の厚い曲線となる

標本を繰り返し抽出して標本平均を計算した場合、その標本平均は、平均 μ、標準誤差 $\frac{\sigma}{\sqrt{n}}$ の正規分布に従います。したがって、標本平均の標準化変量は $z_{\bar{x}}$ で計算されます。しかし、母標準偏差 σ がわからないとき（それが普通です）は t 分布に従う**準標準化変量** $t_{\bar{x}}$ を使います。

$\bar{x}$ の標準化変量

z 分布

$$z_{\bar{x}} = \frac{\bar{x}-\mu}{\frac{\sigma}{\sqrt{n}}}$$

σ の値がわからないとき

$\bar{x}$ の準標準化変量

t 分布

$$t_{\bar{x}} = \frac{\bar{x}-\mu}{\frac{s}{\sqrt{n-1}}}$$

t 分布（t-distribution）･･･母分散が分からないときに正規分布の代わりに用いる。標本サイズが小さいときは正規分布に比べて両裾が厚くなるが、n ≧ 30あたりから正規分布とほぼ一致する。

コラム

いろいろな確率分布の関係

確率分布は、別々のものであると思われがちですが、多くの分布は相互に関連しています。

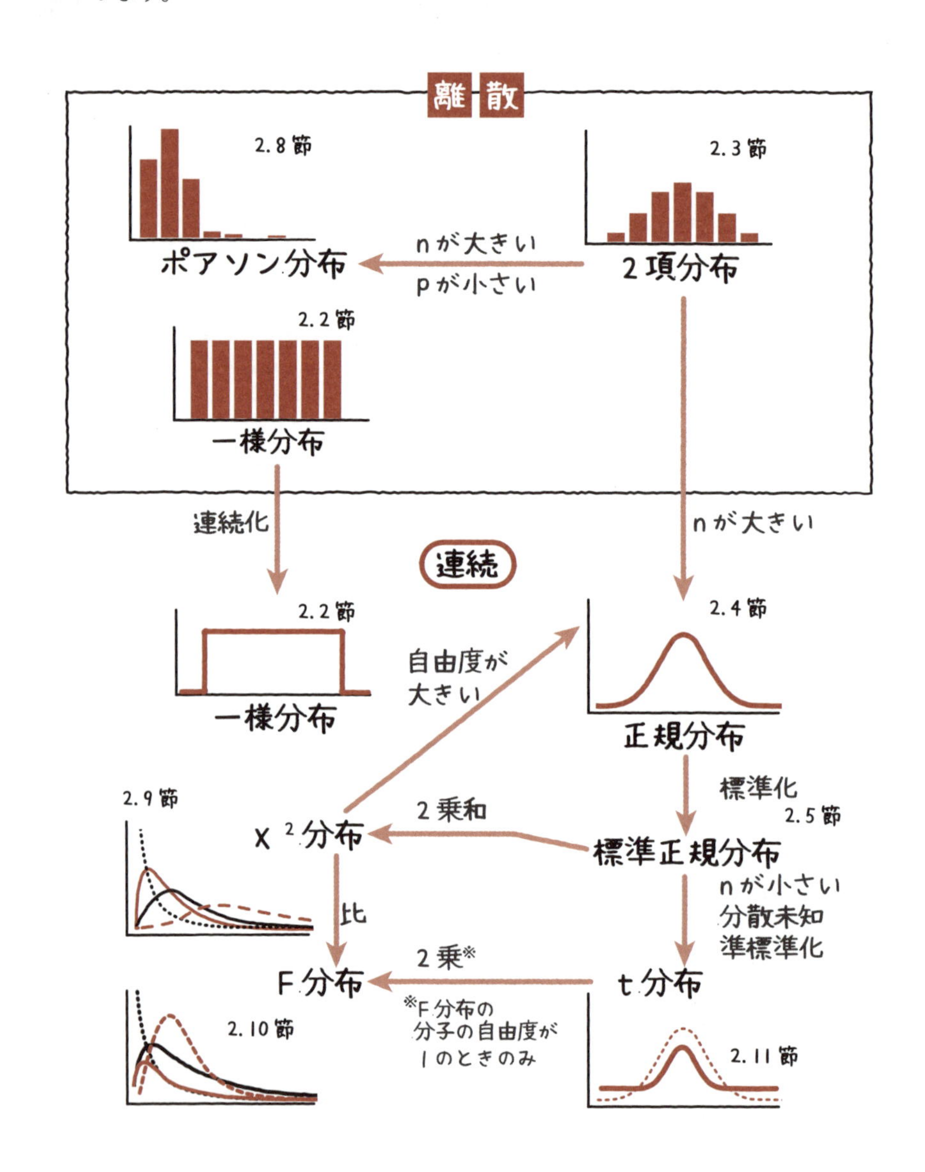

HELLO I AM...
ケトレー
Adolphe Quetelet (1796-1874)

近代統計学の父、ケトレーは、1796年にベルギーのフランドル地方に生まれました。子供の頃から数学が得意だったケトレーは、19歳で地元のヘント大学で数学の講師となり、4年後には数学の博士号を授与されます。その後、首都ブリュッセルで政府に働きかけて天文台を創設しますが、その準備のために訪れたフランスで確率論に触発されます（1823年）。というのも、当時のフランスには、フーリエやラプラスなど優れた数学者がおり、確率論や誤差の研究が大変進んでいたのです。

1846年、政府は独立後の行政に必要となるであろう人口調査の指導をケトレーに依頼しますが、そのことが統計学の歴史に大きな飛躍をもたらすことになります。それまでも天文学の世界では測定誤差が正規分布することは知られていましたが、ケトレーは様々な大規模調査を通して、人間の身長など肉体的な特徴はもちろん、犯罪率や死亡率など、多くの社会現象も「平均人」を中心とした正規分布に従うことを証明したのです。
Florence Nightingale (1820-1910)

近代看護教育の母で知られるナイチンゲールは「情熱的な統計家（E・T・クック）」でもありました。1820年にイギリス上流階級の家庭に生まれましたが、慈善活動を通して、看護師の道を志します。ドイツやフランスの病院で経験を積み、1853年にロンドンに帰国すると、クリミア戦争で陸軍病院の総婦長として赴任することになります。

ナイチンゲールは、そこで集められていた統計データのあまりのいい加減さに大きなショックを受けます。ケトレーを尊敬していたナイチンゲールは、統計学の重要性を認識していたのです。そこで彼女は、院内感染による不要な死亡を防ぐためには、正確なデータを集め、統計的な分析を行ったうえで対策を立てなければならないことを強く訴えました。こうした彼女の強い意思と行動力が、現在の衛生的な医療システムの土台を作り上げたのです。

We guess you.

第3章　推測統計学

3 1

標本から母集団の特徴をとらえる

～推測統計学～

観測データ（標本）から、その背景にある母集団の特徴を推測する学問です。データの少ない場合にでも、分析結果を間違わないように「誤差」という考え方を導入しているところが記述統計学と異なります。

推測統計学

- 標本を使って、その抽出元である母集団の特徴（母数）を推測します。
- 母数とは、母集団の平均や分散など、母集団の分布の形を決める値のことで、パラメータ（parameter）とも呼ばれます。

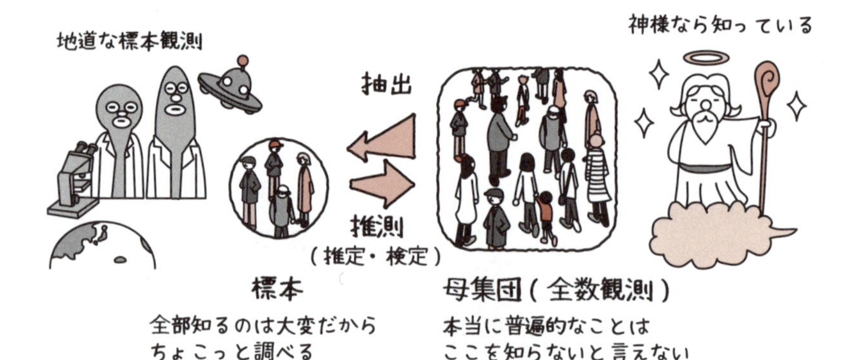

記述統計学

- 記述統計学（第１章）では、基本的に手元にある観測データの特徴をとらえることを考え、母数の推測は行いません（右ページのコラム参照）。

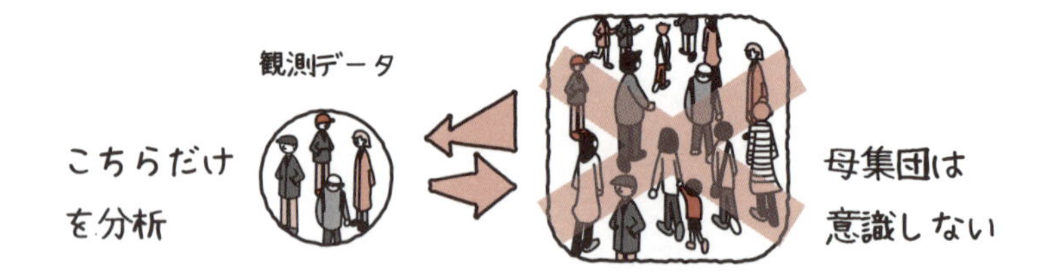

母集団（population）…標本の背景にある、本来の興味の対象となる集団。
標本（sample）…母集団から無作為に抽出されたデータ集合で、観測されたデータがこれにあたる。

大標本と小標本

- 記述統計学的手法を、そのままデータ数の少ない小標本に用いると、推測の精度が低くなり、検定などを誤る可能性が出てきます（小標本の問題）。

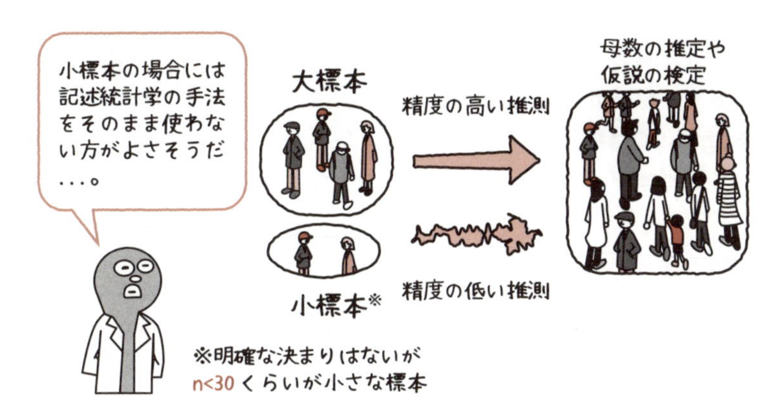

誤　差

- 小標本の場合でも結果を間違わないために、誤差という考え方を導入したのが推測統計学です。誤差については、本章後半（54～55ページ）で詳しく解説します。

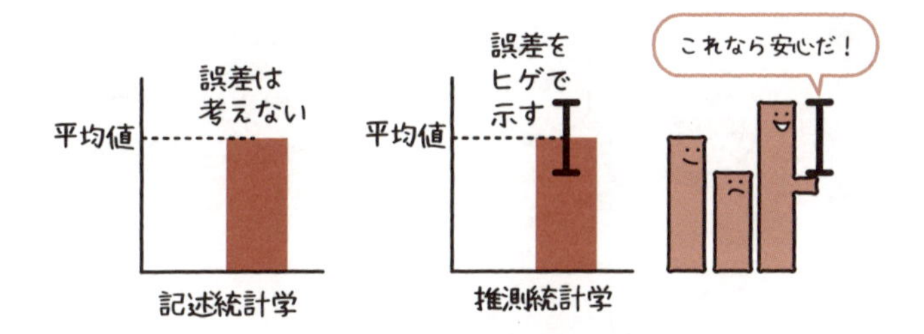

コラム
記述統計学における標本と母集団

標本や母集団という概念がないのが記述統計学と考えられがちですが、そうではありません。19世紀から20世紀にかけて発展した記述統計学でも、標本から母集団の特徴をとらえる努力はされました。しかし、小標本のときにも大標本のときと同じ方法で試みたために結果を間違えることがあり、フィッシャー（111ページ）らが使い物にならないと感じるようになったのです。

3 2

母数をうまくいいあてる

～不偏推定～

不偏推定とは、真の値である母数と比較して、大きい方へも小さい方へも偏らない統計量を、標本から推定することです。
バラツキについては記述統計学による標本統計量を自由度で修正しますが、平均については標本平均をそのまま母平均の不偏推定量とします。

▶▶▶統計量の偏り

- 記述統計学の方法で統計量を計算すると、真の値である母数よりも大きくなったり小さくなったりしてしまいます。
- その偏りを修正した統計量（不偏推定量）を得ることが不偏推定です。

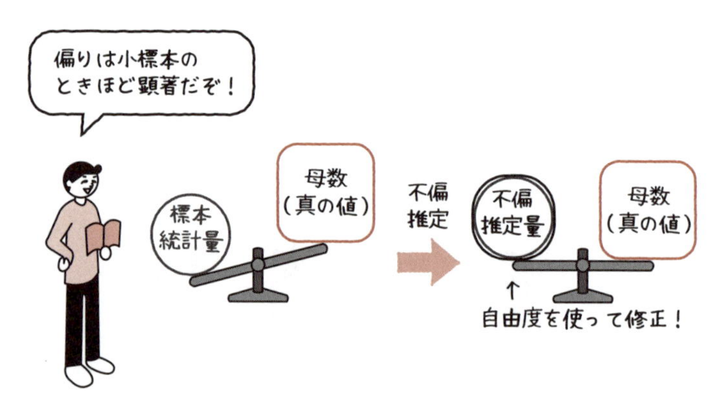

▶▶▶統計量の偏り

- 実は、記述統計学の方法で計算した分散（標本分散）は、真の値（母分散）よりもやや小さくなってしまいます。もちろん、その平方根である標本標準偏差も母標準偏差より小さくなります。

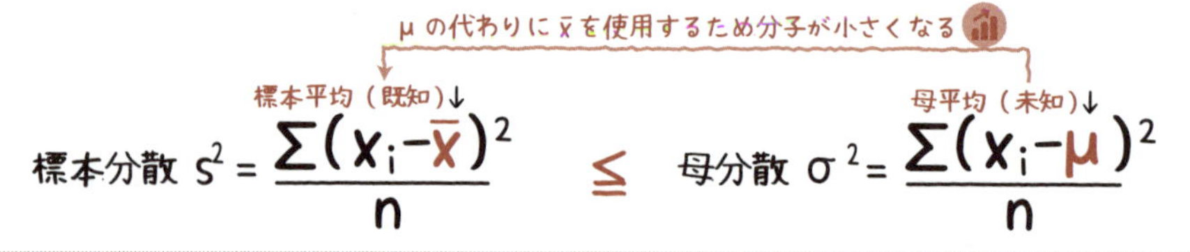

μの代わりに x̄ を使用するため分子が小さくなる
標本平均（既知）↓
母平均（未知）↓
標本分散 $s^2 = \frac{\Sigma(x_i - \bar{x})^2}{n}$
≦
母分散 $\sigma^2 = \frac{\Sigma(x_i - \mu)^2}{n}$

母数（parameter）･･･母集団の平均や分散などを指し、母集団の分布の形を決める。この値を標本から推定する。
不偏推定（unbiased estimate）･･･標本から母数を、大きい方へも小さい方へも偏り（ずれ）なく推定すること。

不偏推定（修正）の方法

- そこで、標本分散s^2の式の分母のn（標本サイズ）から1を引いて、値を少し大きくすることで母分散に近づけます（不偏分散）。
- このn－1を自由度と呼びます（次ページで説明します）。

不偏分散　$$\hat{\sigma}^2 = \frac{\sum(x_i - \bar{x})^2}{n-1}$$ ←標本分散よりも少し大きくなる

自由度

不偏標準偏差　$$\hat{\sigma} = \sqrt{\hat{\sigma}^2} = \sqrt{\frac{\sum(x_i - \bar{x})^2}{n-1}}$$

不偏推定量（まとめ）

- 標本の情報だけを使って、母数に対して偏りのないように推定された統計量です。
- 記号は、標本統計量にはアルファベット、母数にはギリシャ文字、不偏推定量にはギリシャ文字に＾（ハット）を用いて区別します。
- 平均については、母平均よりも大きくなるのか小さくなるのかわからないので、修正のしようがないため、標本平均をそのまま不偏平均と考えます。

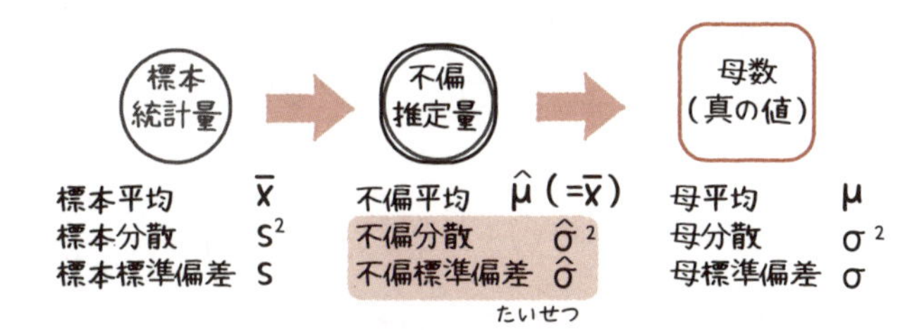

分散の偏りの具体例

例えば、1、2、3という3つの観測データがあるとします。このとき、標本平均$\bar{x}$は必ず2となりますが、母平均μは2とは限りません。もしかしたら2.1かも知れません（全数調査を実施しなければわかりません）。試しに、これらの値を使って偏差平方和を計算して比べてみてください。標本平均（2）を使った値は2.0で、母平均（2.1）を使った値は2.03となりますね？

不偏推定量（unbiased estimator）・・・母数と等しいことが期待される統計量。不偏推定によって得られる。
不偏分散（unbiased variance）・・・標本分散は母分散よりも小さくなるため、自由度で少し大きく修正した統計量。

制約されないデータの数
～自由度～

自由度とは、統計量の計算に使う観測データ（変数）のうち、自由に値を取れるデータの数のことです。
標本サイズから制約条件の数を引いた値が、自由度の大きさとなります。
制約条件の数は、標本データを使った計算式の数です。

自由度

● 自由度を使って、不偏推定量や検定統計量を計算します。

a, b, c という3つの観測データ（変数）から
平均を計算する事例を考える

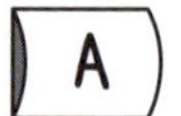

観測データの数
n=3

とくに答えが決まってなければ（制約がなければ）
3つのデータにはどのような値でもいれることができる

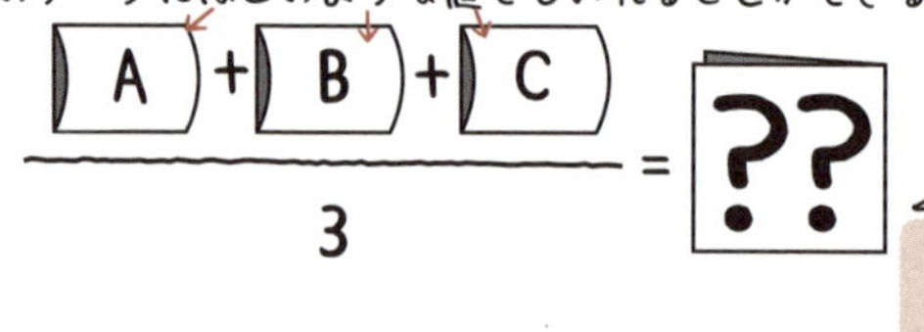

自由度
df=n
（この場合3）

でも、もし平均が5と決まっていたら（制約があったら）

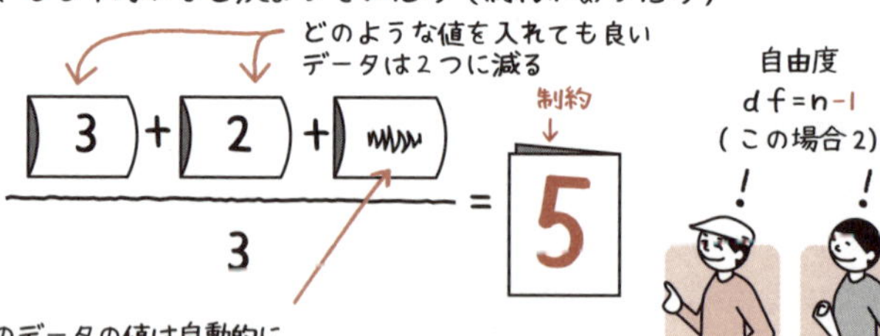

自由度
df=n-1
（この場合2）

残りのデータの値は自動的に
決まってしまう、この場合には10しか入らない

自由度（degree of freedom, df）･･･統計量を計算するときに自由に値をとれるデータの数のことで、標本サイズnから制約条件の数を引いた値。t分布やχ^2分布は1つ、F分布は2つの自由度で規定される。

不偏分散の自由度

- 標本で平均などを計算するたびに自由度は１つずつ減ります。
- たとえば、標本平均を１つ使う不偏分散の自由度はｎ－１となります。

ある母集団から無作為抽出（観測）した標本があるとします。
この場合、各データの値はわかっているのですから、標本平均の値も定まります。

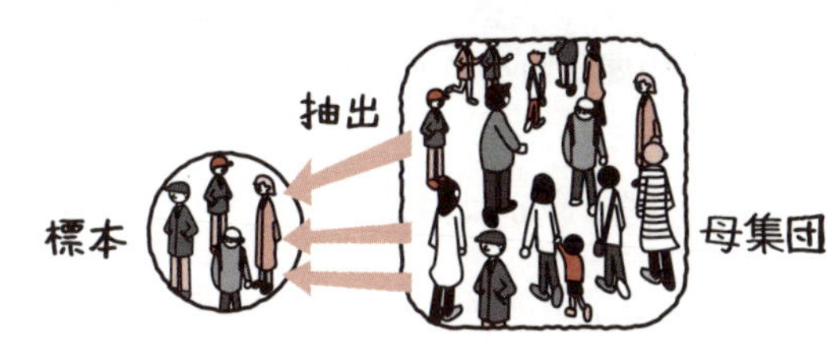

不偏分散の計算式を見てみると…

$$\hat{\sigma}^2 = \frac{\Sigma(x_i - \bar{x})^2}{n-1}$$

標本平均は定数なので１つの制約条件

不偏分散の自由度　$df = n-1$

一方、母分散の計算式を見てみると…

$$\sigma^2 = \frac{\Sigma(x_i - \mu)^2}{n}$$

母平均は未知なので制約条件にはなりません

母分散の自由度　$df = n$

自由度はｎ－１とは限らない

- 統計量の計算に使用する平均などの制約条件は、必ずしも１つとは限りません。
- たとえば分散分析や独立性の検定では、もっと多くの制約がかかります。

相関係数ｒの式は、以下のように、$\bar{x}$と$\bar{y}$という２つの標本平均を使用しています。よって、たとえば無相関の検定（88ページ）では、ｎ－２という自由度を用いて、検定のための統計量（ｔ値）を計算します。

$$相関係数\ r = \frac{\Sigma(x_i - \bar{x})(y_i - \bar{y})}{\sqrt{(\Sigma(x_i - \bar{x})^2)(\Sigma(y_i - \bar{y})^2)}}$$

標本平均（＝制約）が２つ

制約条件（limiting condition）･･･自由度を決める条件の数で、統計量に使用する平均などの計算値（計算式）の個数。計算式の本数。ｔ検定や独立性の検定では１だが、無相関の検定では２、分散分析（Ｆ検定）では群数など。

3 4

標本統計量の分布①

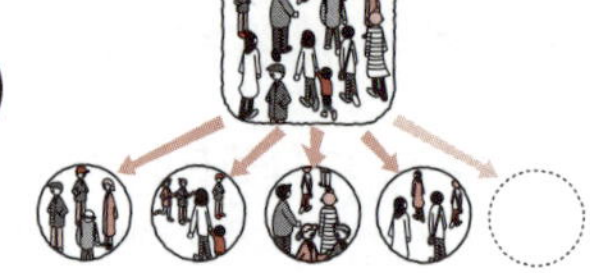

～平均の分布～

個別の観測データだけでなく、標本の統計量も確率分布に従います。
ただし、分布の形は統計量によって異なるので、ここでは代表的な標本平均、標本比率、標本分散、標本相関係数の分布を紹介します。

▶▶▶標本分布（標本統計量の分布）

- 標本はやろうと思えば何度でも抽出できます。そして、それらの統計量の値は異なるため、バラつきます（分布します）。
- 標本分布のバラツキの大きさ（標準偏差）を標準誤差と呼び、誤差の範囲を予測するのに使います。

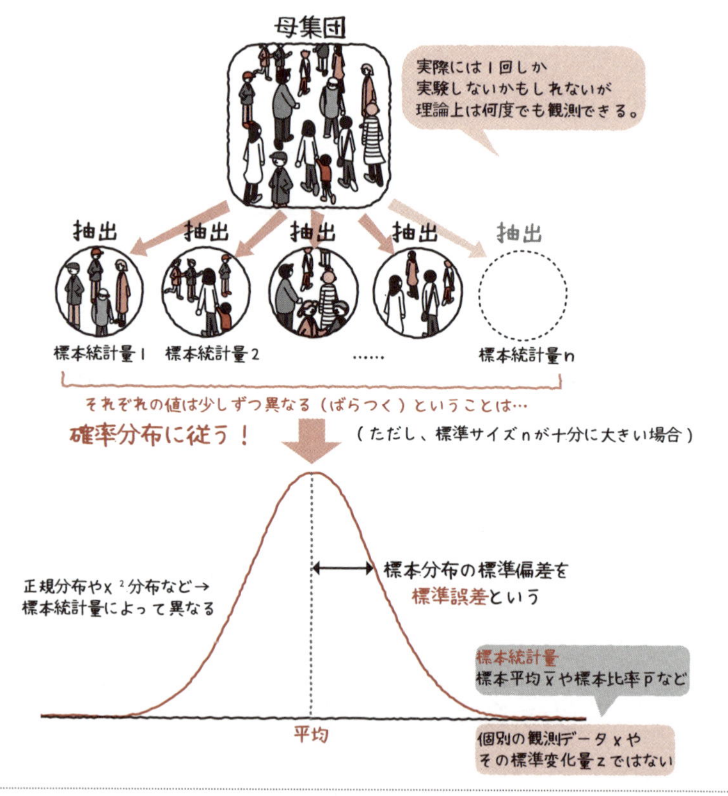

標本分布（sample distribution）…母集団から繰り返し無作為抽出された標本統計量（標本平均など）の確率分布。
誤差を評価するために個別データの値ではなく標本統計量の分布を考える。

▶▶▶ 標本平均の分布（正規分布）

● 標本サイズが十分に大きくなると、標本平均$\bar{x}$の分布は正規分布に従います。

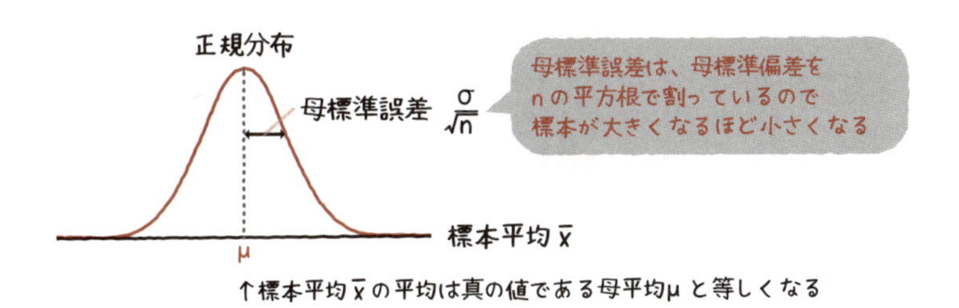

▶▶▶ 標準化した標本平均の分布（z 分布）

● 標準化した標本平均$z_{\bar{x}}$は標準正規分布（z 分布）に従います。

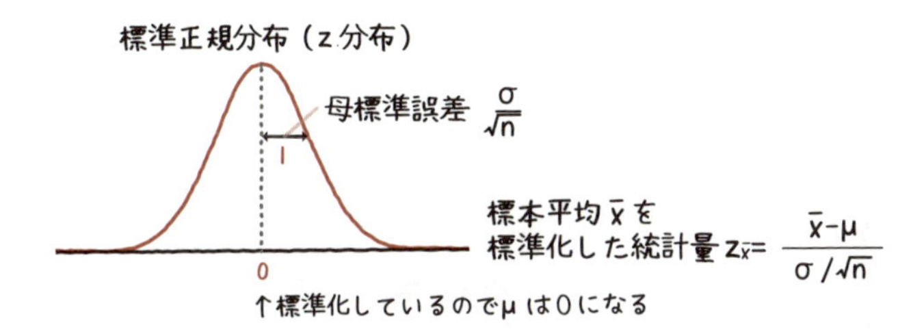

▶▶▶ 準標準化した標本平均の分布（t 分布）

● 母分散がわからないために不偏標準誤差で準標準化した標本平均$t_{\bar{x}}$は t 分布に従います。

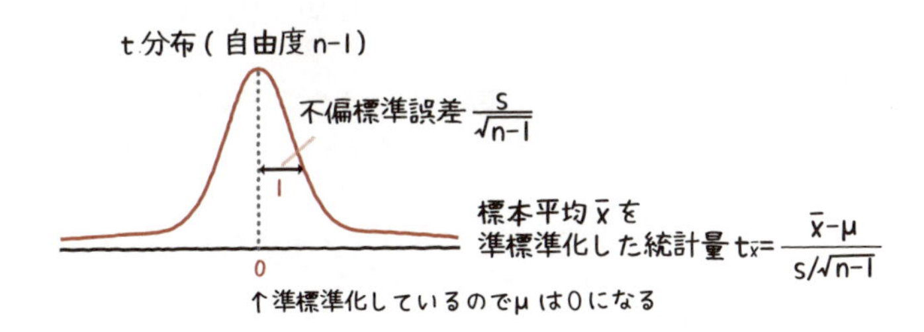

標準誤差（standard error）…標本統計量のバラツキのことで、標本から得られる推定量の誤差（⇔精度）の大きさを表す。例えば標本平均の標準誤差は、標準偏差を標本サイズの平方根で割ることで得られる。

3 5

標本統計量の分布②

〜比率の分布〜

▶▶▶標本比率の分布（正規分布）

- 標本比率 $\hat{p}$ の分子である「ある性質を持つ要素の数x」は2項分布に従います。
- ですから、標本比率も標本サイズnが大きくなる（＝試行回数が100を超える）と、正規分布に従います。

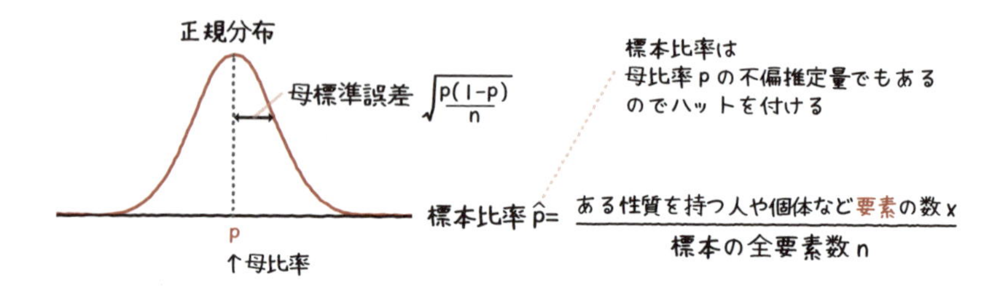

標本比率とそのバラツキ

- ある性質を持つ要素（人など）が母集団に占める割合を母比率p、標本において占める割合を標本比率 $\hat{p}$ といいます。
  →例えば、ある政党の支持率を標本調査したとき（n=100）、30名が「支持する」と答えた場合（x=30）の標本比率 $\hat{p}$ は0.3となります。

- ある性質を持つ要素の数xを確率変数とした2項分布の平均はnp、分散はnp(1-p)となります。
  →標本比率の平均（つまり真の値である母比率）は、npを母集団の全要素の数nで割った値p、同様に母分散はnp(1 − p)を全要素の数nで割ったp(1 − p)となります。
  →母分散がp(1 − p)ですので、母標準偏差はその平方根をとった $\sqrt{p(1-p)}$ となり、母標準誤差は母標準偏差を $\sqrt{n}$ で割った $\sqrt{p(1-p)/n}$ となります。

- nが十分に大きいとき（目安として100以上）、2項分布は正規分布に近づきますので、**標本比率 $\hat{p}$ は、平均（母比率）p、母標準誤差 $\sqrt{p(1-p)/n}$ の正規分布に従う**と考えて問題ありません。

標本比率（sample ratio）･･･ある性質をもつ要素が標本に占める割合のこと。分子は2項分布に従うため、標本サイズが大きい（n ≧ 100）場合には、母比率を中心とした正規分布に近似的に従う。

標本統計量の分布③

～分散の分布～

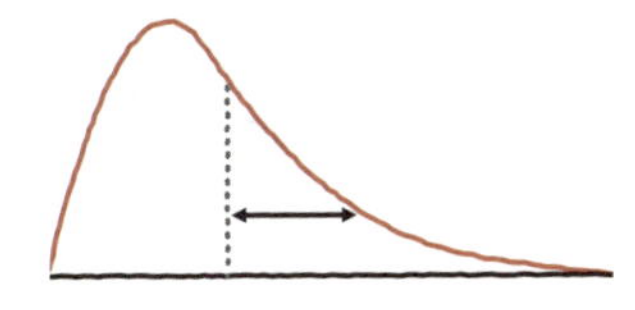

▶▶▶標本分散の分布（χ^2分布）

- 標本分散s^2が従う確率分布はありませんので、χ^2分布に従うように、標本分散s^2、または不偏分散$\hat{\sigma}^2$と比例する統計量に変換します。
- 母分散の区間推定や検定で用います。

χ^2分布（自由度n-1）

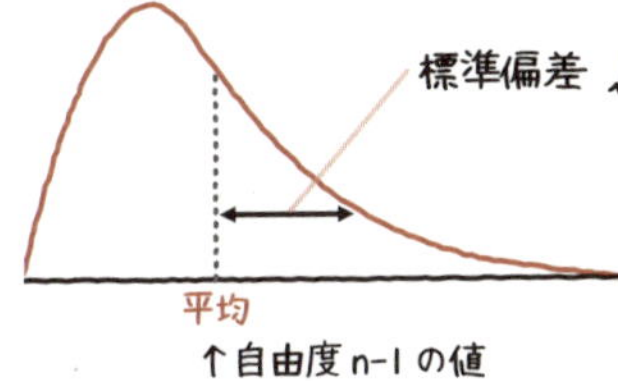

標準偏差 $\sqrt{2(n-1)}$ ←nのみに依存するので標準誤差とは呼ばない

標本分散S^2と比例するχ^2統計量 $= \dfrac{n \times s^2}{\sigma^2}$

or

不偏分散$\hat{\sigma}^2$と比例するχ^2統計量 $= \dfrac{(n-1) \times \hat{\sigma}^2}{\sigma^2}$

標本分散や不偏分散と比例する統計量への変換法

①母平均μが未知のため、代わりに標本平均$\bar{x}$を1つ用いたχ^2値は、自由度が1つ減ってn－1となります。

$$\chi^2_{(n)} = \frac{\Sigma(x-\mu)^2}{\sigma^2} \longrightarrow \chi^2_{(n-1)} = \frac{\Sigma(x-\bar{x})^2}{\sigma^2}$$

②$\chi^2_{(n-1)}$の分子は、以下の標本分散や不偏分散の分子と同じです。

$$標本分散\ s^2 = \frac{\Sigma(x-\bar{x})^2}{n} \qquad 不偏分散\ \hat{\sigma}^2 = \frac{\Sigma(x-\bar{x})^2}{n-1}$$

③ということは、①と②から以下のような関係式が成り立ちます。

$$\sigma^2 \times \chi^2_{(n-1)} = n \times s^2 \quad \text{or} \quad (n-1) \times \hat{\sigma}^2$$

④これをχ^2について解けば、標本分散や不偏分散と比例する下記の統計量をそれぞれ得られます。これらはもちろんχ^2分布に従います。

$$\chi^2_{(n-1)} = \frac{n \times s^2}{\sigma^2} \quad \text{or} \quad \frac{(n-1)\hat{\sigma}^2}{\sigma^2}$$

標本分散の分布（sample variance distribution）･･･標本（不偏）分散が従う確率分布はないため、標本（不偏）分散と比例する統計量に変換すると、その統計量は自由度がn－1のχ^2分布に従う。

3 7

標本統計量の分布④

～相関係数の分布～

▶▶▶相関係数の分布（正規分布）【ρ ≠ 0の場合】

- 母相関係数ρがゼロでない場合、標本相関係数rは下図のような歪んだ分布に従うため、このままでは使えません。
- しかし、Fisherのz変換を施せば正規分布に従うため、たとえば母相関係数の信頼区間の推定（66ページ）に使えるようになります。

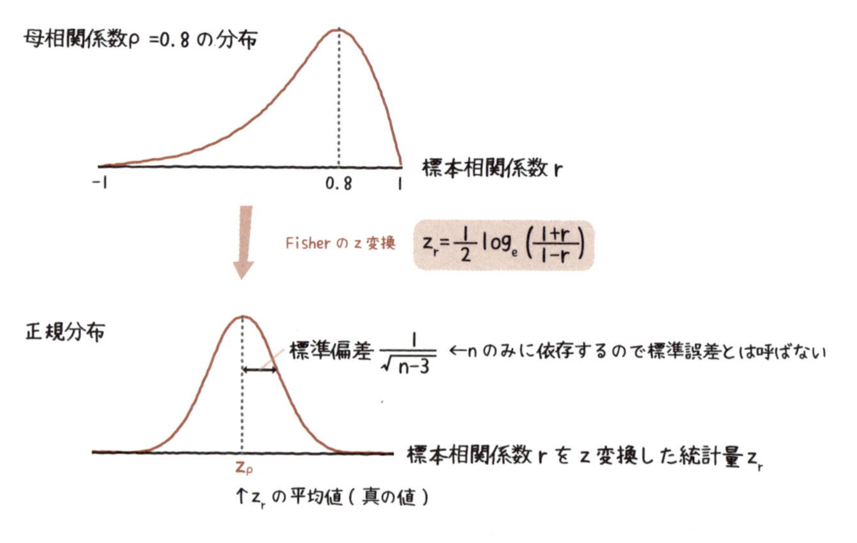

Fisherのz変換と自然対数

Fisherのz変換は、高校では習わない逆双曲線正接関数という三角関数の仲間のような関数を使用します。この関数を使って変換すると、正規分布に近づくだけでなく、標準偏差（もちろん分散も）がnのみに依存する形になるため（安定するので良いことです）、区間推定にとても適しているのです。なお、z変換されたz_rは、標準化統計量と同じz記号を使用していますが、標準化はされていません（ρが既知ならば標準化も可能です）。

ところで、$\log_e$は自然対数を示しています（lnとも書きます）。自然対数とは、2.71...という割り切れないネイピア数eを底とした対数のことで、指数関数e^xの逆関数になります。例えば、$\log_e x$はeを何乗したらxになるのかを表しています。

相関係数の分布（distribution of the sample correlation coefficient）･･･標本相関係数は、母相関係数＝0の場合は自由度n－2のt分布に従う。母相関係数≠0の場合はz分布に従うFisherのz変換を施す。

▶▶▶相関係数の分布（t分布）【ρ =0の場合】

- 母相関係数ρがゼロ、つまり無相関の場合、標本相関係数rは準標準準化することで、t分布に従います。
- 相関係数の検定（無相関の検定）に用いられます。

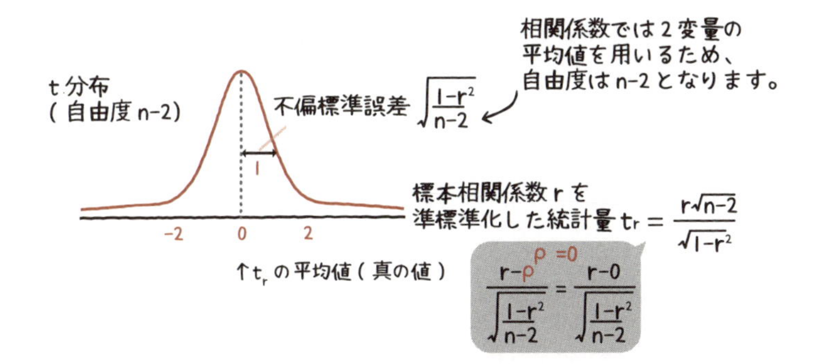

ときどき、ゼミで「先生、Excelでどうしてもエラーになってしまいます」という、質問を受けます。

Excelでは、「2E－08」とか「3.5E＋08」などという表示がされるときがよくありますが、もちろんこれらはエラーを意味したものではありません。

これは、数字の入るセルの幅には限りがあるため、桁数の多い値を10のべき乗、つまり指数で表しているのです（Eは指数の英語Exponentの頭文字）。

たとえば、2E－08は2×10^{-8}、つまり0.00000002を意味しています。同じように3.5E＋08は3.5×10^{8}、つまり35000000を意味しています。

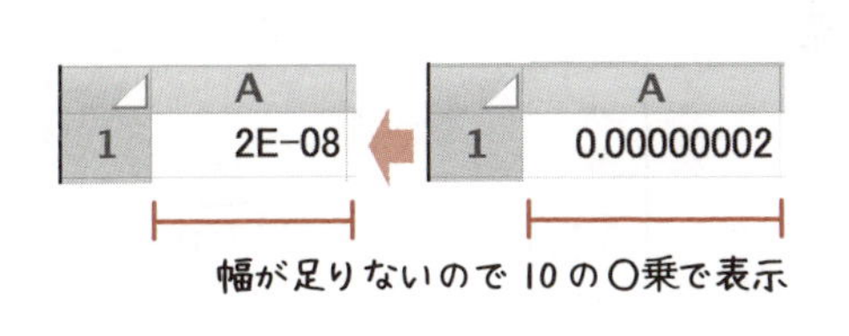

38

真の値からのズレ
〜系統誤差と偶然誤差〜

母数と統計量とのズレ（差）を誤差と呼び、誤差にはズレの方向（大きい・小さい）が決まっている系統誤差と、決まっていない偶然誤差があります。

誤　差

- 真の値である母数と、標本から計算された統計量との間には、たいていズレが発生します。そのズレを誤差といいます。

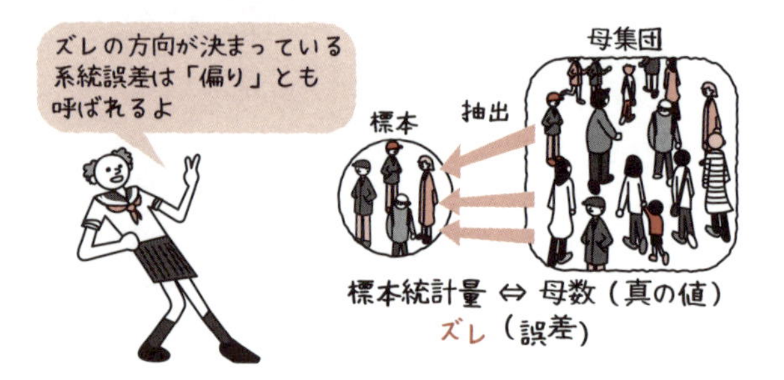

誤差の発生原因

- たとえば夏に屋外で金属の定規を使って長さを観測すると、熱で定規が伸びてしまって、何度観測しても真の値よりも小さく偏って測定されるでしょう。これを系統誤差といいます。
- 系統誤差がなくても、その他の色々な要因（定規の精度が低いなど）で、真の値からは幾分ズレて測定されるでしょう。これを偶然誤差といいます。

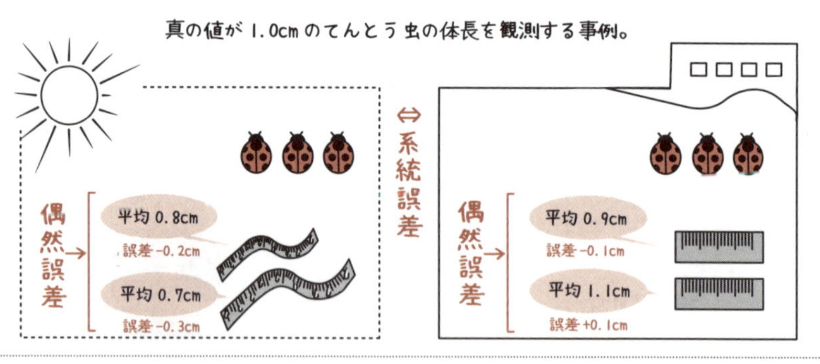

真の値が1.0cmのてんとう虫の体長を観測する事例。

誤差（error）･･･測定された値（統計量）と真の値（母数）との差で、系統誤差と偶然誤差とからなる。
系統誤差（systematic error）･･･測定器や測定環境の問題（くせなど）から発生する誤差で、ズレの方向が決まっている。

▶▶▶系統誤差と偶然誤差

- **系統誤差**：原因やズレの大きさが判明すれば、取り除いたり、修正することができます。また、無作為化（160ページ）や局所管理（162ページ）によって、結果への悪影響を回避することができます。
- **偶然誤差**：除去や修正はできませんが、標本平均の偶然誤差は標本サイズと密接な関係があるので、標準誤差として大きさを評価したり、反復（158ページ）で小さくすることができます。

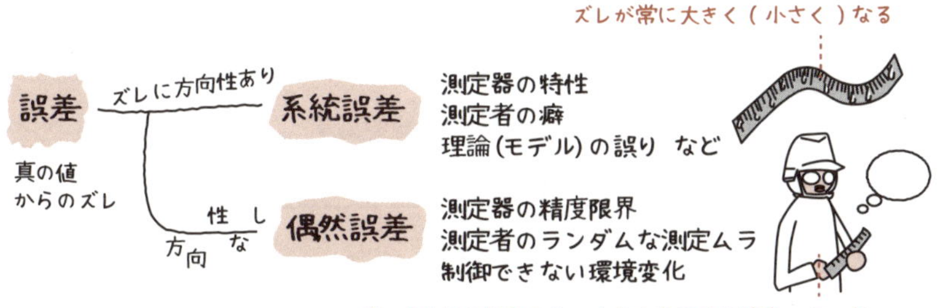

▶▶▶標準誤差（標本平均の場合）

- 標準誤差は標本分布のバラツキで、標本平均の偶然誤差の指標です。
- 標準偏差を自由度の平方根で割った値なので、標本サイズが大きくなると標準誤差は小さくなります（精度が上がります）。
- 標本平均の場合、標本平均の標準偏差にあたります。

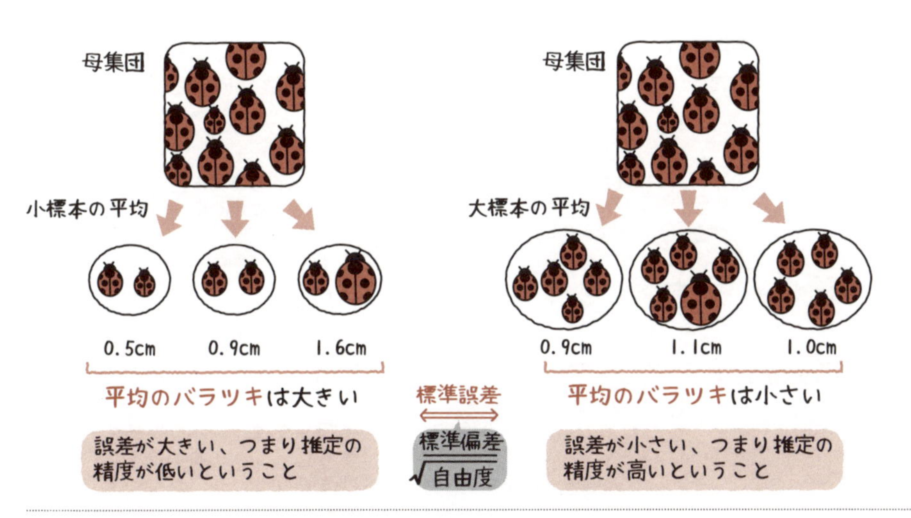

偶然誤差（random error）…測定器の精度限界などから発生する誤差で、ずれの方向は決まっていない。そのため完全に取り除くことはできないが、反復によって小さくすることはできる。

3 9

標本平均に関する2つの定理

～大数の法則と中心極限定理～

標本平均は、標本サイズが大きくなるにつれ、次のような振る舞いをします。
①真の値である母平均に近づきます（大数の法則）。
②母平均とのズレ（偶然誤差）が正規分布に近づきます（中心極限定理）。

大数の法則

- 試行をたくさん繰り返すと、経験的確率も理論的確率に近づきます。

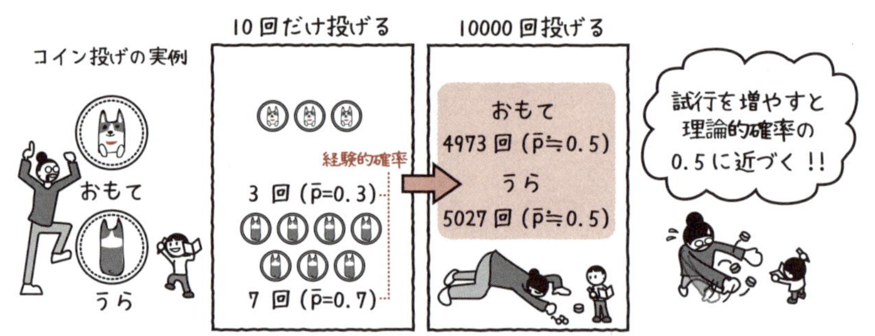

おもて/うらのでる理論的確率pはそれぞれ0.5(1/2)

標本平均における大数の法則

- 標本平均も、標本サイズが多くなるに従って、真の値である母平均に近づきます。
- たくさん実験してデータを多く観測することが、推定の精度を向上させる（誤差を小さくする）ことにつながることを保証しています。

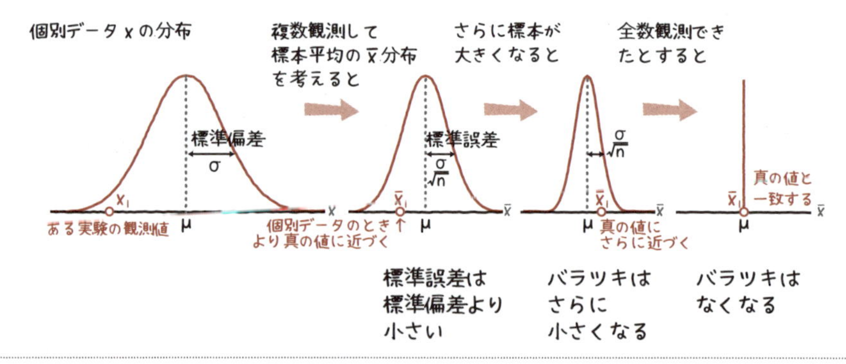

大数の法則（law of large numbers）…試行回数が少ないときの経験的確率が偏っていても、試行回数を多くすれば理論的確率に近づくこと。

中心極限定理

- 個別データの母集団が正規分布していなくても、そこから抽出した標本が十分（30以上が目安）に大きければ、標本平均は正規分布することを保証しています。
- 例えば大標本のときに2項分布が正規分布に近づくのも、この定理の事例です。
→多くの統計的手法では、データが正規分布することが前提条件となっていますので、この保証はとても有り難いのです。

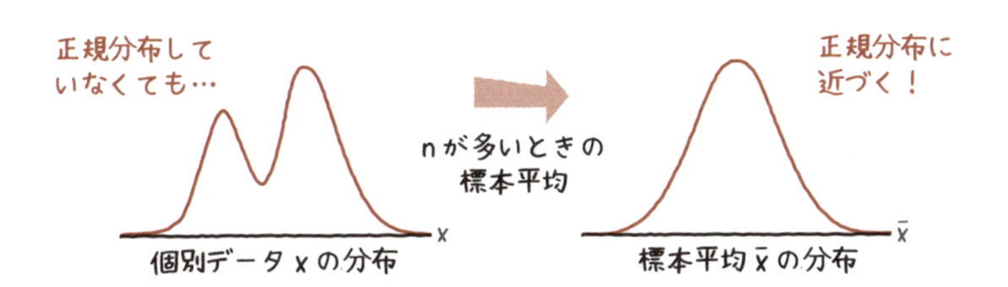

- 誤差で説明し直すと、下の図の様に、標本平均と真の平均の差である誤差は方向性を持たない偶然誤差ですが、標本が大きくなると、ゼロを中心とした正規分布に近づきます。

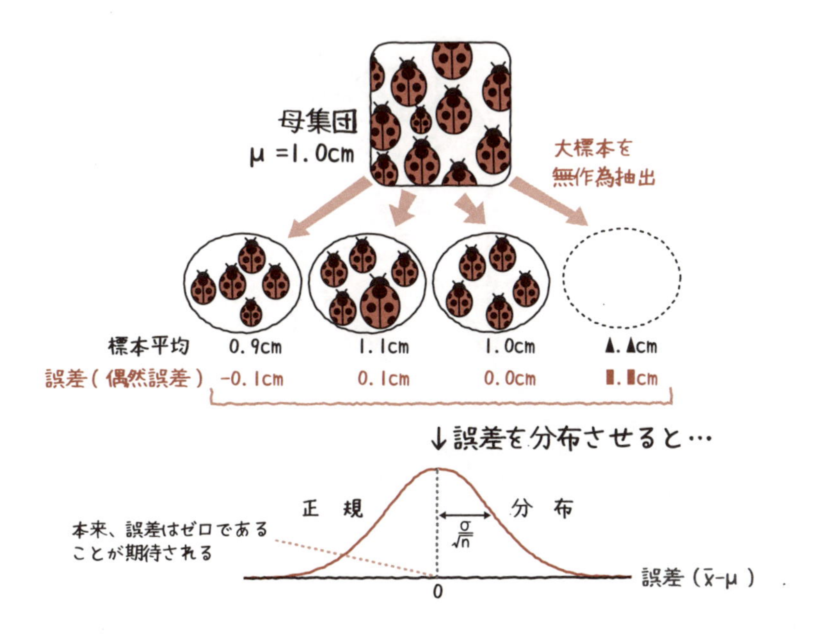

中心極限定理(central limit theorem)…大標本では、誤差の分布は平均0、分散がσ^2/nの正規分布に近づく。よって、母集団が正規分布に従っていなくても、大標本ならば標本平均は正規分布に従う。

I believe them.

第4章　信頼区間の推定

4 | 1

幅を持たせた推定①

～母平均の信頼区間～

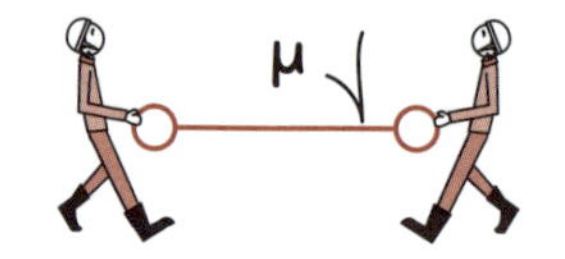

母集団の平均や分散が入ると予想される区間を標本から推定します。
区間の幅は誤差の大きさを表しているので、1つの値で示す不偏推定（点推定）とは異なり、精度についても一目でわかります。

区間推定

- 標本の統計量から、幅を持たせて母数を推定します。
- 母平均だけでなく、母比率、母分散、母相関係数などの区間推定があります。

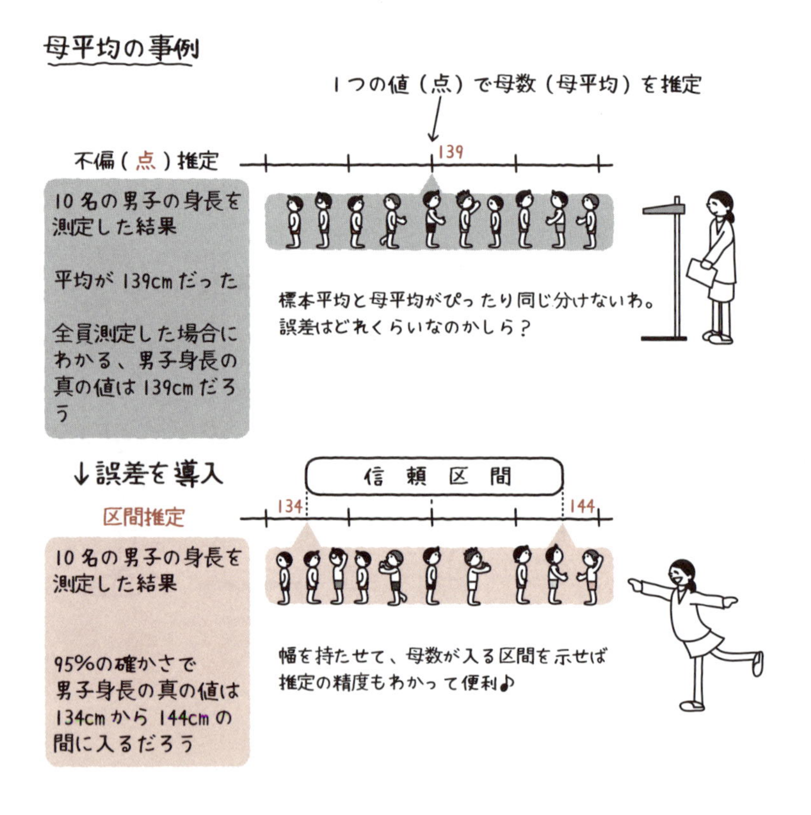

信頼区間（confidence interval）･･･母数（真の値）が存在するであろう範囲のこと。下限信頼限界と上限信頼限界に囲まれる。
区間推定（interval estimation）･･･幅を持たせて母数を推定すること。推定の精度が幅に現れるのでわかりやすい。

▶▶▶信頼係数（信頼度、信頼水準）

- 抽出と区間推定を100回実施した場合に、母数が推定区間に95回ぐらい入ることを「信頼係数95%」といいます。
- 信頼係数は95%とするのが一般的です。もちろん99%の方が良いのですが、区間が広くなりすぎると役に立たない推定になってしまいますので注意してください。

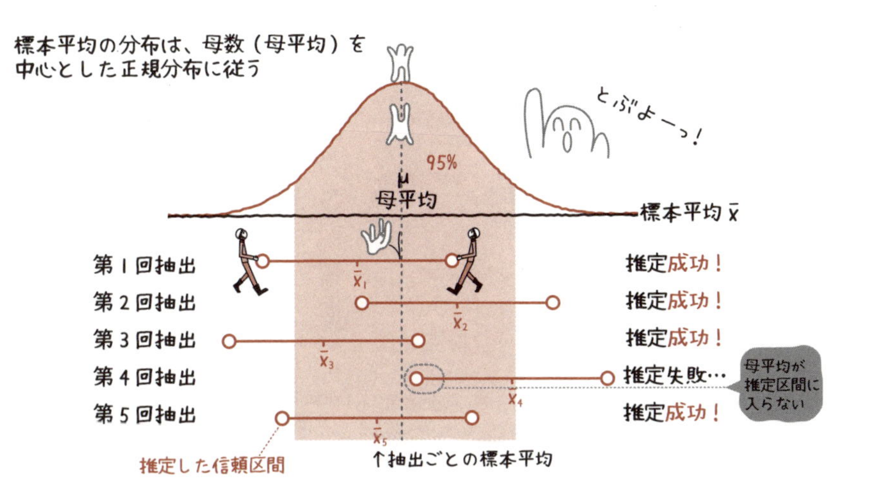

- 大まかな区間推定の手順

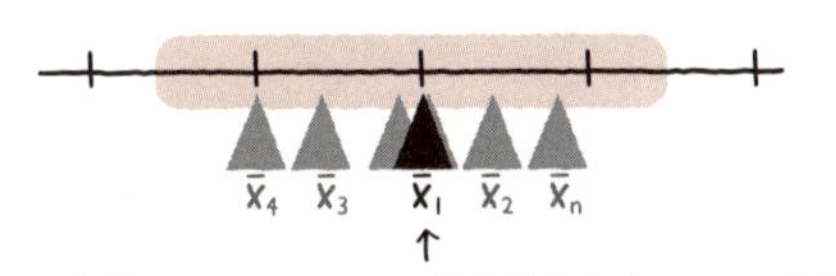

手順①：母平均 μ の値はわからないので、実験で観測された標本平均 $\bar{x}_1$ を母平均とします。

手順②：標本平均を中心として、そこから両側に誤差をとり、母平均の入る区間を求めます。誤差の大きさは、信頼係数や標本サイズによって異なります。

信頼係数（confidence coefficient）…推定された区間に母数が含まれている確率のこと。信頼度や信頼水準とも呼ばれる。一般に95%が用いられるが、誤差が大きい社会科学の分野では90%とすることもある。

▶▶▶ 正規分布を使った母平均の区間推定

● 区間推定の基礎となる方法ですが、大標本か母分散が既知でないと使えません。

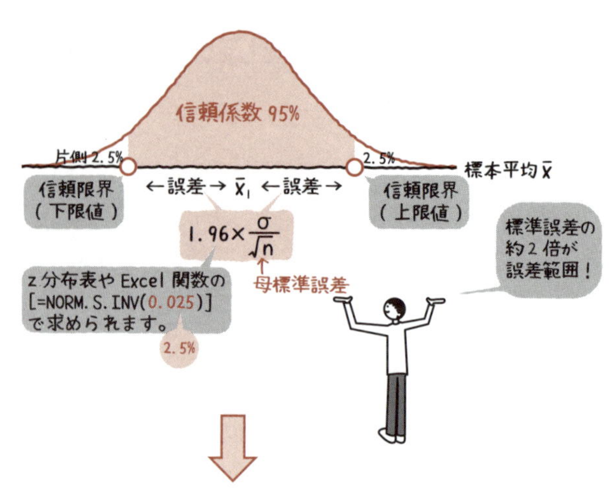

● 母分散が既知のときの母平均 μ に対する信頼係数 95% の信頼区間は…

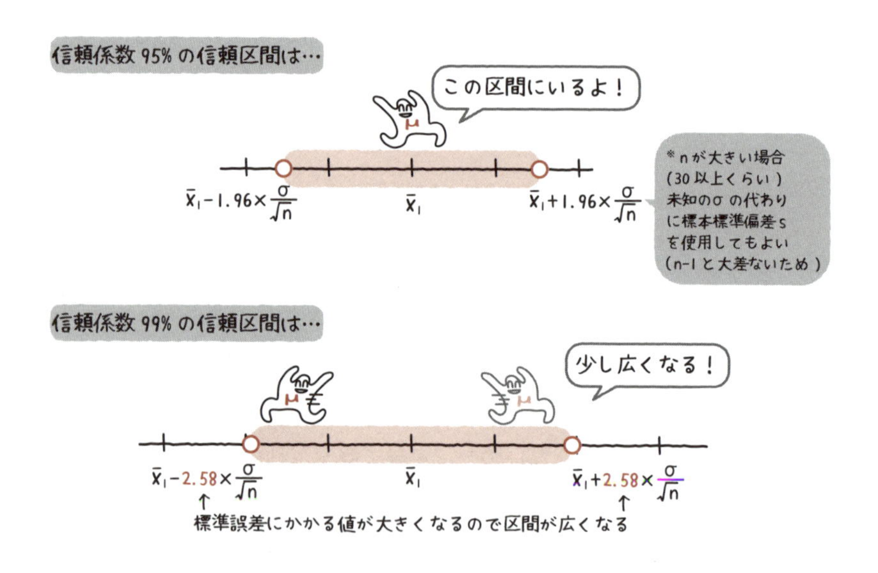

母平均の信頼区間（confidence interval for mean）･･･母分散がわかっている場合には正規分布や z 分布を用いて推定できるが、わからない場合には t 分布で推定するため、小標本では区間の幅が広くなってしまう。

▶▶▶標準化正規(z)分布を使った母平均の区間推定

- 標準化した標本平均のバラツキ(標準誤差)は1ですので、より簡単になります。

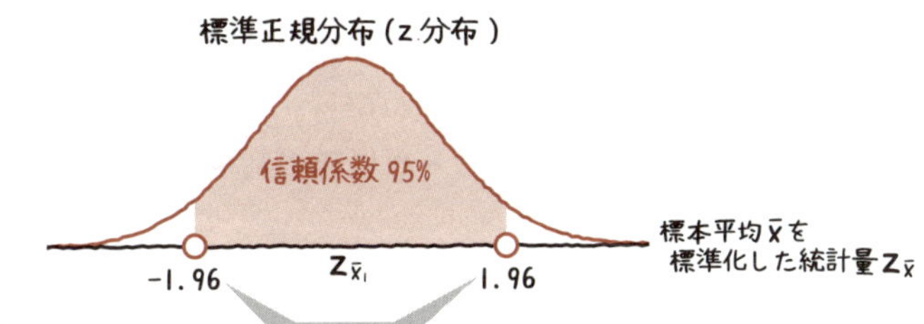

母標準誤差$\left(\frac{\sigma}{\sqrt{n}}\right)=1$ のため、ただの $z_{\bar{x}_1} \pm 1.96$ になる(信頼係数99%のときは ±2.57)

- 標準化正規分布を使った、 母平均μ(=0)に対する信頼係数95%の信頼区間は…

$$z_{\bar{x}_1} - 1.96 \leqq 0 \leqq z_{\bar{x}_1} + 1.96$$

$$\bar{x}_1 - 1.96 \times \frac{\sigma}{\sqrt{n}} \leqq \mu \leqq \bar{x}_1 + 1.96 \times \frac{\sigma}{\sqrt{n}}$$

$z_{\bar{x}} = \dfrac{\bar{x}-\mu}{\sigma/\sqrt{n}}$ の式を代入してμについて解けば正規分布を使ったときと同じ式になる

▶▶▶t分布を使った母平均の区間推定

- 標本が大きくなく、母分散が未知の場合には、t分布を使って推定します。
- z分布よりも誤差を大きく予測するため、区間もより広く推定されます。

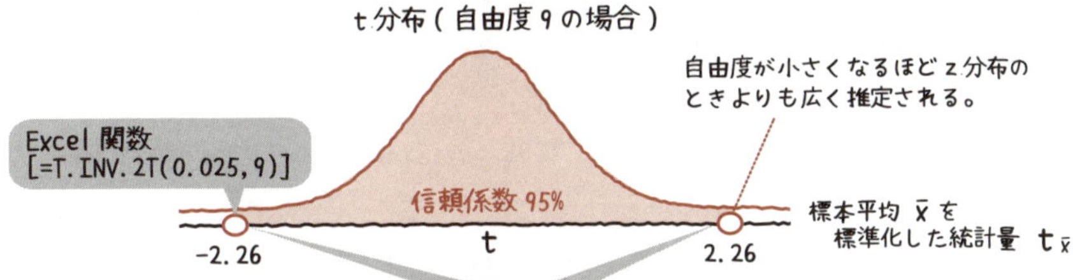

不偏標準誤差が1になるため $t_{\bar{x}_1} \pm 2.26$ になる
ただし、信頼限界は信頼係数だけでなく、自由度によっても変化する

演習

n = 10で、母分散が未知のときの母平均μに対する信頼係数95%の信頼区間は…

$$t_{\bar{x}_1} - 2.26 \leqq 0 \leqq t_{\bar{x}_1} + 2.26$$

$$\bar{x}_1 - 2.26 \times \frac{s}{\sqrt{n-1}} \leqq \mu \leqq \bar{x}_1 + 2.26 \times \frac{s}{\sqrt{n-1}}$$

$t_{\bar{x}} = \dfrac{\bar{x}-\mu}{s/\sqrt{n-1}}$ の式を代入してμについて解くと…

信頼区間の幅(confidence interval width)･･･信頼区間の幅は狭い方が実用的であるが、高い信頼係数(t分布の場合には小標本であることも影響)で推定すると幅は広くなってしまう。

4 2

幅を持たせた推定②

～母比率の信頼区間～

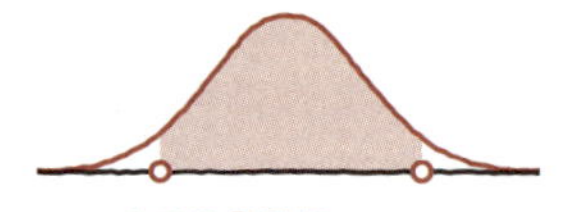

母平均と同じように、母比率や母分散（65ページ）の区間推定もできます。母比率の推定は、TV視聴率など様々な場面で利用されています。

母比率の区間推定（正規分布）

- 平均の場合と同じように、観測された標本比率の左右に標準誤差の1.96倍（信頼係数95%の場合）を取った区間になります。

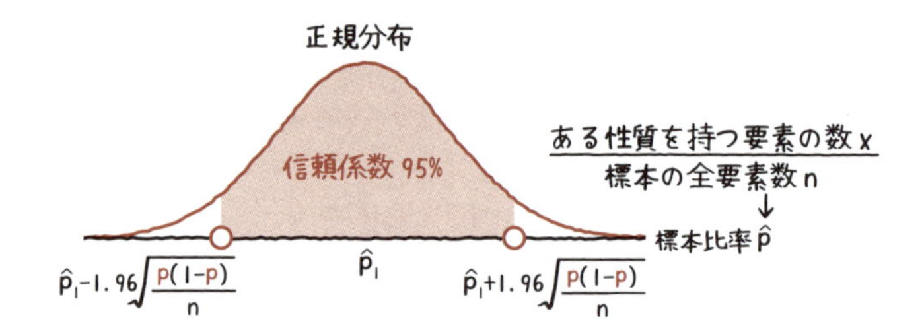

- 母標準誤差は、母比率pがわからないと計算できませんが、標本がとても大きい場合（n ≧ 100）には、近似的に標本比率 $\hat{p}$ を用いて計算します。

大標本のとき、母比率pに対する信頼係数95%の信頼区間は…（Waldの方法）

$$\hat{p}_1-1.96\sqrt{\frac{\hat{p}_1(1-\hat{p}_1)}{n}} \leqq p \leqq \hat{p}_1+1.96\sqrt{\frac{\hat{p}_1(1-\hat{p}_1)}{n}}$$

信頼係数99%のときは2.58

標本が小さいとき、本来の信頼係数の区間よりも狭くなってしまうため、以下のような式（AgrestiとCoullの方法）で修正して推定します。
Waldの方法とほとんど同じですが、$\hat{p}$の計算で、分母（全要素数n）に4を加え、分子（ある性質を持つ要素の数x）に2を加えて$\hat{p}'$とします。

$$\hat{p}_1'-1.96\sqrt{\frac{\hat{p}_1'(1-\hat{p}_1')}{n+4}} \leqq p \leqq \hat{p}_1'+1.96\sqrt{\frac{\hat{p}_1'(1-\hat{p}_1')}{n+4}} \quad \text{ただし } \hat{p}_1'=\frac{x+2}{n+4}$$

母比率の信頼区間（confidence interval for proportion）･･･視聴率や選挙得票率の予測などで使う。大標本の場合には正規分布を使って推定する（waldの方法）が、小標本の場合にはAgrestiとCoullの方法が用いられる。

幅を持たせた推定③

～母分散の信頼区間～

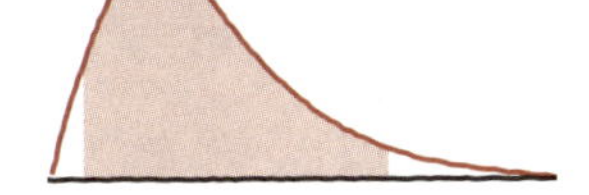

母分散の区間推定（χ^2分布）

- 母分散の信頼区間は、標本分散や不偏分散と比例する統計量がχ^2分布に従う（51ページ）ことを用いて間接的に推定します。

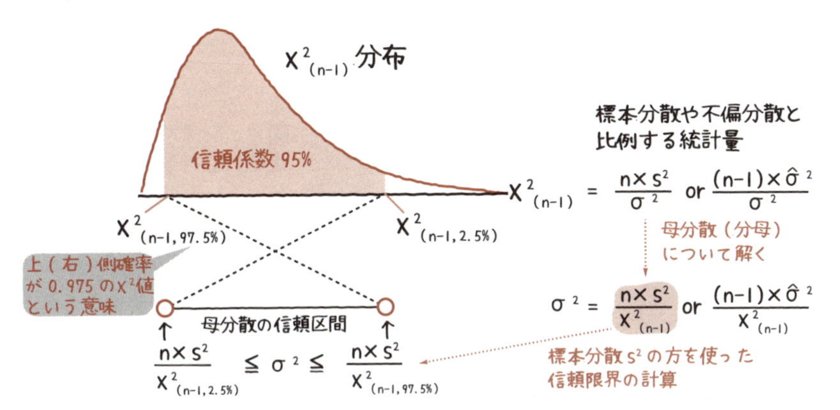

たとえば、標本サイズ（データ数）n = 5のとき、母分散σ^2に対する信頼係数95%の信頼区間を標本分散s^2を使って推定すると…

$$\frac{5 \times s^2}{11.143} \leqq \sigma^2 \leqq \frac{5 \times s^2}{0.484}$$

標本分散s^2は標本データから計算できる

χ^2の値は信頼係数だけでなく自由度でも変化する

演習

以下のようなテントウムシを5匹採集しました。このテントウムシの体長の母分散に対する99%信頼区間を不偏分散$\hat{\sigma}^2$を使って推定してみましょう。

5mm

15mm

10mm

11mm

8mm

$$\frac{(5-1) \times 13.7}{14.860} \leqq \sigma^2 \leqq \frac{(5-1) \times 13.7}{0.207}$$

不偏分散 $\hat{\sigma}^2 = \frac{\Sigma(x-\bar{x})^2}{n-1} = 13.7$

自由度4、上側0.5%のχ^2を求めるExcel関数 [=CHISQ.INV(0.005,4)]

答え：母分散に対する99%信頼区間は（3.69mm², 264.73mm²）

母分散の信頼区間（confidence interval for variance）…品質の安定性が重視される品質管理分野などで使う。標本・不偏分散と比例する統計量が自由度n-1のχ^2分布に従うことを利用して、間接的に推定する。

幅を持たせた推定④

～母相関係数の信頼区間～

母相関係数の区間推定（正規分布）

- 標本相関係数 r にFisherの z 変換（52ページ）を施した統計量が、近似的に正規分布に従うことを利用して推定します。

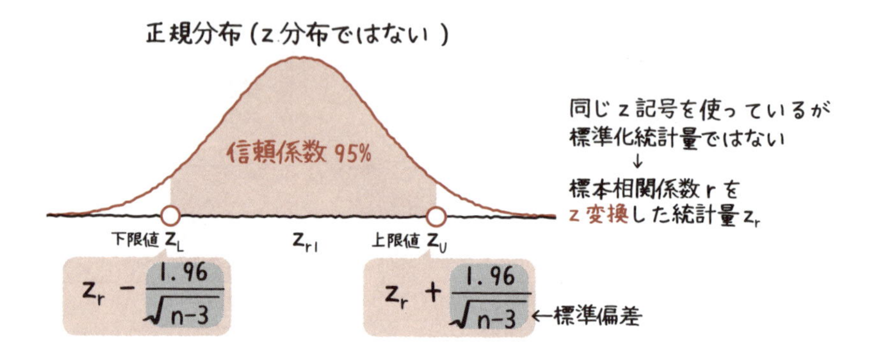

母相関係数ρ に関する信頼係数 95% の信頼区間は

$$z_{r1} - \frac{1.96}{\sqrt{n-3}} \leq z_\rho \leq z_{r1} + \frac{1.96}{\sqrt{n-3}}$$

$z_\rho = \frac{1}{2}\log_e\left(\frac{1+\rho}{1-\rho}\right)$

これではz変換された値のままでわかりにくいため、逆変換してもどす

$$\frac{e^{2z_L}-1}{e^{2z_L}+1} \leq \rho \leq \frac{e^{2z_U}-1}{e^{2z_U}+1}$$

自然対数の底 e の $2z_l$ 乗

eを底とする数値の累乗（べき乗）についてはExcel のEXP関数を使えば簡単に求められる！（右コラム参照）

母相関係数の信頼区間（confidence interval for correlation coefficient）･･･標本相関係数は左右非対称の分布に従うため、Fisherのz変換を施し、統計量が正規分布に従うことを利用して推定する。

Excelには「関数」という、とても便利な機能が備わっています。関数には、目的に沿って予め決まった数式が書かれています。使い方はとても簡単で、セルに「＝関数名(引数)」を入力するだけで、色々な計算がわざわざ式を書かなくてもできるようになります。

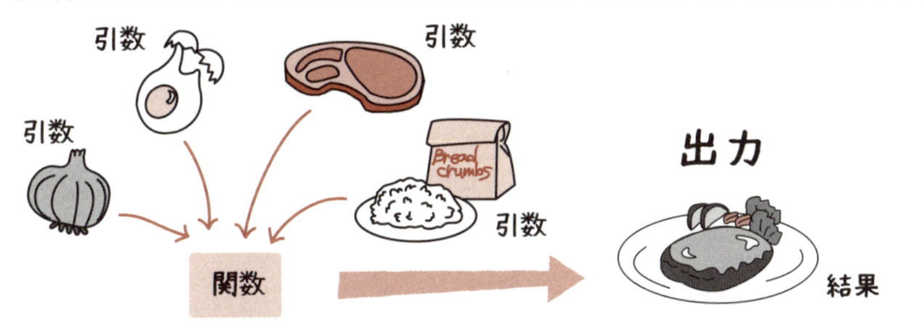

例として、e（＝2.718...）を底とする数値のべき乗を返すEXP関数を紹介しましょう。

①「数式」タブから「関数の挿入」を選んで「EXP」などで検索して「EXP」を選びます。もちろん、セルの中に直接「＝EXP(数値)」を入力してもOKです。

※注：Excel2016の画面です。

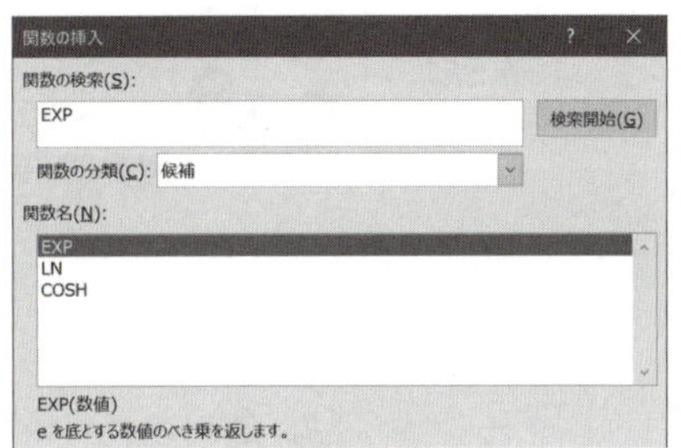

②数値（引数のこと）のところに、べき乗の値（eを何乗するか）を指定します。値を直接入力しても良いですし、値の入ったセルの番地を入力したり、マウスで指定してもOKです。

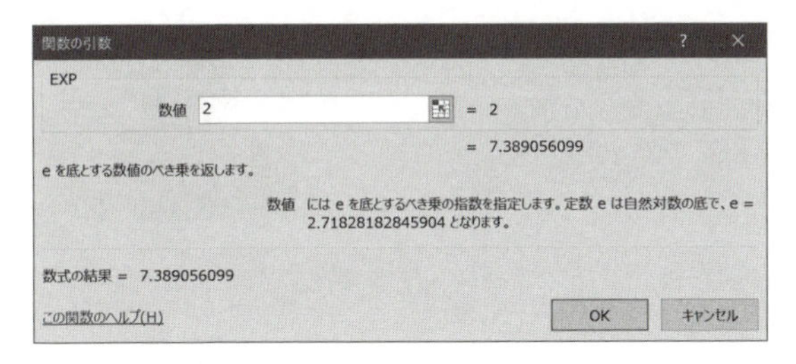

③確定（Enter）キーを押すか、ウィンドウのOKボタンを押すと、値（答え）が返ってきます。ちなみに、引数に2を入れると、eの2乗なので、7.389...が返ってきます。

4 5

シミュレーションで母数を推定する

～ブートストラップ法～

小標本の場合など、母集団に確率分布を仮定できなくても、母数の推定を可能にする方法です。

手元のデータから復元抽出を繰り返してたくさんの再標本を生成し、その統計量から母数を推定します。

統計学におけるモンテカルロ法（コンピュータ・シミュレーション）の1つですが、乱数でなく、実際にあるデータを使って分布を推定します。

▶▶▶小標本のときの母集団分布

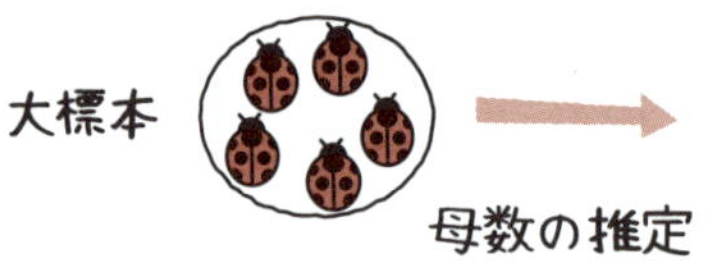

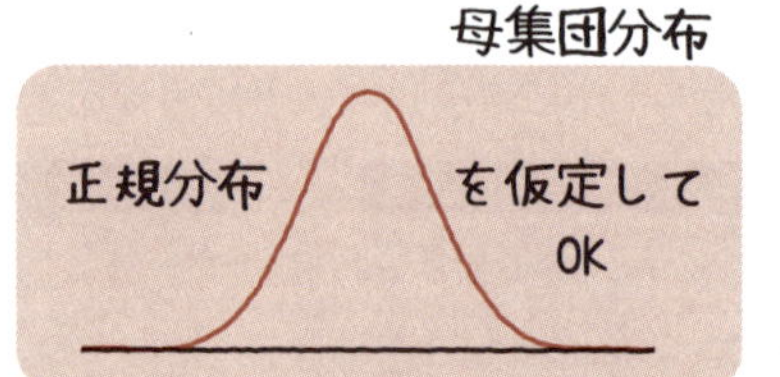

小標本の場合

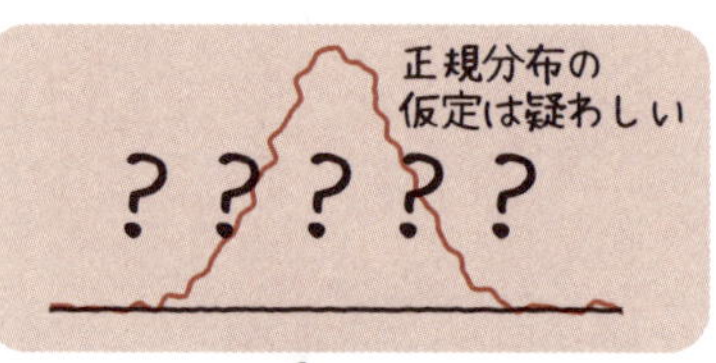

正規性を無理に仮定して
t分布を使って推定しても
誤差が大きすぎて実用に
堪えない推定になる
（信頼区間が広すぎるなど）

手元にあるデータだけで、母数を高い精度で推定するにはどうすれば良いだろう??

ブートストラップ（bootstrap）…履くときに指で引くためのブーツ背上部にある輪のこと。不可能な動作の喩えとして「自分でブートストラップを引っ張って自分を引き上げる」といういい回しがある。

再標本（リサンプル）

- 元標本（観測した手元のデータ）は母集団の特徴を持っているはずです。
- それならば、元標本から抽出した新しい標本（再標本）も、母集団の特徴を持っているはずです。

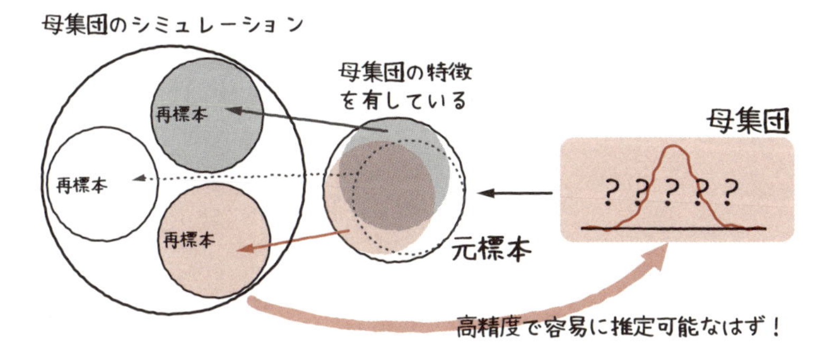

ブートストラップ法

- ブートストラップ法は、再標本の統計量（平均など）から母数を推定します。
- 元の標本から同じサイズの再標本を復元抽出法（抽出した値を戻す）でたくさん作ります。1,000～2,000回ぐらい作ると統計量の値が安定します。
- 新しく得られた平均と標本標準偏差を使えば、より狭い区間で推定できます。

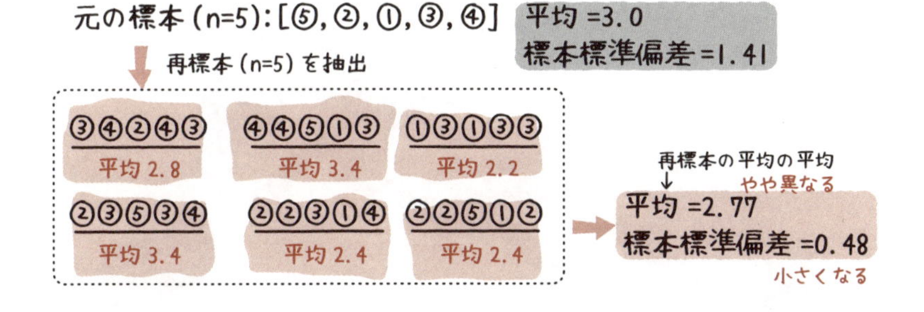

演習

母平均に対する信頼係数95%の信頼区間（上の例：n=5）

従来の方法（t分布）	$3.00 \pm 2.78 \times 1.41/\sqrt{4}$	→(1.04, 4.96)
ブートストラップ法	$2.77 \pm 2.78 \times 0.48/\sqrt{4}$	→(2.10, 3.44)

狭くなります！

ブートストラップ法（bootstrapping）…エフロンが提唱したモンテカルロ法（シミュレーション方法）の1つ。手元にあるn個のデータから同じサイズの再標本を何度も復元抽出し、その再標本の統計量から母数を推定する。

Reject and win.

第5章　仮説検定

5 1

差があるかどうかを判定する

～仮説検定～

観測された複数の平均や分散の間の差が、母集団においてもあるといって良いのかどうかを判定します。
比較する統計量の種類によって、いろいろな検定があります。

▶▶▶特定の値と標本平均の検定

カタログ燃費

ユーザーが計測した実燃費

例 カタログに掲載されているA車種の燃費とユーザーが計測した実際の燃費に差はあるか？

▶▶▶特定の比率と標本比率の検定

目標支持率

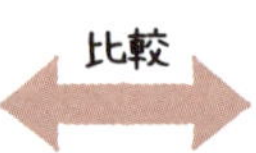

アンケート調査による支持率

例 支持率が30%を下回ったら内閣を解散したいが、アンケート調査では20%であった。解散すべきか？

▶▶▶特定の分散と標本分散の検定

許容できる内容量のバラツキ

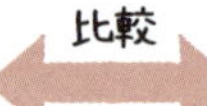

ある製造ラインの内容量のバラツキ

例 あるラインで製造されているお菓子の1袋の容量が許容基準よりもバラついているか？

特定の値と標本統計量の検定（one sample test）･･･「観測された１つの標本統計量」を「既知の特定の統計量（平均や分散、比率など）」と比較し、それらが母集団においても異なるか否かを確率的に判定する方法。

無相関の検定

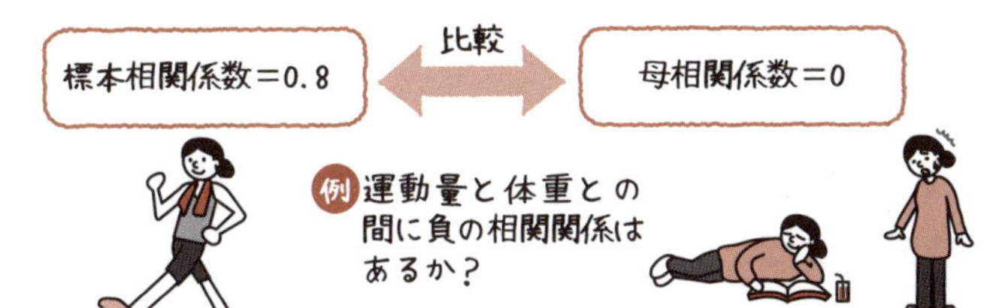

平均の差の検定

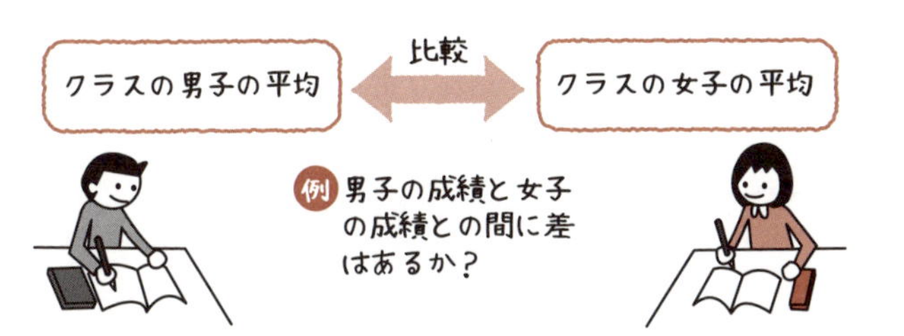

等分散の検定

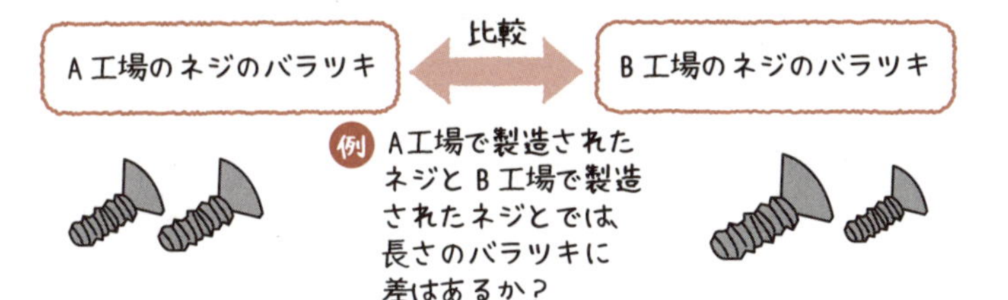

比率の差の検定

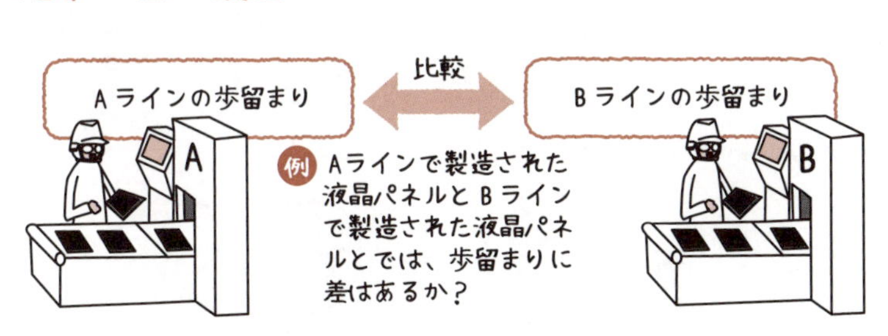

2群の検定（two sample test）･･･条件や処理によって2つのグループに分けたとき、観測された2つの標本統計量（平均や分散、比率など）が母集団においても異なるか否かを確率的に判定する方法。

5 | 2

2つの仮説
～帰無仮説と対立仮説～

検定では、母集団に関する仮説が正しいか否かを確率的に判定するため、どのような仮説を立てるのかが大変重要となります。

▶▶▶帰無仮説

- 研究で主張したい（採択したい）内容とは逆の仮説を帰無仮説と呼びます。
- 「差がない」とか「処理の効果がない」といった内容になります。
- 検定は、この仮説の反証を試みることになります。

帰無仮説
を示す記号 H_0

H_0：2群の▲▲に差がない

母平均や母分散など

同じ母集団から抽出

▶▶▶対立仮説

- 帰無仮説が棄却されたとき、代わりに採択される仮説を対立仮説と呼びます。
- 本来、研究で主張したい内容となります。

対立仮説
を示す記号 H_1

2つの標本は
それぞれ異なる
母集団から抽出
されたと考える
んだね！

H_1：2群の▲▲に差がある

異なる母集団から抽出

仮説（hypothesis）･･･あらかじめ母集団について立てておく仮説で、棄却したい（研究で主張したくない）帰無仮説と、その帰無仮説が棄却されたときに採択する（研究で主張したい）対立仮説がある。

HELLO WE ARE...

ネイマンとピアソン

Jerzy Neyman（1894-1981）
Egon Sharpe Pearson（1895-1980）

Neyman

Pearson

帰無仮説と対立仮説を使う現在の仮説検定の手続きは、イェジ・ネイマンとピアソンが確立しました。ピアソンといっても、記述統計学を大成したカール・ピアソンではなく、息子のエゴン・ピアソンです。ロンドンで生まれたエゴンは、当初、ケンブリッジ大学で天文物理学を学んでいましたが、結局は、統計学を志すようになり、父カールの研究室に入ります。一方、モルドバ(旧ソヴィエト)生まれのネイマンは、尊敬するカール・ピアソンの指導を受けるべくロンドンまで留学しますが、老いたカールよりも年の近いエゴンの方と意気投合します。そして２人は仮説検定だけでなく、区間推定など、現在の推測統計学の骨格を作り上げたのです。ちなみに、アメリカの大学で最初に統計学部を設立したのもネイマンです。

さて、実は、母集団に立てた仮説を反証するという、現在の仮説検定の土台は、フィッシャーが既に考え出していました。でも、その仮説が棄却されたときに、代わりに採択される仮説が設定されていなかったのです。そこで、ネイマンとピアソンは、対立仮説を設定することで検定の内容をわかりやすくするだけでなく、その検定がどれぐらい優れているのかを示す「検出力(85ページ)」を計算できるようにしました。これは、いいかえれば、帰無仮説を設定することで、一番良い検定を選択できることになったということですので、まさに画期的なアイデアといえるでしょう。

このようにフィッシャーの検定を大きく進化させたネイマンとピアソンですが、フィッシャーは生涯、彼らの仮説検定を認めようとはしませんでした。そのせいもあってか、ネイマン自身も仮説検定に自信を失い、後半は自分の研究で直接使用することはほとんどありませんでした。しかし、その後、対立仮説を立てる仮説検定の価値は見直され、学術研究はもちろん、新薬の許認可や工場での抜き取り検査など、あらゆる分野で欠かせない統計手続きとなっています。

5 3

仮説検定の手順

観測されたデータの得られやすさ（実験結果の起こる確率）から、あらかじめ立てておいた母集団に関する仮説の是非を判定します。

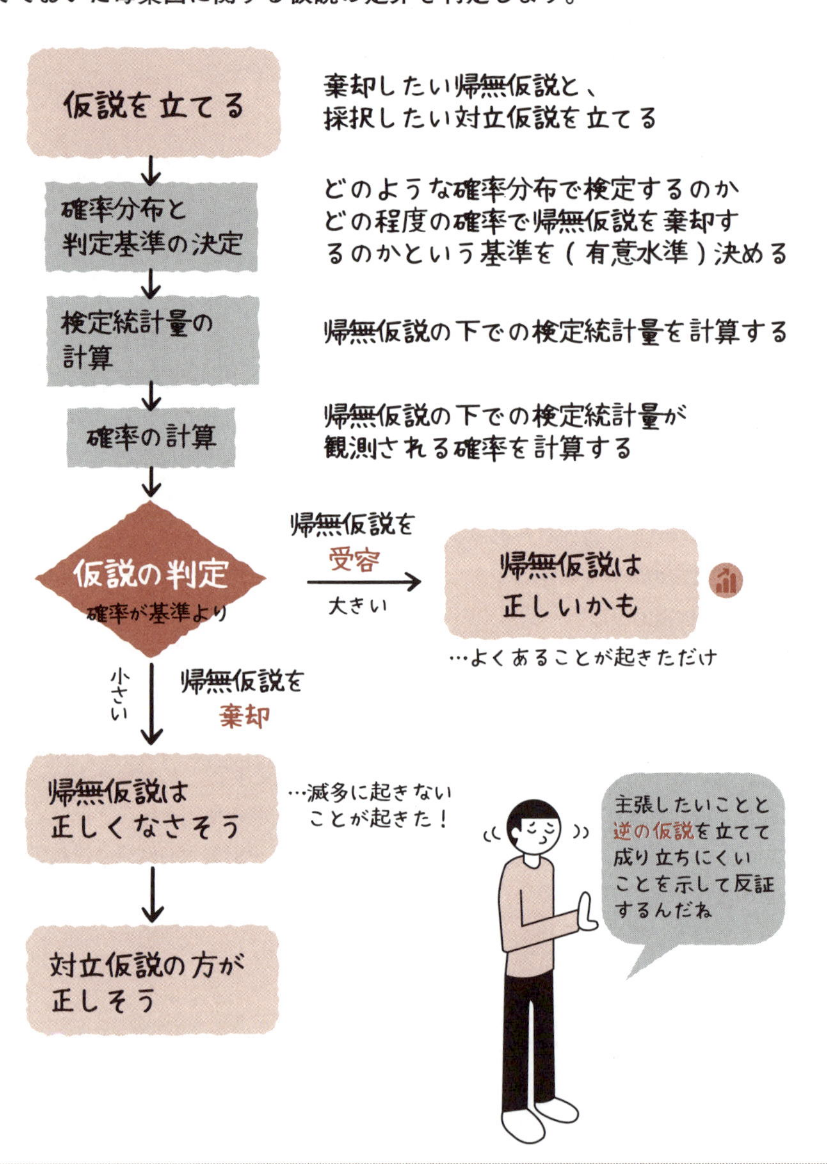

仮説検定（hypothesis testing）･･･標本の得にくさ、つまり当該データの観測される確率の低さから、あらかじめ母集団の母数について立てておいた帰無仮説が成り立たないことを検証する手続き。

帰無仮説を採択（=「差がない」と判定）してはいけません

帰無仮説（差がない）が棄却されたときは、帰無仮説は正しくない、つまり「差がないことはない（=差がある）」と解釈しますが、帰無仮説が棄却できなかったときの解釈には注意が必要です。

帰無仮説が棄却できなくても、帰無仮説を採択して、その内容（差がない）を正しいと判定してはいけません。なぜならば、実験をやり直したり、データを増やしたりすれば、帰無仮説を棄却できるかも知れないからです。とりあえず今回の実験で観測したデータでは、有意な差が検出されなかっただけということなのです。ですから、帰無仮説が棄却されなかった場合でも採択はせずに、「判定を保留」しておく程度の解釈に留めておいてください。

このように、仮説検定は、あくまで「帰無仮説を棄却する」ための手続きで、帰無仮説が正しいことを証明するためのものではないのですが、コストカットが叫ばれる現代では、「差がないこと」を主張したい分野も多くなっているのも事実です。たとえば、後発薬を製造する会社ならば、その効果が先発薬と「大差ない」といいたいでしょうし、ペットボトルを作るメーカーならば、従来よりも安価な素材で作った製品でも強度はそれほど劣っていないことを検証したいでしょう。そのような場合は、帰無仮説を「後発薬の効能は先発薬よりも1割劣っている」などとして、片側検定を実施します（100ページの非劣性試験）。

コラム なぜ主張したい仮説を検証しないのか？

仮説検定に慣れていない学生からの質問で多いのは、「なぜ最初から主張したい仮説を検証しないのか？」というものです。

たしかに、わざわざ棄却したい仮説について考えるのは回りくどい気がします。しかし、実際にたとえば2つの平均値の差を検証することを考えてみてください。本当の差の大きさがわからないうちに、どのような仮説を立てるのでしょうか？　小さい差を仮定しますか？　大きい差を仮定しますか？

つまり、主張したい（差があるという）仮説は無限に立てることができてしまうため、いつまで経っても検定の手続きに入れません。よって、唯一の内容となる主張したくない（差がない）という仮説を立てて、それを反証する方が合理的なのです。

5 4

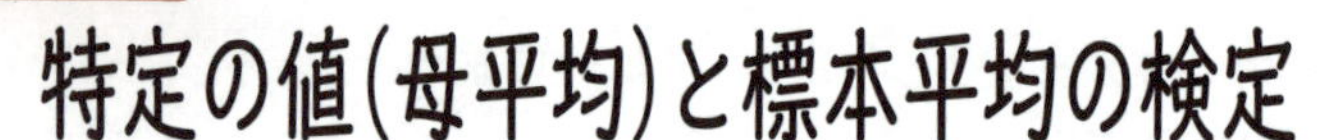

特定の値(母平均)と標本平均の検定

「観測された標本平均」を「特定の値（既知）」と比較し、それらが異なるか否かを確率で判定します。

もっとも基本的な仮説検定で、回帰係数の t 検定もこの一種です。

１標本の平均の検定、１サンプルの検定、母平均の検定などとも呼ばれます。

仮説の考え方

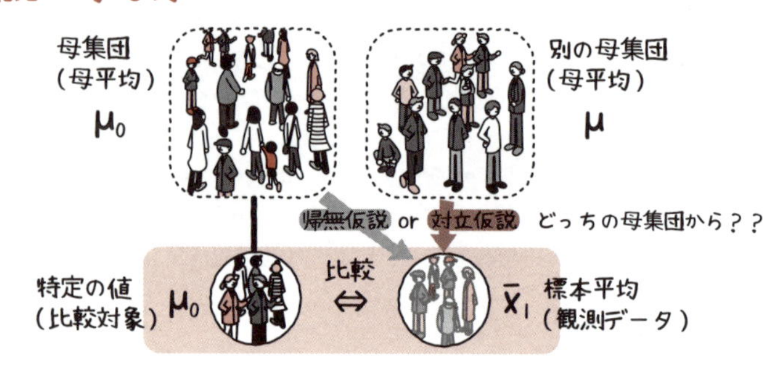

帰無仮説
$H_0 : \mu = \mu_0$

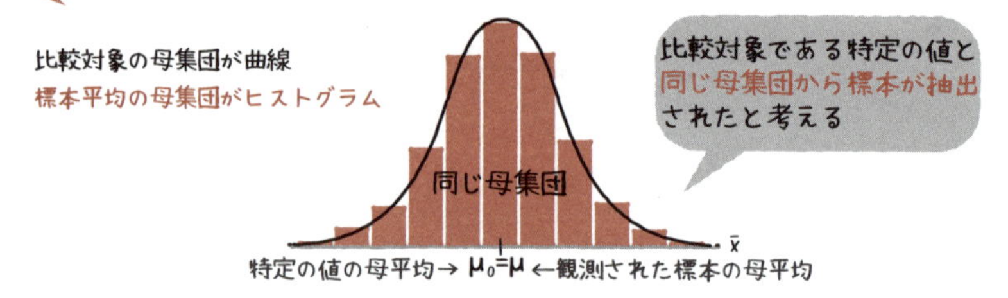

対立仮説
$H_1 : \mu \neq \mu_0$

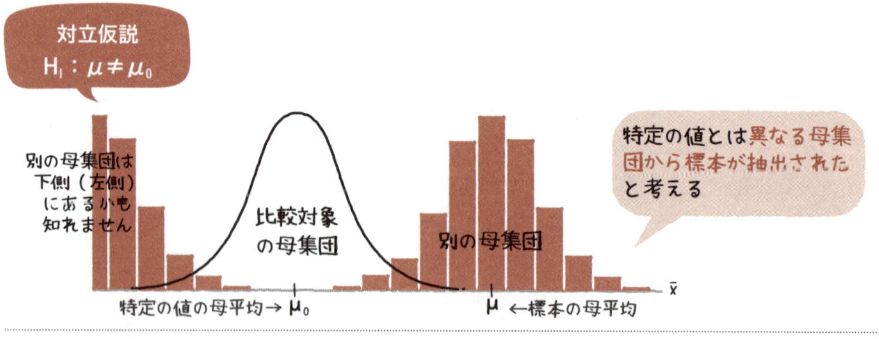

母平均の検定（one sample t-test）…観測された標本平均を、特定の平均と比較する検定手法。回帰係数の t 検定など。

▶▶▶検定の考え方

- 比較対象となる「特定の値」と「観測された標本の平均」との差が誤差の範囲内といえるのか否なのかを考えます。

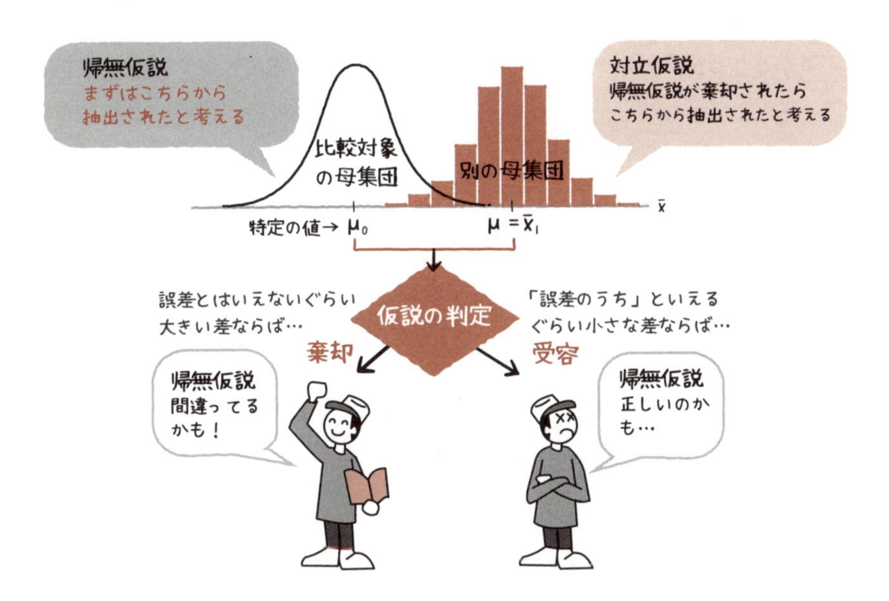

▶▶▶判定の考え方

- 「これよりも標本平均が大きければ帰無仮説を棄却する」という限界値（または臨界値）を、有意水準（次ページ）から計算します。
- それ（限界値）と観測された標本平均 $\bar{x}_1$ を比較します。

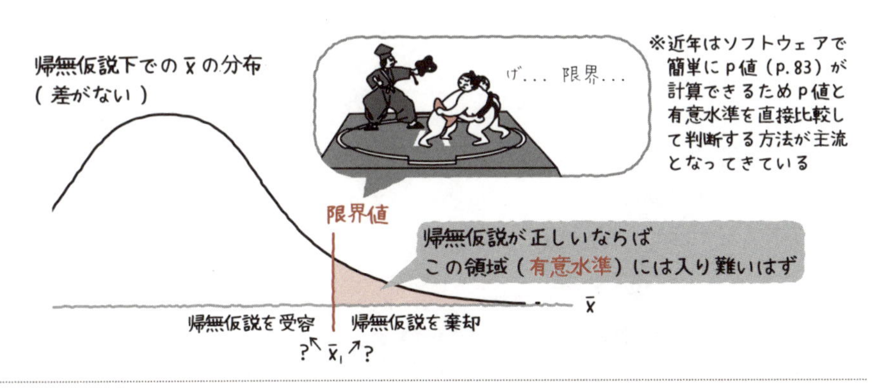

帰無仮説（null hypothesis）･･･母集団の母数についての仮説で、「差がないと」とか「効果がない」という否定形の内容。
対立仮説（alternative hypothesis）･･･帰無仮説が棄却されたときに採択される仮説で、一般に、研究で主張したい内容となる。

有意水準

- どの程度の正確さで帰無仮説を棄却するかを有意水準（確率はαで表します）として決めておきます。普通は分布の両側で5％（＝片側それぞれ2.5％）とします。
- いいかえますと、その検定で許容できる第一種の過誤（84ページ）の確率です。
- 判定基準となる限界値は、この有意水準の範囲の境界に設定します。

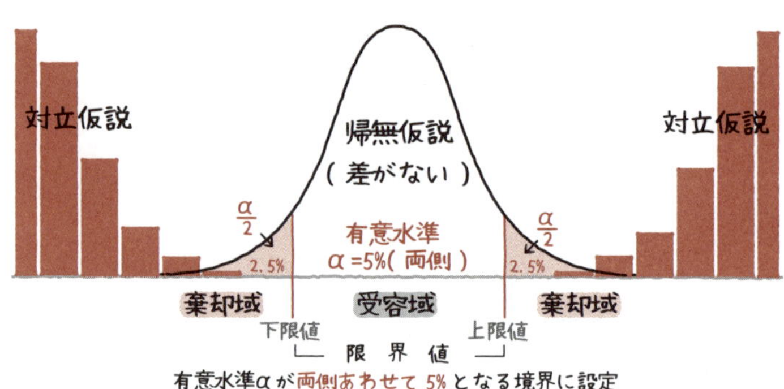

両側検定と片側検定

- 普通は、上の図のような両側検定を考えますが、以下の場合には片側の確率だけでαとする片側検定を使うこともあります。
  - ①対立仮説（標本平均）の分布が帰無仮説（特定の値）の分布よりも大きくなる（あるいは小さくなる）ことがわかっている場合。
  - ②どちらかの方向での有意差しか興味がない場合（100ページの非劣性試験など）。

なお、片側検定の対立仮説H_1は$\mu < \mu_0$（あるいは$\mu > \mu_0$）となり、両側検定よりも帰無仮説を棄却しやすくなります。

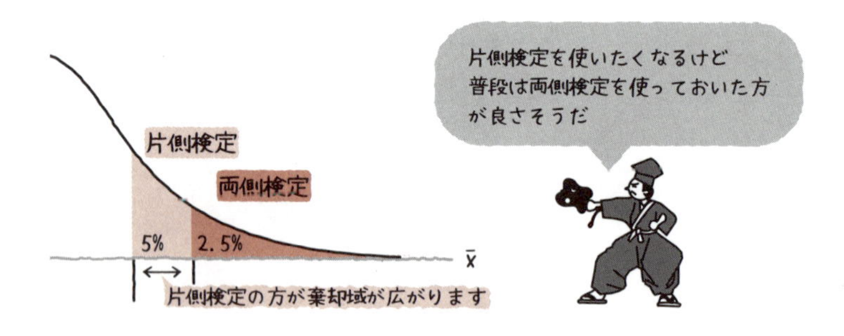

有意水準（significance level）･･･限界値を決定するための基準のことで、検定に先だって決めておく。その検定で許容できる危険率（第一種の過誤を犯す確率）とし、αで表す。

▶▶▶限界値の計算（正規分布）

- 母分散が既知の場合、限界値は正規分布から計算します。
- ただし、大標本ならば、母分散が未知でも標本分散で代えられます。
- 正規分布を使った母平均の区間推定における信頼限界の計算と同じ内容です。

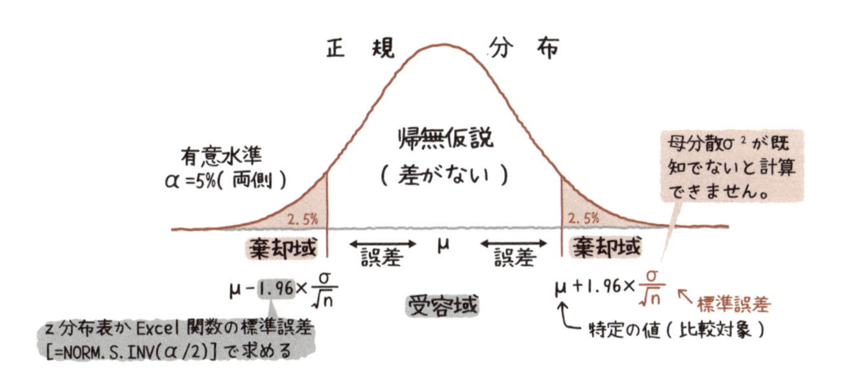

▶▶▶帰無仮説の判定（正規分布）

- 有意水準 $\alpha = 5\%$（両側）の検定について、上側（右側）だけ解説すると、下の図のようになります。

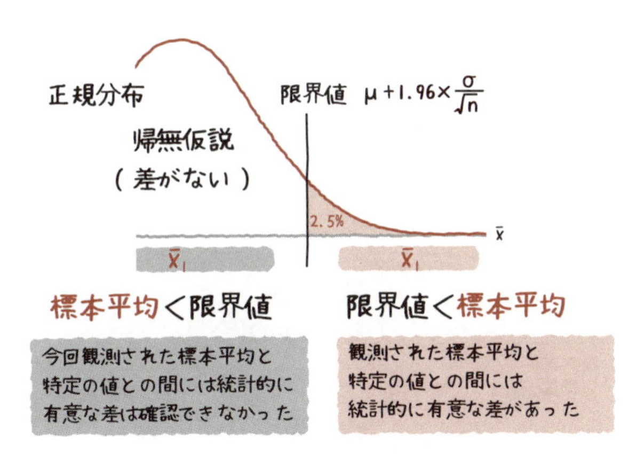

両側検定（two-tailed test）…確率分布の両側の確率を合わせて α とする一般的な検定で、片側検定よりも厳しくなる。
限界値（critical value）…帰無仮説の棄却域を示す境界として既設定の有意水準 α から導き出される値。臨界値とも。

▶▶▶ z 検定

- 標本平均を標準化した z 分布を使っても同じように検定できます。こちらも前ページの正規分布同様、母分散が既知でなければなりません。
- 標準誤差が 1 に標準化されていますので、限界値はより単純になります（反面、検定統計量 z を計算する必要がでてきますので検定が楽になるわけではありません）。

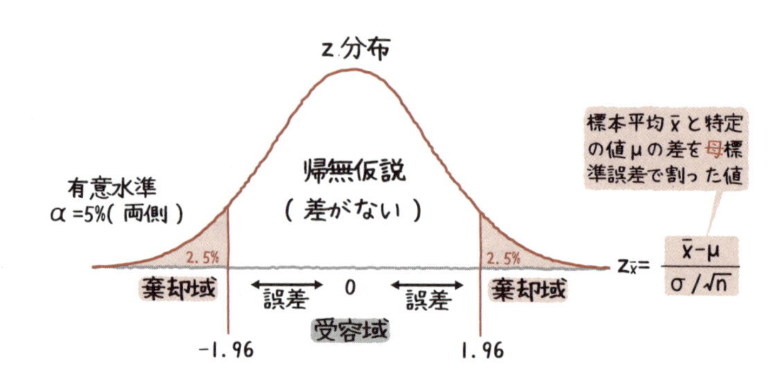

▶▶▶ t 検定

- 普通は母分散が未知なので、標本平均を準標準化した t 分布を使って検定します（自由度 df は n － 1 です）。
- 自由度が小さくなるほど、帰無仮説は棄却し難くなります。
- 回帰分析の係数の t 検定（192 ページ）もこの手続きです。

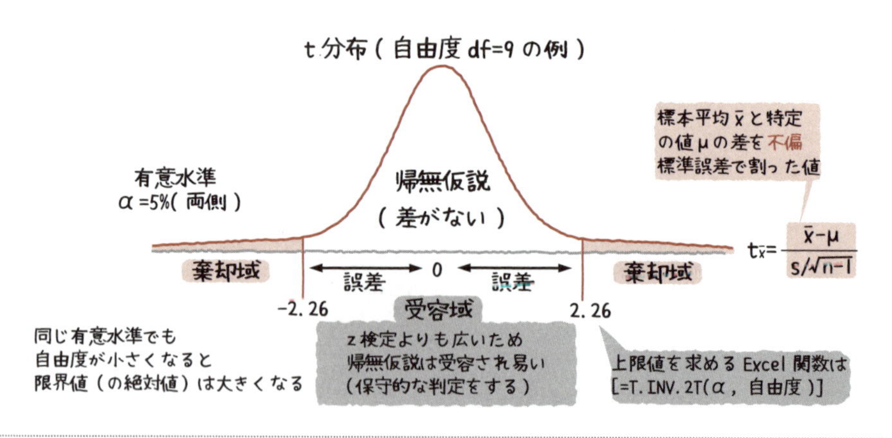

p 値（p-value）…小さいほど、観測データが帰無仮説の内容と適合していないことを示す。よって、既設定の有意水準 α よりも p 値の方が小さければ帰無仮説は棄却される。確率値や有意確率と訳されることもある。

p値（確率値）

- p値とは、帰無仮説の分布において、検定統計量（下図では標本平均）よりも極端な（外側の）値が観測される確率（濃い色の面積）のことです。
- いいかえると、帰無仮説を棄却することができるもっとも低い有意水準ですので、普通は小さい方が望ましいです。
- 論文などでは検定結果だけでなく、p値も示しておくと丁寧でしょう（一般のソフトウェアでは、両側検定の場合には自動的に両裾を合わせたの確率を出力してくれます）。

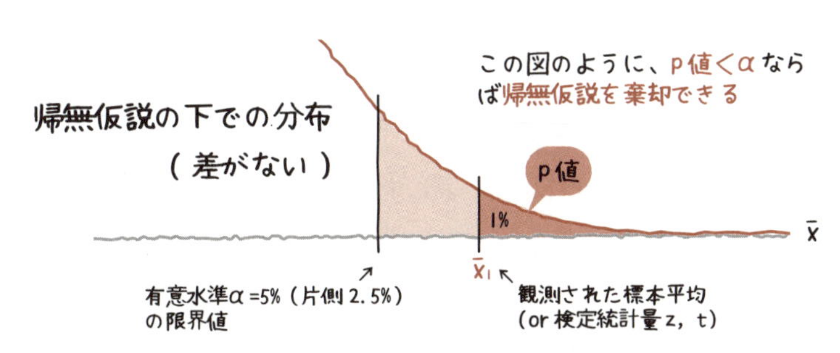

コラム さらばp値至上主義

有意（significant）という言葉は、なにやらとても重要な印象を与えます。

そのため、なんとしても有意水準（大抵は両側で5％）よりも小さなp値をたたき出そうと、手を変え品を変えて頑張る学生をよく見かけます。しかし、検定における有意とは、せいぜい「今回の実験では、帰無仮説の下では現れる確率が非常に小さいはずの値が観測されたので、帰無仮説は成り立たないだろう」ということを意味している程度なのです。そしてp値は、その現れる確率、つまりデータと帰無仮説がどれぐらい適合していないのかを示しているだけですので、実際の効果の大きさを表すものではありませんし、ましてや実験結果の重要さや科学的な結論を決定づけるものでもありません（ですからp値の訳に「有意確率」をあてるのは適当ではないかもしれません）。

こうしたp値至上主義がはびこる現状を憂えて、アメリカ統計学会は、2016年3月、p値の解釈について6つの原則を示しました。以下がその声明文がアップされているURL（2017年8月確認）です。興味のある方は、ぜひご覧になってみてください。

https://www.amstat.org/newsroom/pressreleases/P-ValueStatement.pdf

仮説検定における2つの間違い

～第一種の過誤と第二種の過誤～

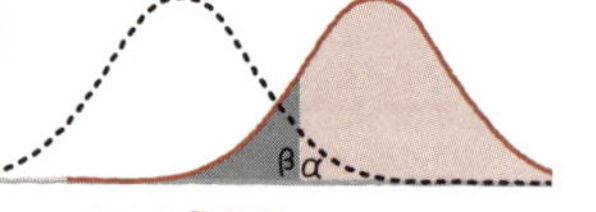

仮説検定は標本を使っているのですから、判定を間違うこともあります。
間違い（過誤）の内容によって、2種類に分けられます。

第一種の過誤

- 第一種の過誤とは、本当は差がない（帰無仮説が正しい）のに、その真実を見落として「差がある」と判定してしまうことです。
- 第一種の過誤を犯す確率（危険率）はαで表します（つまり検定における有意水準）。

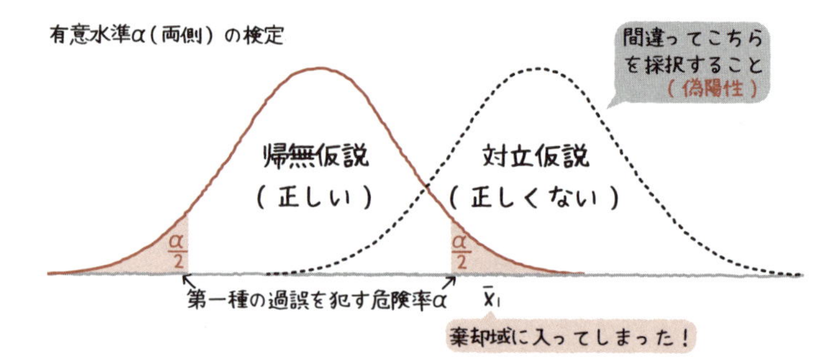

第二種の過誤

- 第二種の過誤とは、差がないのは過ち（帰無仮説は正しくない）にもかかわらず、その過ちを見過ごして「差がない」と判定してしまうことです。
- 第二種の過誤を犯す確率（あまり危険率とは呼びません）はβで表します。

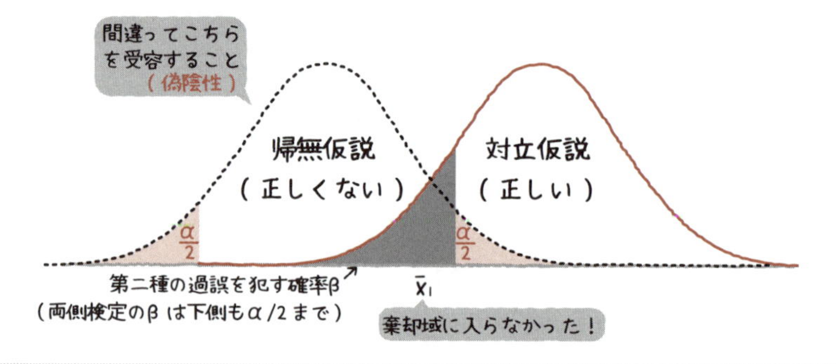

第一種の過誤（type I error）…正しい帰無仮説を棄却してしまう過ち。検定前に考えれば第一種の過誤を犯す確率も有意水準も同じ意味となるので、どちらも確率はαで表される。生産者危険（リスク）とも呼ばれる。

▶▶▶検出力（検定力）

- **検出力**は、差がある場合に、きちんと差があると判定できる能力、つまりその検定がいかに優れているかを表します。
- 第二種の過誤を犯さない確率ですので、βの補数（$1-\beta$）となります。
- コーエンという統計学者が0.8（80%）は欲しいといっています。これは、100回検定をしたら80回は本来の差を検出できる能力ということです。

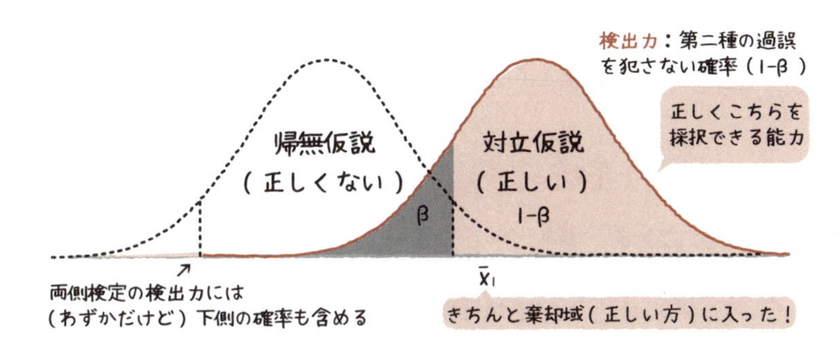

どのような検定を実施すべきか？

本来は、第一種の過誤の危険率αも第二種の過誤の確率βも小さくなるような検定を実施するのが望ましいのはいうまでもありません。しかしながら、第二種の過誤で示した図を見ていただければわかるように、αを小さくしようとすると、βが大きくなってしまう（その逆もしかり）という、**トレードオフの関係**にあります。つまり、（標本サイズ、効果量が同じ場合）どちらの確率も同時に小さくするような限界値を設定する方法は残念ながらないのです。

そこで、仮説検定では、社会的により深刻な結果をもたらすことの多い第一種の過誤について、あらかじめ許容できる危険率（これが有意水準α）を決め、その中で第二種の過誤の確率βがもっとも小さくなる棄却域を選ぶ、つまり検出力（$1-\beta$）のもっとも大きい検定法（最強力検定）を選択する方針をとっています。これを**ネイマン・ピアソンの基準**と呼びます。

そのため、近年では、どの程度の検出力を持った検定を実施したのかがわかるように、論文などに検定結果を掲載する際には、第二種の過誤の確率βや検出力の値を記載することが求められるようになってきました。

なお、検出力は標本サイズから影響を受けるため、どれくらいのデータを集めれば良いかを決める際にも利用されます。これについては、検出力分析（176ページ〜）で解説します。

第二種の過誤（type II error）･･･対立仮説が正しいのに帰無仮説を受容してしまう過ち。βで表す。消費者危険（リスク）とも呼ばれる。

5 6

特定の値(母比率)と標本比率の検定

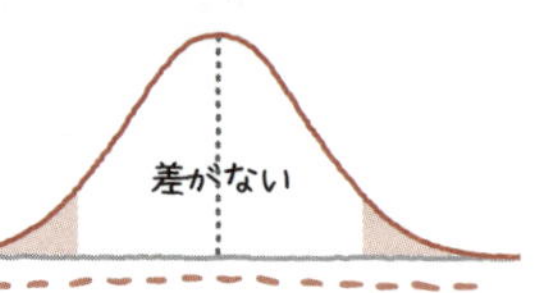

「観測された標本比率」を「特定の比率の値」と比較し、それらが異なるか否かを正規分布を使って判定します。

仮説の考え方

帰無仮説 H_0：$p=p_0$ 標本の比率の母数（母比率）と特定の母比率には差がない

対立仮説 H_1：$p \neq p_0$ 標本の比率の母数（母比率）と特定の母比率には差がある

検定統計量（正規分布）

- 大標本（$n \geqq 100$）のとき、標本比率 $\hat{p}$ は正規分布に従います（50ページ）。

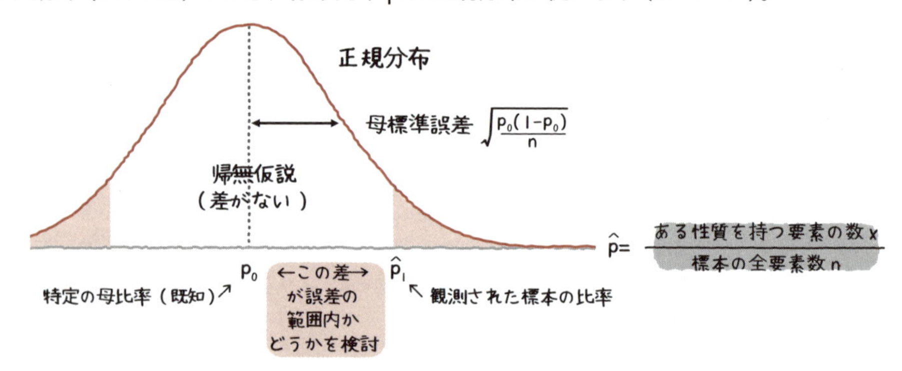

帰無仮説の判定

- 上（右）側で検定統計量＞上限値、下（左）側で検定統計量＜下限値、あるいはp値＜αならば、帰無仮説を棄却して対立仮説を採択します（下図は上側）。

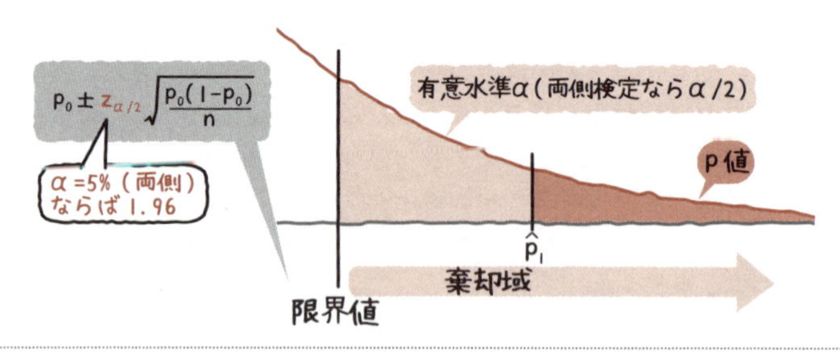

母比率の検定（testing for ratio）・・・観測された標本比率を、特定の母比率と比較する。賛成率や疾病率、歩留まりなどで用いる。

特定の値（母分散）と標本分散の検定

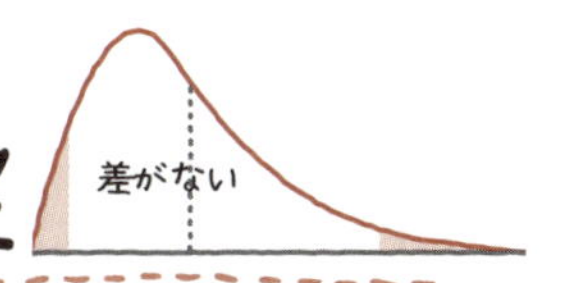

「観測された標本分散」を「特定の分散の値」と比較し、それらが異なるか否かを χ^2 分布を使って判定します。

▶▶▶仮説の考え方

帰無仮説 H_0：$\sigma^2 = \sigma_0^2$ 標本の分散の母数（母分散）と特定の母分散には差がない

対立仮説 H_1：$\sigma^2 \neq \sigma_0^2$ 標本の分散の母数（母分散）と特定の母分散には差がある

▶▶▶検定統計量（χ^2値）

- 分散の分布は存在しないので、χ^2 分布に従う統計量に変換します（51ページ）。

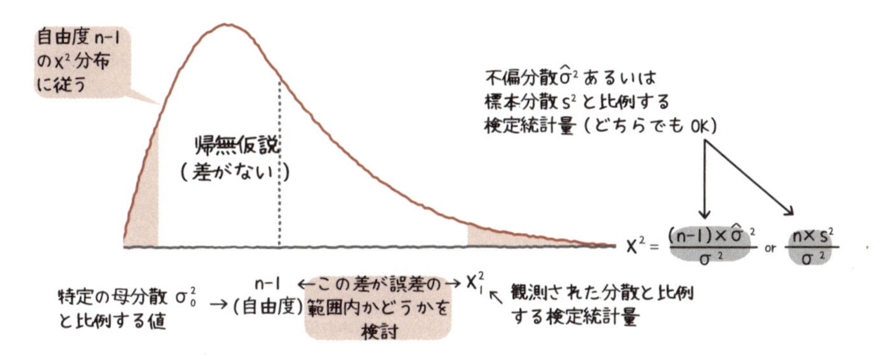

▶▶▶帰無仮説の判定

- 上（右）側で検定統計量＞上限値、下（左）側で検定統計量＜下限値、あるいはp値＜αならば、帰無仮説を棄却して対立仮説を採択します（下図は上側）。

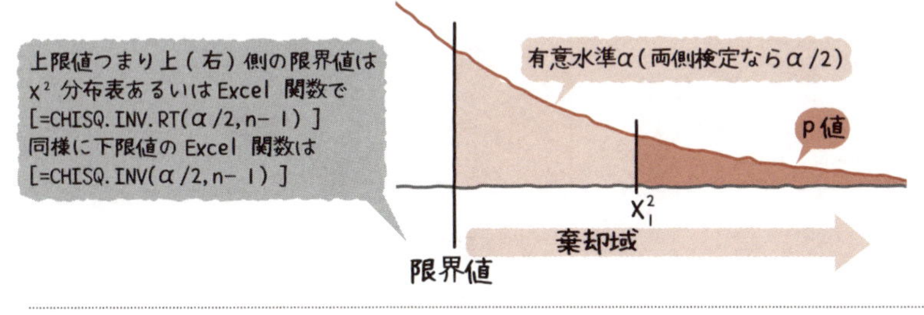

母分散の検定（testing for variance）･･･観測された標本分散を、特定の母分散と比較する。安定性を重視する品質管理などで用いる。

5 8

本当に相関関係はあるのか？

～無相関の検定～

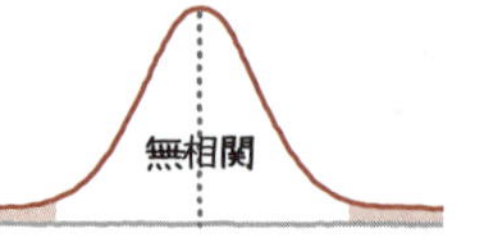

「観測された相関係数」を「ゼロ（無相関）」と比較し、それらが異なるか否かをｔ分布を使って判定します。

▶▶▶仮説の考え方

帰無仮説 H_0：$\rho=0$ 真の相関係数（母相関係数）はゼロである → 無相関

対立仮説 H_1：$\rho\neq0$ 真の相関係数（母相関係数）はゼロではない → 相関あり

▶▶▶検定統計量（t分布）

- 帰無仮説（無相関）の下では、準標準化した標本相関係数 t_r は自由度 $n-2$ の t 分布に従います（53ページ）。

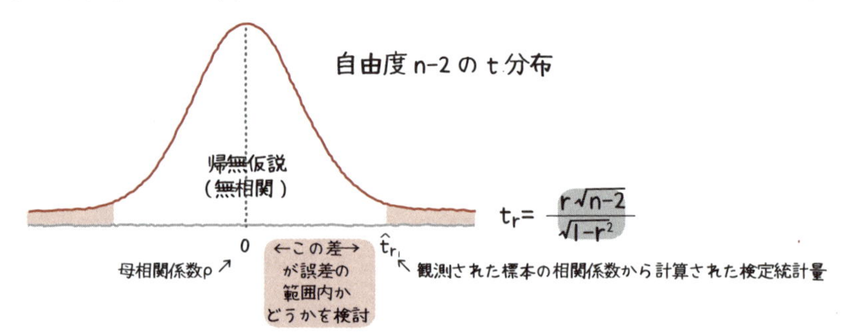

▶▶▶帰無仮説の判定

- 上（右）側で検定統計量＞上限値、下（左）側で検定統計量＜下限値、あるいはp値＜αならば、帰無仮説を棄却して対立仮説を採択します（下図は上側）。

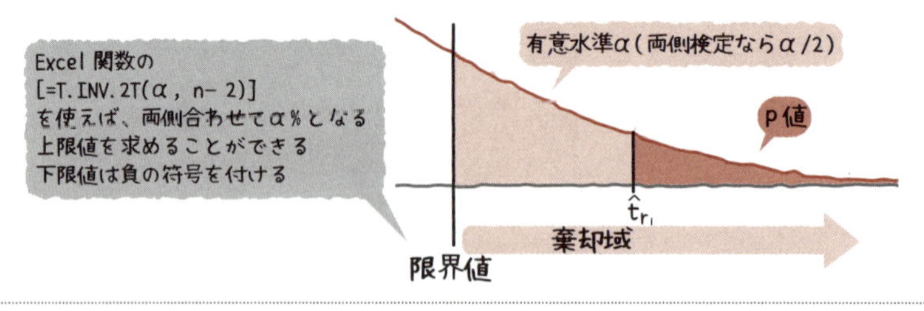

無相関の検定（testing for no correlation）･･･観測されたデータから計算された相関係数を、母相関係数 $\rho=0$ と比較する。小標本の場合を除けば、無相関であるという帰無仮説は、比較的棄却されやすい。

コラム

滅多にない無相関と切断効果

ソフトウェアで相関係数を算出すると、ほぼ自動的に無相関の検定も実施してくれるため、皆さんは何の疑問も持たずに検定結果を論文などに掲載しているでしょうが、多くの場合、無相関という帰無仮説は棄却されていることにお気づきでしょうか？

標本分布のところ（53ページ）で解説したように、標本相関係数rの不偏標準誤差は$\sqrt{(1-r^2)\div(n-2)}$であるため、検定統計量t（の絶対値）は簡単に大きくなります。たとえば標本相関係数rが0.4でも、標本サイズが25もあればt値は2.1になり、5%水準ならば帰無仮説は棄却され、「相関あり」と判定されてしまいます。標本サイズが大きいほどこの傾向は強まり、たとえばn=100ならば、なんとr=0.2でも帰無仮説は棄却されてしまうのです。

というわけで、あまり無相関の検定の結果を水戸黄門様の印籠（？）のように扱うのも考えものでしょう。

さて、無相関の検定とは直接関係ありませんが、相関係数を用いた分析でよく見かける間違いに切断効果というものがあるので、それについても簡単に注意しておきたいと思います。

それは、偏った範囲のデータしか観測できていないにもかかわらず相関係数を算出したり、無相関の検定を実施してしまうと、本来は相関関係があるのに見逃したり、逆に本来は相関はないのに「相関あり」と結論づけてしまうことです。下の図は、大学の入試の成績と入学後の成績との間に相関関係があるかどうかの分析ですが、切断効果が出やすい典型的な事例といえるでしょう。

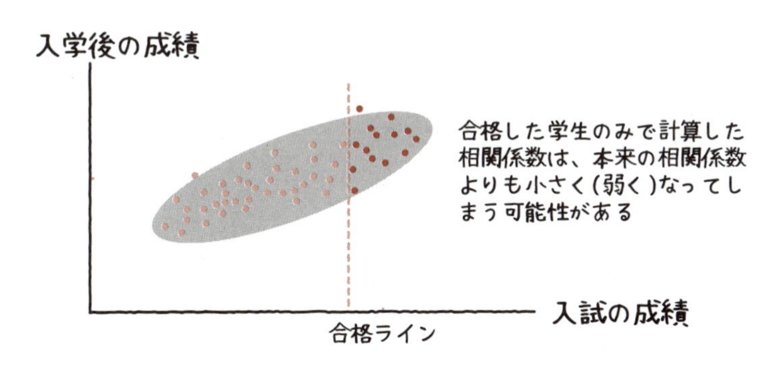

平均の差の検定①
～対応のない２群の場合～

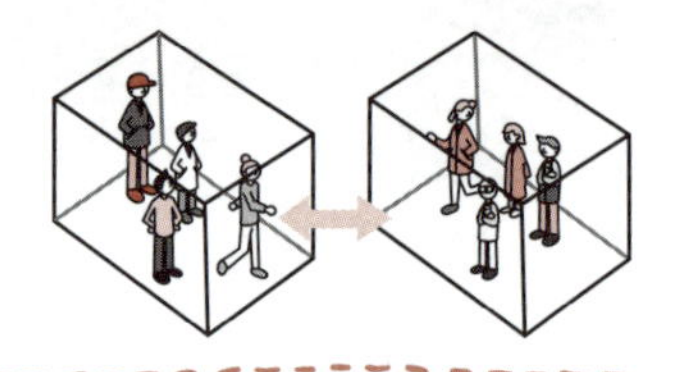

２グループ（群、条件、処理）の平均を比較して、それらの差が母集団においてもあるといってもよいかどうかを確率で判定します。
対応のない（異なる個体で測定する）場合と対応のある（同一個体で測定する）場合とでは、検定統計量の計算方法が異なります。

対応のない２群

- 異なる個体（検定の対象となる被験者など）を２条件で測定し、それらの平均を比較します。本節では、こちらを解説します。

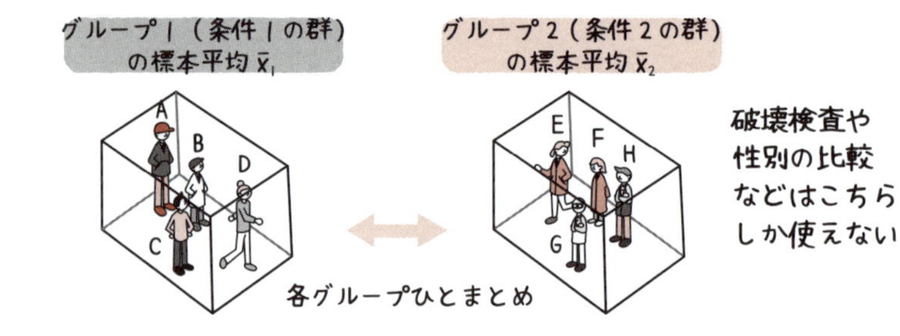

破壊検査や性別の比較などはこちらしか使えない

対応のある２群

- 同一個体を２条件で測定し、それらの平均を比較します。
- 個体差が大きい場合には判定の精度の向上が期待できます。

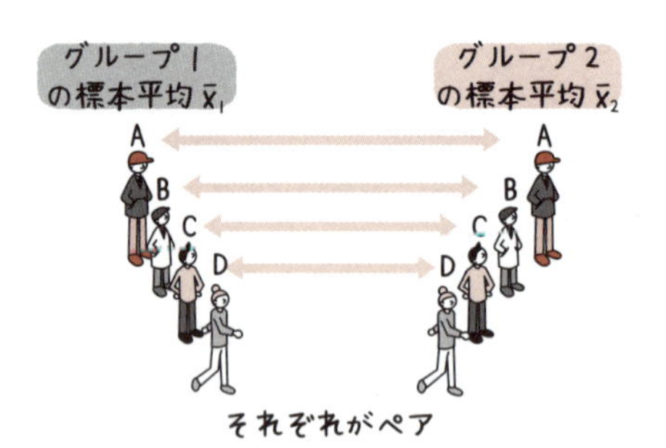

薬の使用前後や講習会の受講前後などの比較に使える

平均の差の検定（testing for difference in means）… ２群の標本平均を比較し、それらの差が母集団においてもあること、つまり異なる母集団から抽出されたことを、データが観測される確率から検証する。

▶▶▶標本平均の差の分布と仮説

- 2つの母平均はどちらもわからないため、それら標本平均の差をとり、その差の分布を考えます。

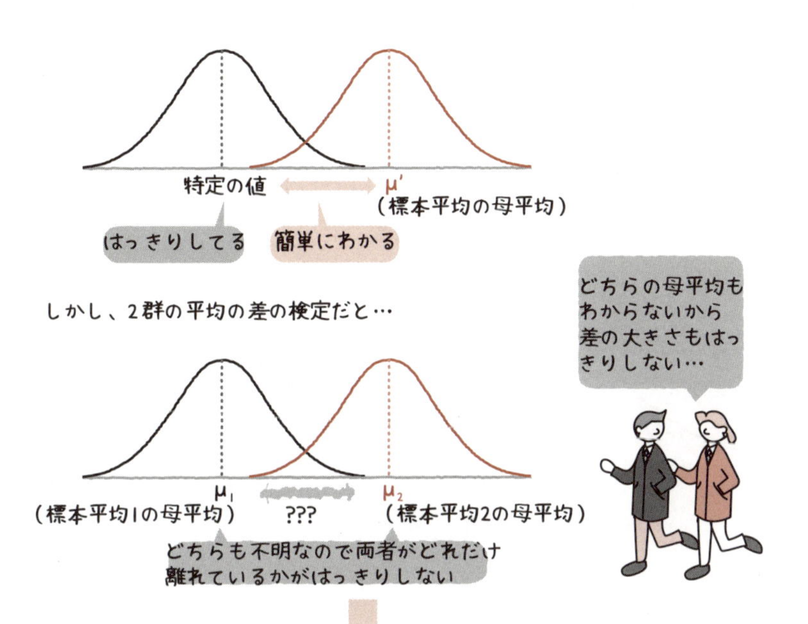

そこで…
平均の差の分布を考えれば
帰無仮説の真の値（母平均）
は0という定数になるため
特定の値と標本平均のときと
同じように検定できる

H_0：2群の母平均に差がない
H_1：2群の母平均に差がある

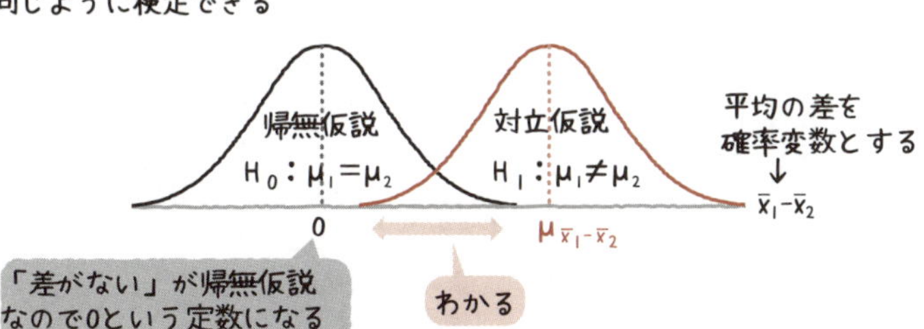

対応のないデータ（unpaired data）・・・異なる個体を、各条件下で測定したデータ。性別差を観測する実験などが該当。
対応のあるデータ（paired data）・・・同一個体を、各条件下で測定したデータ。個体差を考慮できるという利点がある。

▶▶▶ 分散の加法性

● 検定統計量を計算するとき、ひとつだけ注意することがあります。それは、標本平均の差の分布では、母平均はそれぞれの母平均の差でOKですが、誤差分散は和になるということです。

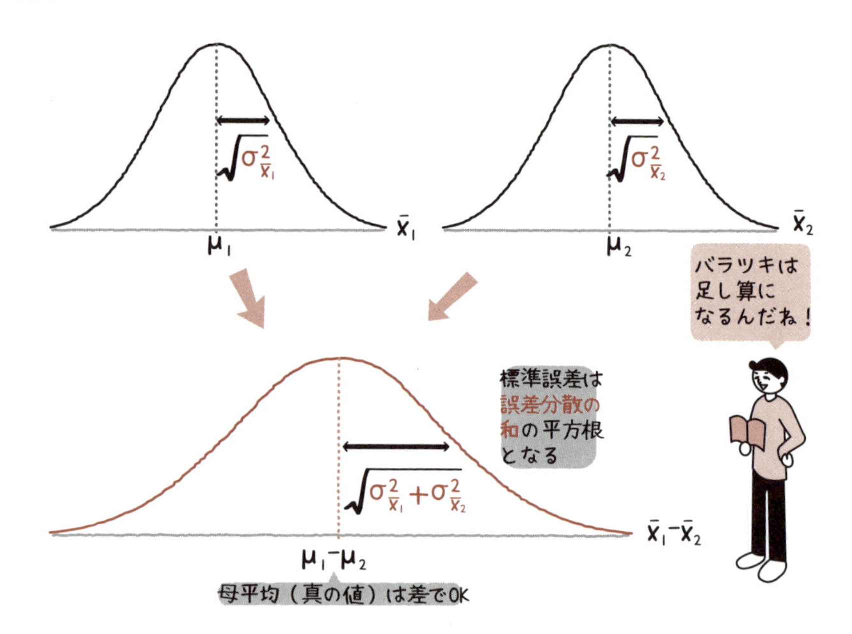

▶▶▶ 検定統計量（z 分布）

● 母分散が既知あるいは大標本の場合には、z 分布を用います。

● 標本平均 $\bar{x}$ の標準化変量 $z_{\bar{x}}$ は $(\bar{x}-\mu)/\sigma_{\bar{x}}$ でしたので、標本平均 $\bar{x}_1$ と $\bar{x}_2$ の差も同じように標準化できます（誤差分散のみ注意）。

帰無仮説（$H_0: \mu_1=\mu_2$）の下ではゼロ

$$z_{\bar{x}_1-\bar{x}_2}=\frac{(\bar{x}_1-\bar{x}_2)-(\mu_1-\mu_2)}{\sqrt{\sigma^2_{\bar{x}_1}+\sigma^2_{\bar{x}_2}}}=\frac{(\bar{x}_1-\bar{x}_2)-(\mu_1-\mu_2)}{\sqrt{\frac{\sigma_1^2}{n_1}+\frac{\sigma_2^2}{n_2}}}\rightarrow\frac{\bar{x}_1-\bar{x}_2}{\sqrt{\sigma^2\left(\frac{1}{n_1}+\frac{1}{n_2}\right)}}$$

帰無仮説の下では同じ分散 σ^2

各グループの標本サイズ

大標本ならば標本分散 s^2 で代用可能

分散の加法性（additivity of variance）… A群の分散が σ_A^2、B群の分散が σ_B^2 のとき、2群の和（A+B）の分散は $\sigma_A^2+\sigma_B^2$ となる。また、和だけではなく差（A-B）の分散も同様に $\sigma_A^2+\sigma_B^2$ となる。

▶▶▶検定統計量（t分布）

- 母分散が未知で小標本の場合には、ｔ分布を用います。
- ｚ値と異なるのは、母分散σ^2が不偏分散$\hat{\sigma}^2$となっているところだけです。
- 不偏分散$\hat{\sigma}^2$はグループ１からもグループ２からも計算できてしまうため、それらの自由度で加重平均を取った値（併合分散）を用います。

$$t_{\bar{x}_1-\bar{x}_2}=\frac{\bar{x}_1-\bar{x}_2}{\sqrt{\hat{\sigma}^2\left(\frac{1}{n_1}+\frac{1}{n_2}\right)}}$$

ただし $$\hat{\sigma}^2=\frac{(n_1-1)\hat{\sigma}_1^2+(n_2-1)\hat{\sigma}_2^2}{(n_1-1)+(n_2-1)}$$

- 両グループとも同じサイズnならば、下記のように簡単な式になります

$$t_{\bar{x}_1-\bar{x}_2}=\frac{\bar{x}_1-\bar{x}_2}{\sqrt{\frac{\hat{\sigma}_1^2+\hat{\sigma}_2^2}{n}}}=\frac{\bar{x}_1-\bar{x}_2}{\sqrt{\frac{s_1^2+s_2^2}{n-1}}}$$

標本分散 s^2を使った右辺式でもいいが不偏分散 $\hat{\sigma}^2$が既に計算済なら中辺式でもOK

▶▶▶帰無仮説の判定（t検定）

- 検定統計量（ｚあるいはｔ）を使って、特定の値と標本平均の検定のときと同じ手順で検定します。ここではｔ分布で解説しておきます。

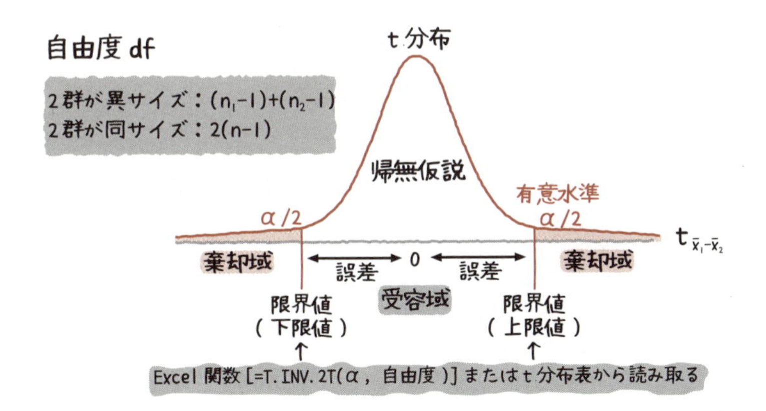

併合分散（weighted average of variance）･･･対応のない２群からｔ値を算出するとき、両群の不偏分散の平均を用いるが、標本サイズが異なるときは両群の自由度で加重させた併合分散を計算する。

Welchの検定（等分散を仮定しない検定）

- 対応のない２群の平均の差の検定統計量（z, t）は、両群の分散が等しいことが前提なので、等分散の検定（95ページ）などで等分散を仮定できない場合には**Welchの検定**を用います。
- 検定自体は普通のt検定と同じようにできますが、自由度の計算がやや複雑です。

等分散を仮定しない場合の検定統計量：
（正確にはt値ではないので「'」を付けておきます）

$$t'_{\bar{x}_1-\bar{x}_2}=\frac{\bar{x}_1-\bar{x}_2}{\sqrt{\frac{\hat{\sigma}_1^2}{n_1}+\frac{\hat{\sigma}_2^2}{n_2}}}$$

併合分散は求めない

検定統計量t'は右のような自由度のt分布に近似的に従う

$$df=\frac{\left(\frac{\hat{\sigma}_1^2}{n_1}+\frac{\hat{\sigma}_2^2}{n_2}\right)^2}{\frac{\hat{\sigma}_1^4}{n_1^2(n_1-1)}+\frac{\hat{\sigma}_2^4}{n_2^2(n_2-1)}}$$

コラム

最初からWelchの検定？

長い間、統計学のテキストでは、対応のない２群の平均の差の検定の前には等分散の検定を実施し、等分散という帰無仮説が受容された場合にはｔ検定に進み、棄却された場合にはWelchの検定を使用する、という手順が紹介されてきました。

しかしながら、近年では、検定の前に検定を行うと第一種の過誤の危険率αが大きくなる多重性（120ページ）が発生するため、等分散の検定は実施せず、「２群の標本サイズが近いならば分散は近いだろうから最初から普通のt検定を使用するか、そうでなければ等分散という前提条件など気にせずWelch検定を実施しましょう」という流れになってきています（特に薬学では後者が主流のようです）。

とはいえ、現在市販されているソフトウェアでは、ｔ検定を実施すると自動的に等分散の検定とWelchの検定が計算される仕様になっているので、我々のできる対処法としては、①どちらの検定を使うのかを最初に宣言して、等分散の検定結果は無視するか、もしくは②これまで通り等分散の検定の後にｔ検定を２段階で実施しつつも、多重性を考慮して両方（等分散の検定とt検定）の有意水準を厳しく（たとえば５％ならば2.5％に）設定して判定する、の２通りが考えられるでしょう。ただし、②の場合は、第二種の過誤の確率βが大きくなるという欠点が残ります。

▶▶▶等分散の検定（F検定）

- 2グループの分散が等しいか否かを判定します。
- 等分散の下では、2つの不偏分散の比はF分布に従います（36ページ）。

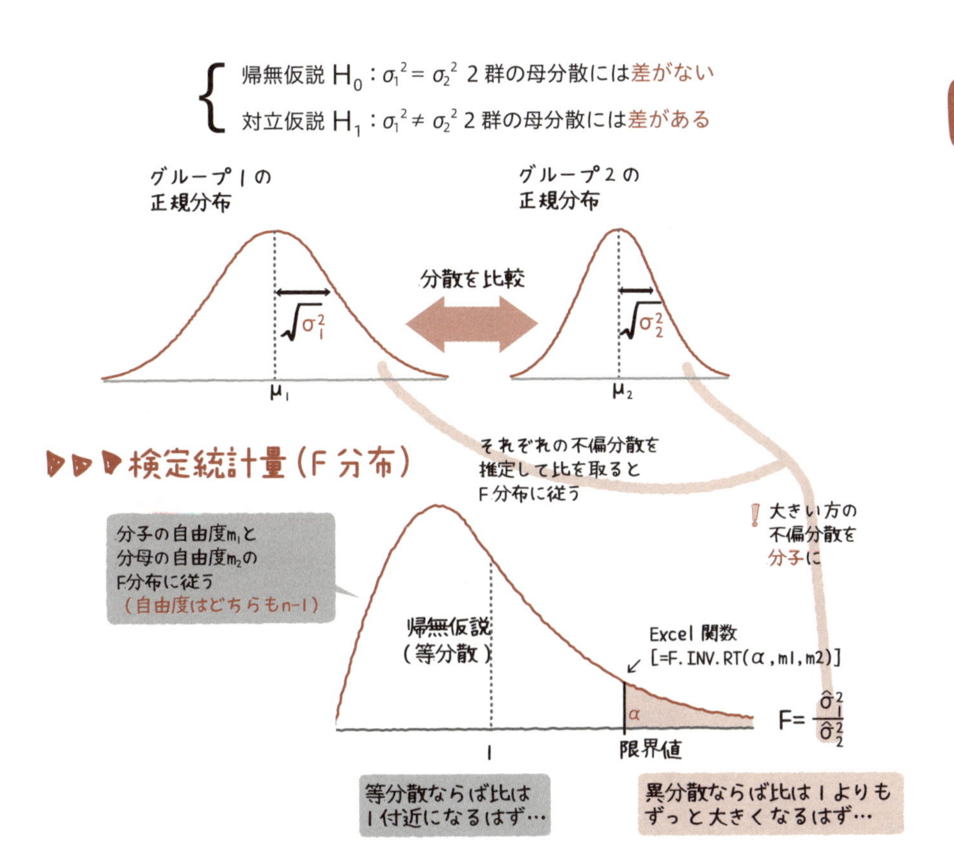

▶▶▶検定統計量（F分布）

F値の分子に分母よりも大きい値を持ってくる約束になっているので、上（右）側だけでの検定を考えます。ただし、検定自体が甘くならないように、限界値を $\alpha/2$（5％の検定ならば2.5％）のF分布表から読んだり、p値を2倍として出力するソフトウェアもあります。

▶▶▶帰無仮説の判定

- 検定統計量＞限界値、あるいはp値＜αならば、帰無仮説を棄却して対立仮説を採択します。

ウェルチの検定（Welch's t test）･･･2群の分散が異なる場合にでも使えるように改良されたt検定。
等分散の検定（test for homogeneity of variances）･･･等分散であることを帰無仮説としたF検定。t検定前なら帰無仮説の受容が望ましい。

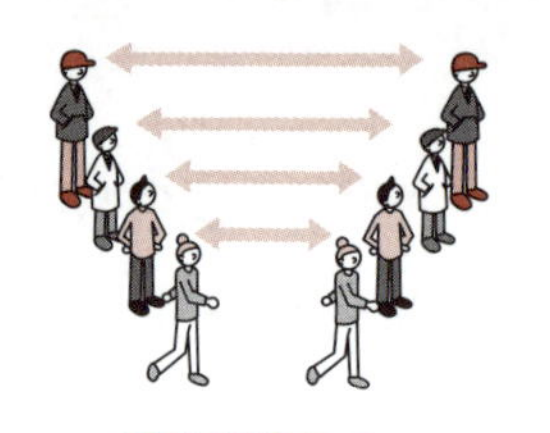

平均の差の検定②
～対応のある２群の場合～

同一個体を２条件で測定するため、個体差が考慮され、より正確な検定が可能になります。

事例：降圧剤投与前後の血圧変化(収縮期)

被験者	投薬前(x_1)	投薬後(x_2)	差d ($d=x_1-x_2$)
Aさん	180	120	60
Bさん	200	150	50
Cさん	250	150	100
平均	$\bar{x}_1=210$	$\bar{x}_2=140$	$\bar{d}=70$

差dは分布します

これらの母平均μ_1とμ_2に差がないことが帰無仮説になります。

↓差dの分布を図にすると

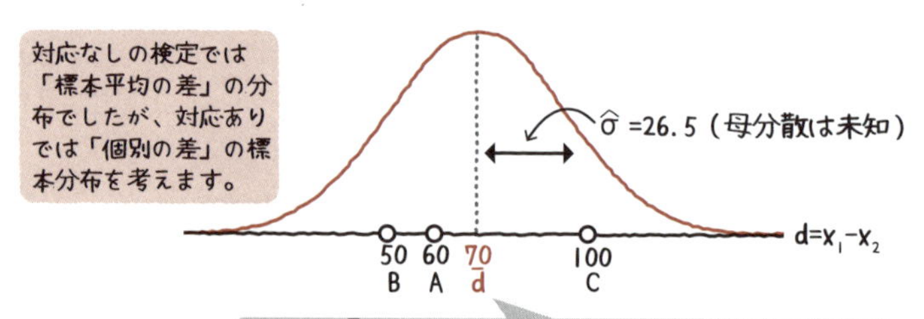

差dの平均$\bar{d}$の真の値（母平均）は0ではないことを反証する

▶▶▶検定統計量（t分布）

●個別のdの分布では誤差を予測できないので、標本$\bar{d}$のt分布を考えると…

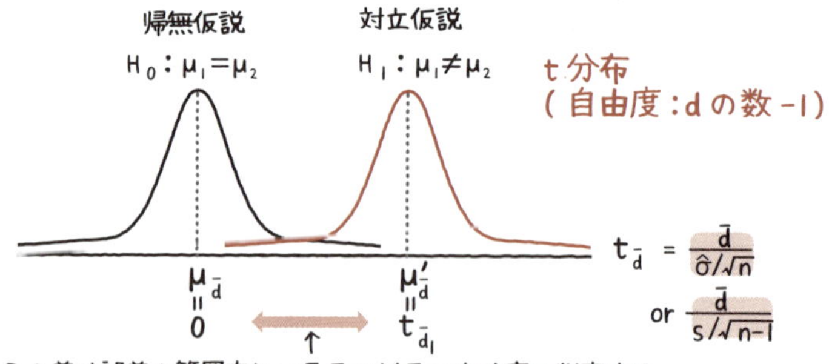

対応のある平均の差の検定（paired t test）･･･２条件下で同一個体から測定した平均の差が、母集団においてもあるといって良いか否かを判定する。個体差が大きい場合に、より精度の高い結果が期待される。

演習 左ページの降圧剤の事例を検定してみましょう（有意水準は両側で５％）。

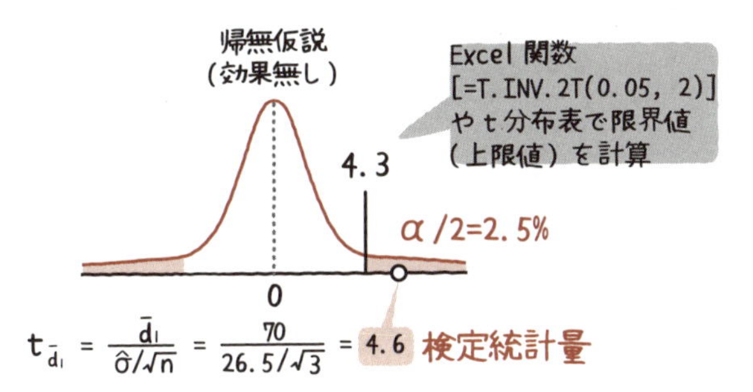

$$t_{\bar{d}_i} = \frac{\bar{d}_i}{\hat{\sigma}/\sqrt{n}} = \frac{70}{26.5/\sqrt{3}} = 4.6$$ 検定統計量

答え：検定統計量ｔ（4.6）＞限界値（4.3）となったので、帰無仮説は棄却され、対立仮説が採択されました。よって、この降圧剤は血圧を下げる効果があるといえます。なお、ソフトウェアを使うとP値が0.0445と計算されます。それが有意水準（α=0.05）よりも小さいことからも、帰無仮説が棄却されることがわかります。

コラム 正しい図の描き方

統計分析において、図を描くことは重要です。ただし、同じ２群の平均の差でも、対応のある場合とない場合とでは、描き方が異なります。とくに、対応のある場合は、２群の差（つまり変化量）を比較しているので、右図のように描かないと検定結果についての見当をつけることができなくなってしまいます。

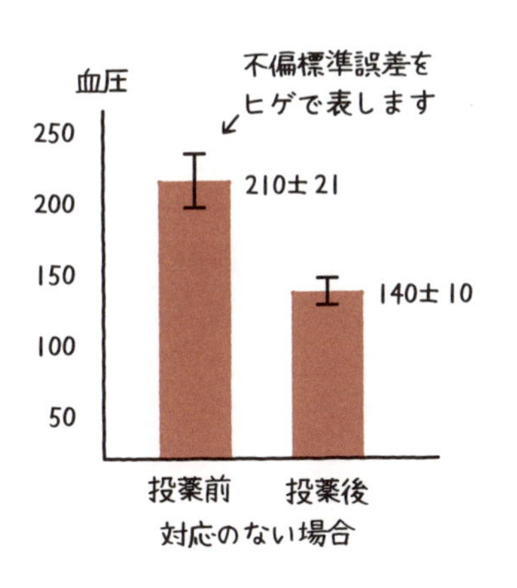

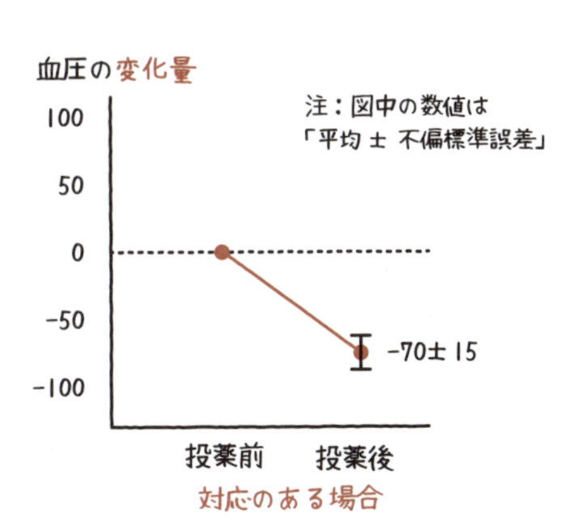

比率の差の検定
〜対応のない２群の場合〜

２条件（グループ、群）の下で、母比率に差があるかないかを判定します。
小標本の場合には正確確率検定（142ページ）を用いてください。

仮説の考え方

事例：ある液晶パネル工場における２つの製造ラインの歩留まり

	Aライン	Bライン
良品	60枚	80枚
不良品	40枚	120枚
歩留り	0.6	0.4

元のデータでなく集計（要約）済みのデータから検定できることも長所の１つ

$$歩留り = \frac{良品数}{良品数＋不良品数}$$

2つの歩留まり（標本比率）の差（0.2）が誤差の範囲内かどうかを検討することで2つの製造ラインの真の歩留まり（母比率）に差があるかどうかを判定する

これら２つの歩留まり（標本比率）の差（0.2）が誤差の範囲内かどうかを検討することで、２つの製造ラインの真の歩留まり（母比率）に差があるかどうかを判定します。

- 帰無仮説　$H_0 : p_1 = p_2$　２群の母比率に差がない
- 対立仮説　$H_1 : p_1 \neq p_2$　２群の母比率に差がある

検定統計量（z 分布）

- 標本が十分に大きいとき、２群の標本比率の差（$\hat{p}_1 - \hat{p}_2$）は正規分布に従います。
- ここではその標本比率の差を標準化した z 統計量で解説します。

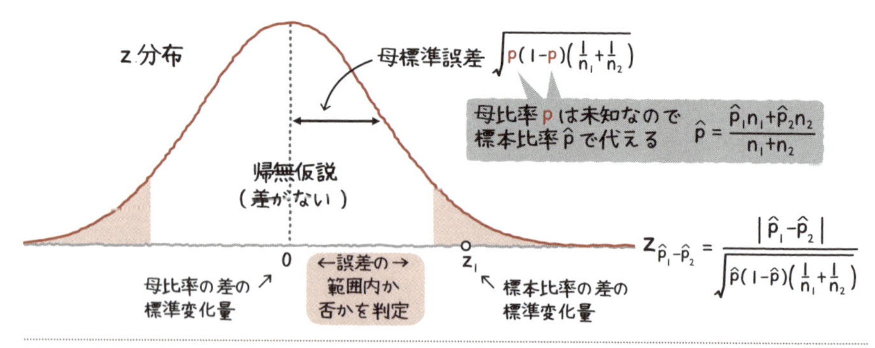

母標準誤差 $\sqrt{p(1-p)\left(\frac{1}{n_1}+\frac{1}{n_2}\right)}$

母比率 p は未知なので標本比率 \hat{p} で代える $\quad \hat{p} = \frac{\hat{p}_1 n_1 + \hat{p}_2 n_2}{n_1 + n_2}$

$$z_{\hat{p}_1 - \hat{p}_2} = \frac{|\hat{p}_1 - \hat{p}_2|}{\sqrt{\hat{p}(1-\hat{p})\left(\frac{1}{n_1}+\frac{1}{n_2}\right)}}$$

比率の差の検定（testing for difference in proportions）･･･２群の標本比率の差が母集団においてもあるといって良いか否かを判定する。標本が十分に大きい場合には、正規分布に近似的に従うので z 検定となる。

▶▶▶帰無仮説の判定

- 上側で検定統計量 > 上限値、下側で検定統計量 < 下限値、あるいはp値 < α ならば、帰無仮説を棄却して対立仮説を採択します（下図は上側）。

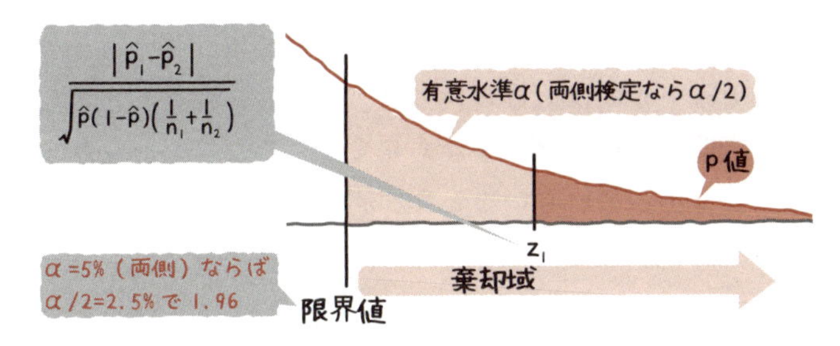

演習 左ページの液晶パネルの歩留まりの事例をz検定してみましょう（有意水準は両側で5%）。

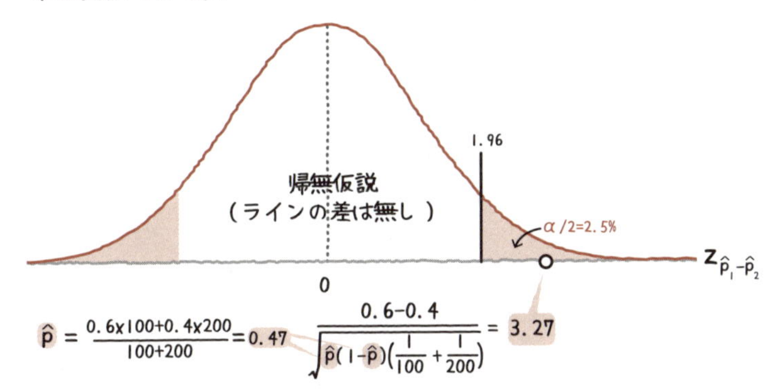

$$\hat{p}=\frac{0.6\times100+0.4\times200}{100+200}=0.47 \qquad \frac{0.6-0.4}{\sqrt{\hat{p}(1-\hat{p})(\frac{1}{100}+\frac{1}{200})}}=3.27$$

答え：**検定統計量z（3.27）>限界値（1.96）**となったので、**帰無仮説は棄却され、対立仮説が採択されました**。よって、このAラインはBラインよりも歩留まりが良いといえそうです。なお、ソフトでP値を計算すると0.001ですので、それが有意水準（α=0.05）よりも小さいことからも、**帰無仮説が棄却される**ことがわかります。

分散の加法性と併合分散

対応のない2群の平均の差の検定の統計量（zやt）の式と比較すると、基本的には同じ構造、つまり比率の差の分布を用いていることを確かめてみてください。それに気がつけば、検定統計量で母比率pの代わりに用いる標本比率$\hat{p}$は不偏分散$\hat{\sigma}$の計算のときに用いた併合分散であることや、$(1/n_1 + 1/n_2)$は分散の加法性に従ったあとに、帰無仮説のもとで同値になる$\hat{p}(1-\hat{p})$を外に出して整理したものであることが理解できると思います。

分布の上側（upper tail）・・・確率分布の右裾のこと。左裾は下側（lower tail）と呼ぶ。どちらか片側の確率しか用いないで判定する検定もある（例えば3群以上の独立性の検定では上側確率のみ）。

5 | 12

劣っていないことを検証する

～非劣性試験～

統計的検定では、「差がない」という帰無仮説を採択することはできません。しかし、コストカットが叫ばれる現代では、先発品と後発品との品質に大きな差がないことを証明したい場合が多々あります。そこで、一定差まで劣ることを許容し、それより劣っていないことを片側検定する方法がとられます。

目的

- たとえば、低コストの後発製品を売り出す前に、評判の良かった先発製品の品質（有効率や強度など）と比べて大して劣っていないことを証明したい場合など。

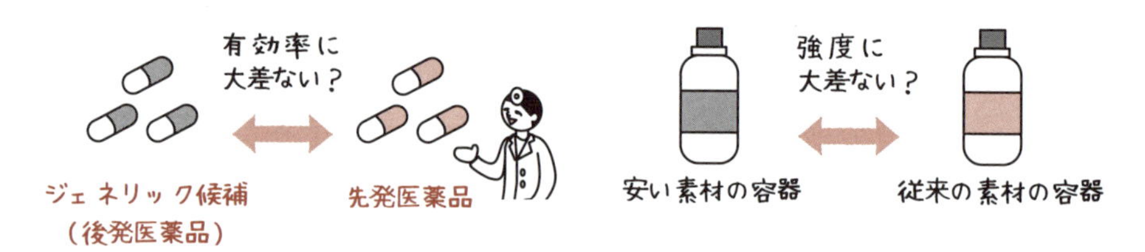

仮説の考え方

- 後発品の品質は先発品より Δ（非劣性マージン：許容できる平均や比率の差）だけ劣っていることを帰無仮説とし、それを片側検定で棄却し、後発品は先発品より Δ 以上は劣っていない対立仮説を採択することを目指します。

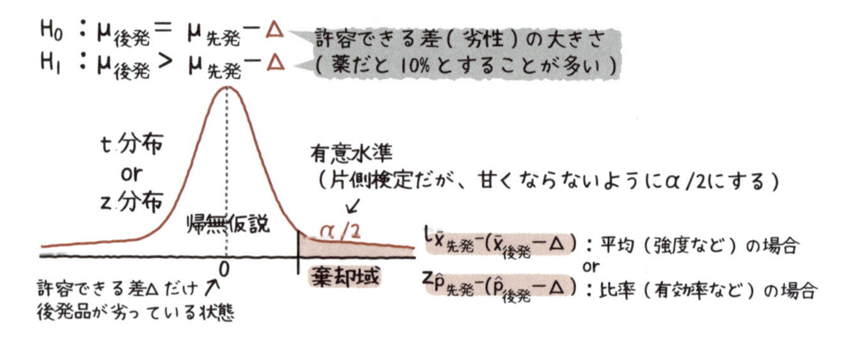

非劣性試験（non-inferiority trials）･･･先発製品に比べると後発製品は劣るものの、一定以上は劣らないことを検証する方法。日本では1992年に旧厚生省が示した『統計解析ガイドライン』によって認知された。

▶▶▶検定統計量

- 2群の平均の差（t値）や比率の差の検定統計量（z値）の分子からΔを引くだけです。ただし、比率の場合は、分母の標準誤差の計算が少し複雑になります。

- 優れているグループ（先発品）を1、Δ以上は劣っていないことを証明したいグループ（後発品）を2とします。

対応のない2群の平均の差の検定統計量

$$t_{\bar{x}_1-(\bar{x}_2-\Delta)} = \frac{\bar{x}_1-(\bar{x}_2-\Delta)}{\sqrt{\hat{\sigma}^2\left(\frac{1}{n_1}+\frac{1}{n_2}\right)}}$$

対応のある2群の平均の差の検定統計量

$$t_{\bar{d}-\Delta} = \frac{\bar{d}-\Delta}{\hat{\sigma}/\sqrt{n}}$$

対応のない2群の比率の差の検定統計量

$$z_{\hat{p}_1-(\hat{p}_2-\Delta)} = \frac{\hat{p}_1-(\hat{p}_2-\Delta)}{\sqrt{\frac{(\hat{p}-\Delta)(1-\hat{p}+\Delta)}{n_1}+\frac{\hat{p}(1-\hat{p})}{n_2}}}$$

ただし

$$\hat{p}=\frac{\hat{p}_1 n_1+\hat{p}_2 n_2-n_1\Delta}{n_1+n_2}$$

信頼区間による非劣性試験

信頼区間の推定でも非劣性を確認することができます。
平均ならば$\mu_{先発}-\mu_{後発}$の信頼区間を、比率ならば$p_{先発}-p_{後発}$の信頼区間を求め、信頼限界の下限値が－Δよりも大きければ「後発品は先発品よりもΔ以上は劣っていない」ことになります。

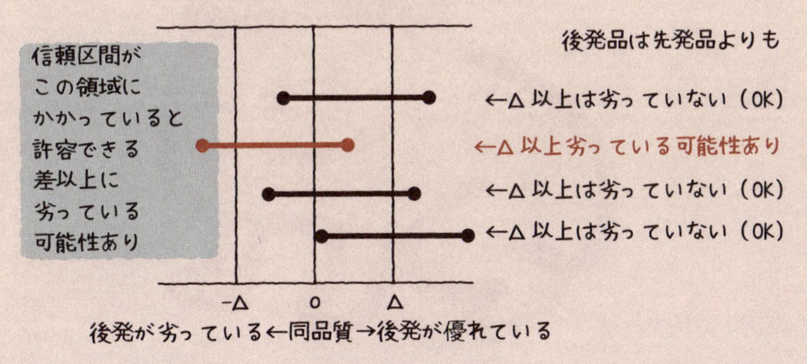

非劣性マージン（non-inferiority margin）･･･非劣性試験で設定するΔで、許容できる平均や比率の差。設定値は分野によって異なるが、薬の有効率では10％が一般的だと統計解析ガイドラインでは述べられている。

X factor.

第6章　分散分析と多重比較

6 1

実験で効果を確かめる

〜一元配置分散分析〜

実験の目的となる要因が、結果に影響を与えたかどうかを判定します。平均の差の検定を3群以上へ拡張したもので、F分布を使って検定します。分散分析の特徴を事例で紹介した後、まずはもっとも基本的な、要因が1つで“対応のない”一元配置分散分析を解説します。

分散分析の特徴 1

- グループ（群）をつくる処理条件や水準が3つ以上の場合でも、平均の差を検定できます（t検定は2グループの場合だけ）。

例 薬の種類によって効果に差があるかも？

分散分析の特徴 2

- 複数要因の交互作用（相乗効果や相殺効果）を検定できます。

例 麹の種類を変えただけや、室温を変えただけでは、酒の発酵に変化はないけど、2つの要因を一緒に変えてみると、酒の発酵が進む組み合わせがあるかも？

分散分析（analysis of variance, ANOVA）… 3群以上の平均値の差の検定。研究目的となる要因効果が、誤差効果よりも大きいとき、その分散比であるF値が大きくなることを利用する。実験計画法の柱となる。

一元配置分散分析

- 実験の目的となる要因（因子）が１つの場合の、もっとも基本的な分散分析です。対応はありません。
- 人為的に処理条件（水準）を変化させた要因が、実験の結果に影響を与えているかどうかを確かめます。

肥料の種類と作物収量との関係

肥料なし	肥料A	肥料B
4kg	13kg	22kg
6kg	9kg	18kg
5kg	11kg	20kg

← 要因 肥料の違い

結果（観測値）：10アールあたりの収量

← 各群の平均

これら各群の平均の差が、偶然の範囲内なのか否かを確率で判定

偶然とはいえないぐらい大きな差
→肥料の違いは収量に影響を与える

対照（コントロール）群の設定

ｔ検定の場合でもそうだったのですが、実験では「基準となる群（グループ）」を作っておくのが望ましいです（作らなくても分析はできます）。

上の事例で「肥料なし」の群を作らずに、肥料Ａ・Ｂ・Ｃで実験をしてしまうと、たとえ分散分析で有意差が検出されても、施肥したこと自体の有効性を推し量ることができません。特に人を対象とした薬の効果を測定する場合は、「投薬なし」ではなく、プラセボ（偽薬）投与によって対照群を作り、“気のせい”による効果を他の水準とそろえておく必要があります。

実験の反復

分散分析というぐらいですから、データがばらついていないと分析はできません（利点については159ページ）。ですから各水準ごとに複数回、独立した実験を反復させる必要があるのですが、実際に何回ぐらい反復させるべきかについては、検出力分析（176ページ〜）で解説します。とりあえず、本節の事例では、計算が容易なように２回だけ反復させた実験（ｎ＝２）で解説します。

一元配置分散分析(one-way ANOVA)･･･目的となる要因(因子、factor)が1つの分散分析。データ対応のない場合とある場合がある。
対照群(control group)･･･処理を加えない実験群のこと。対照実験の基本的要件で、統制群とも呼ばれる。

▶▶▶分散分析の考え方

- データ全体のバラツキ（総変動）は、目的となる要因の効果によるバラツキ（群間変動）と、目的以外の要因である誤差の効果によるバラツキ（群内変動）から構成されていると考えます。

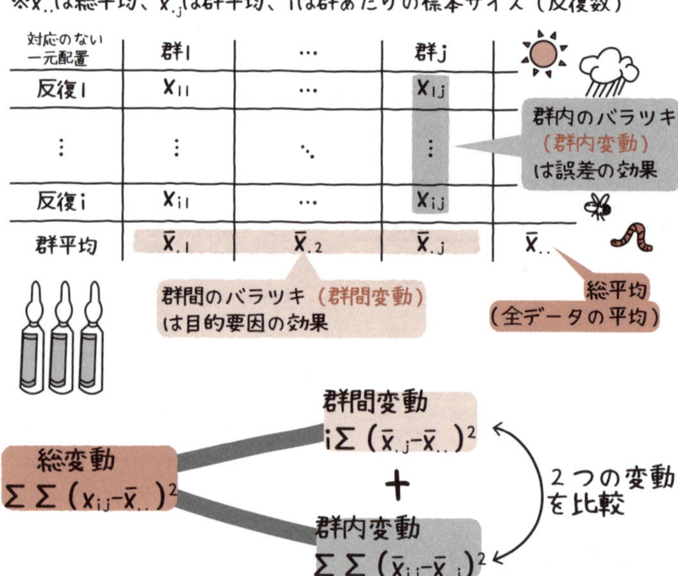

総変動（total variation）…実験で観測されたデータ全体のバラツキ（偏差平方和）のことで、目的となる要因の効果によるバラツキ（群間変動など）と、誤差の効果によるバラツキ（群内変動）の全てを含む。全変動とも呼ぶ。

▶▶▶総変動の計算

●変動とは偏差平方和のことですので、各値と総平均との偏差を2乗して全て足します。ただし、総変動は検定には用いません。

肥料 なし	肥料 A	肥料 B
4-12	13-12	22-12
6-12	9-12	18-12

①偏差を求める
各値から平均（総平均=12）を引く

肥料 なし	肥料 A	肥料 B
$(-8)^2$	1^2	10^2
$(-6)^2$	$(-3)^2$	6^2

②偏差を2乗する
マイナスの値をなくすため

対照群　肥料A　肥料B
64+36+ 1+ 9+ 100+36
= 246 ←総変動

③総変動を求める
偏差の2乗値(②)を全て足すだけ

▶▶▶群間変動の計算

●誤差の効果がなければ、各群内の値は同じになるはずです。
●群間変動の分散は検定統計量（F値）の分子になります。

	肥料 なし	肥料 A	肥料 B
	5-12	11-12	20-12
	5-12	11-12	20-12
群平均→	5	11	20

①偏差を求める
それぞれの群で、群平均から総平均を引く

肥料 なし	肥料 A	肥料 B
$(-7)^2$	$(-1)^2$	8^2
$(-7)^2$	$(-1)^2$	8^2

②偏差を2乗する

対照群　肥料A　肥料B
49+49+ 1+ 1+ 64+64
= 228 ←群間変動

③群間変動を求める
偏差の2乗値(②)を全て足す

228 / (3−1) = 114
自由度：群数(3)から平均の数（=総平均1）を引く

④不偏分散まで求める
検定統計量（F値）の分子となる不偏分散を求めるため、群間変動（③）を自由度で割る。
要因分散とも呼ばれる

群間変動（variation between subgroup）･･･処理の違い、つまり目的となる要因の効果によって生じるバラツキ（偏差平方和）のこと。これを自由度（群数－1）で割った不偏分散が検定統計量（F値）の分子となる。

▶▶▶群内変動の計算

- 本来同じはずの群内の値がバラついているのは、誤差の効果があるからです。
- 群内変動の分散は検定統計量（F値）の分母になります。

肥料 なし	肥料 A	肥料 B
4-5	13-11	22-20
6-5	9-11	18-20
群平均→5	11	20

①偏差を求める

各値から群平均を引く

肥料 なし	肥料 A	肥料 B
$(-1)^2$	2^2	2^2
1^2	$(-2)^2$	$(-2)^2$

②偏差を2乗する

対照群 1+1+ 肥料A 4+4+ 肥料B 4+4

= 18 ←群内変動

③群内変動を求める

偏差の2乗値(②)を全て足す

18 / (6−3) = 6

↑自由度：データの数(6) −平均の数（群数3）

④不偏分散も求める

検定統計量（F値）の分母となる不偏分散を求めるため、群内変動（③）を自由度で割る。誤差分散とも呼ばれる

▶▶▶検定統計量（F値）

- 群間変動の不偏分散を群内変動の不偏分散で割れば、分散分析の検定統計量（F値）となります。

検定統計量（F値）＝
群間変動の不偏分散（要因分散）
群内変動の不偏分散（誤差分散）
＝114/6＝19
事例の検定統計量
分散と分散の比はF分布に従うんだったね！

群内変動（variation within subgroup）･･･処理の違い以外の影響、つまり誤差の効果によって生じる偏差平方和のこと。これを自由度（データ数-群数）で割った不偏分散（誤差分散）が検定統計量の分母となる。

仮説の考え方

- 仮説は2群の場合と同じ内容ですが、処理を変えた要因の効果の「ある/なし」で表現するとわかりやすくなります。

帰無仮説 $H_0: \mu_1 = \mu_2 = \mu_3$ 群間の母平均には差がない →要因効果はない（= 各群は同じ母集団から抽出された標本である）

対立仮説 $H_1: \mu_1 \neq \mu_2 \neq \mu_3$ 群間の母平均には差がある →要因効果がある（= 各群は異なる母集団から抽出された標本である）

仮説の判定

- 検定統計量 > 限界値、あるいは p 値 < α ならば、帰無仮説を棄却して対立仮説を採択します。

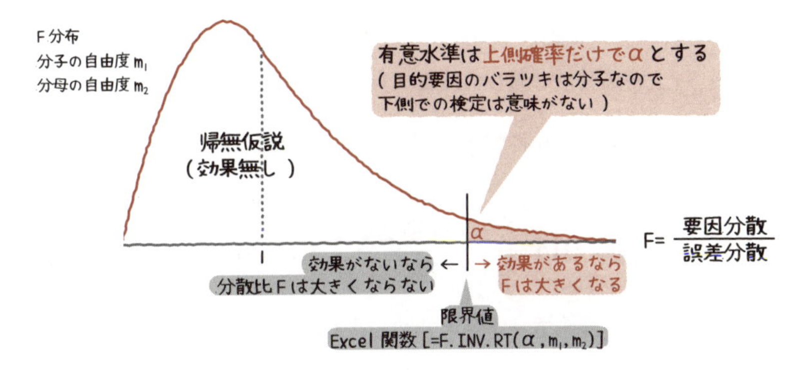

演習 事例の収量に対する施肥効果を5%有意水準で検定してみましょう。
すると、観測値から計算された検定統計量（19）は限界値（9.55）よりも大きいことから、施肥効果はあるといえます。p値を計算しても（1.98%）、α より小さいことが確認できるでしょう。

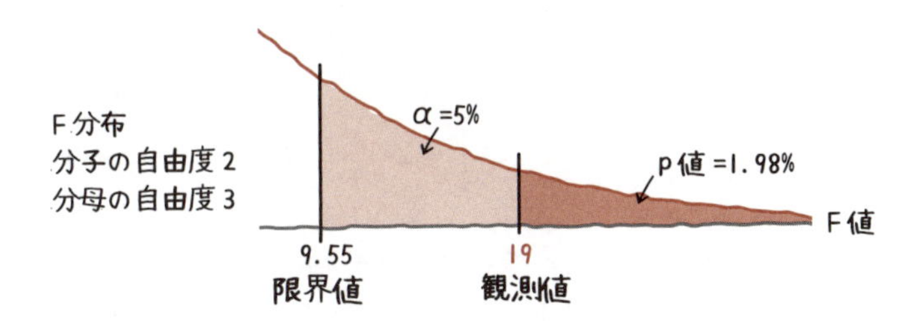

分散分析の検定統計量（test statistic for ANOVA）･･･目的となる要因によって生じるデータの不偏分散を分子、誤差によって生じる不偏分散（誤差分散）を分母としたF値。上側確率だけでの片側検定となる。

6 2

多群の等分散の検定

～Bartlett検定～

分散分析も、等分散が前提ですので、事前の検定が望ましいです。

仮説の考え方

帰無仮説　H_0：$\sigma_1^2 = \sigma_2^2 = \sigma_3^2$　→各群の母分散には差がない（等分散）

対立仮説　H_1：$\sigma_1^2 \neq \sigma_2^2 \neq \sigma_3^2$　→各群の母分散には1対以上で差がある（異分散）

検定統計量

- χ^2分布に従う「全群の分散の偏りの度合い」を検定統計量とします。

①分散の偏り度を求めます。n_jは群jのデータ数、$\hat{\sigma}_j^2$は群jの不偏分散、$\ln$は自然対数です。

$$\Sigma(n_j-1)\ln\frac{\Sigma(n_j-1)\hat{\sigma}_j^2}{\Sigma(n_j-1)} - \Sigma(n_j-1)\ln\hat{\sigma}_j^2$$

②データ数に伴って偏り度も大きくなるため、それを補正する係数を求めます。

$$1+\frac{1}{3(j-1)}\left(\Sigma\frac{1}{n_j-1}-\frac{1}{\Sigma\frac{1}{n_j-1}}\right)$$

③偏り度を補正係数で割ると、自由度が$j-1$のχ^2分布に従う統計量となります。

演習　事例（肥料と収量）の等分散性を検定してみましょう（5%有意水準）。

①分散の偏り度：$(1+1+1)\ln\frac{(1\times2+1\times8+1\times8)}{(1+1+1)}-(\ln2+\ln8+\ln8)=0.5232$

②補正係数：　$1+\frac{1}{3(3-1)}\left\{\left(\frac{1}{1}+\frac{1}{1}+\frac{1}{1}\right)-\frac{1}{\left(\frac{1}{1}+\frac{1}{1}+\frac{1}{1}\right)}\right\}=1.4444$

③検定統計量：　帰無仮説の下でのχ^2値$=0.5262\div1.4444=0.3622$

④検定結果：自由度が2のχ^2分布における上側確率5%の限界値は5.991ですので、各群の分散が等しいという帰無仮説は棄却できません（p値=0.8343）。

よって、事例のデータに分散分析を適用することに問題はなさそうです。

バートレット検定（Bartlett's test）…分散分析では、各群の分散が等しいことが仮定されているため、等分散を帰無仮説とした本検定の実施が望ましい。正規性の前提が難しい場合や二次以上の場合にはルビーン検定を用いる。

HELLO I AM...

ロナルド・フィッシャー

Ronald Aylmer Fisher（1890-1962）

統計学を学んだ人たちに「もっとも偉大な統計学者をひとりだけあげよ」と聞いたら、誰もがフィッシャーを選ぶのではないでしょうか？　フィッシャーは、本章で紹介した分散分析だけでなく、仮説検定やp値、自由度という、現代の推測統計学にはなくてはならない手法や概念、そして母数推定法の１つである最尤法を考え出しました。

1890年にロンドン郊外で生まれたフィッシャーは、やはり子供の頃から数学が得意だったようです。医者から夜の読書を禁じられるほど近眼が強く、病弱でしたが、6歳頃から数学や天文学に興味を持ち、難解な数理統計学の問題を解くことに明け暮れていました。その後、親の家業が破綻しますが、奨学金を得て、1909年にケンブリッジ大学に入学し、学生時代からいくつかの優れた論文を発表します。フィッシャーの統計学上の業績が一気に開花したのは、カール・ピアソンのリクルートを断って就職したイギリス・ロザムステッド農事試験場のときです（1919～1933年）。そこでフィッシャーに与えられた仕事は、高収量の品種や効果のある肥料の選択でした。彼は、早速、それまで90年にわたって試験場が蓄積してきたデータを調べ上げると、肥料の効果よりも天候などの影響の方が大きく、しかも交絡していたため、使い物にならないことを明らかにしたのです。交絡とは、どちらが結果に影響を与えていたのかわからなくなることです。こうした経験から、やみくもにデータを集めるのではなく、効果を確認できるように事前に計画された実験でなければならないことを説いたのです。

ところで、フィッシャーは、かなり攻撃的な性格の持ち主であったことでも知られております。なかでも、カール・ピアソンとの生涯にわたる確執は有名な話です。その火種は、ピアソンらが立ち上げた学会誌『バイオメトリカ』にフィッシャーが投稿した2本目の論文が、なかなか掲載されなかったことにあるといわれています。というのも、この論文の内容が数学的過ぎてピアソンには理解できなかったようなのです。

愛煙家だったフィッシャーは、晩年、喫煙と肺がんとの因果関係を主張する研究に疑問を呈し続けたことでも有名です。それらのデータや実験の不備に加え、がんになりやすい遺伝子とタバコ好きになる遺伝子が交絡している可能性があるという指摘でした。ただし本当のところは、それらの研究に大っ嫌いなベイズ統計学が使われていたり、タバコ会社から支援してもらっていたからのようです…。もちろん現在では、喫煙と肺がんとの間に因果関係があることは証明されています。

6 | 3

個体差を考慮する

～対応のある一元配置分散分析～

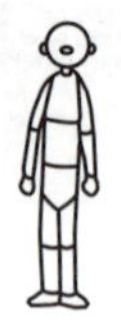

各条件下で、同一個体を測定している場合には、対応のある一元配置分散分析を実施することで、個体差が考慮された検定が可能になります。
ただし、個体差が小さい場合には、要因効果を検出し難くなることもあります。

対応のある一元配置	群1	…	群j	個体平均
個体1	x_{11}	…	x_{1j}	$\bar{x}_{1.}$
⋮	⋮	⋱	⋮	⋮
個体i	x_{i1}	…	x_{ij}	$\bar{x}_{i.}$
群平均	$\bar{x}_{.1}$	$\bar{x}_{.2}$	$\bar{x}_{.j}$	$\bar{x}_{..}$

個体差によるバラツキ

対応のない場合の群内変動（誤差によるバラツキ）は、個体差による変動（被験者間変動）を含んでいますが、対応のある場合にはそれを取り除くことで精度を高めます。

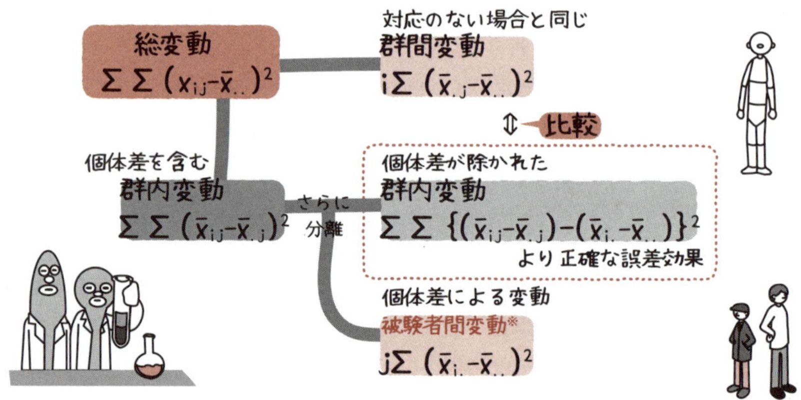

※実験対象が人間でない場合には個体間変動や標本間変動などと呼ぶ

対応のある一元配置分散分析（one-way ANOVA, repeated measurement）･･･目的要因が1つで、同一個体を各条件下で測定しているデータに実施する分散分析。個体差が大きい場合には、より精度の高い結果が期待できる。

▶▶▶被験者間変動の計算

事例：尿酸生成抑制薬と尿酸値（mg/dl）との関係

	投薬なし	投薬1回目	投薬2回目	被験者平均
Aさん	22	13	4	13
Bさん	18	9	6	11
群平均	20	11	5	総平均12

- 被験者ごとの平均のバラツキを、個人差による変動と考えることができます（自由度は被験者数－１となります）。
- 被験者平均（13と11）から総平均（12）を引いて偏差を求め２乗します。個人差だけの変動なので、全ての群が同じになると考えます。

	投薬なし	投薬1回目	投薬2回目
Aさん	$(13-12)^2$	$(13-12)^2$	$(13-12)^2$
Bさん	$(11-12)^2$	$(11-12)^2$	$(11-12)^2$

→ 被験者間変動 =1+1+1+1+1+1 =6
自由度=2−1=1

▶▶▶（対応のある場合の）群内変動の計算

- 対応のない場合の群内変動から被験者間変動を引くことで、個体差が除かれた群内変動を得ることができます。自由度も引き算になる点に注意してください。

対応のない群内変動

	投薬なし	投薬1回目	投薬2回目
Aさん	$(22-20)^2$	$(13-11)^2$	$(4-5)^2$
Bさん	$(18-20)^2$	$(9-11)^2$	$(6-5)^2$

→（対応のない）
群内変動=18
自由度6−3=3

被験者間変動を引く（自由度も）

→（対応のある）
被験者間変動=18−6=12
自由度3−1=2
不偏分散12/2=6

▶▶▶検定統計量と帰無仮説の判定

- 事例の要因効果である群間変動（114）は、対応のない場合と同じなので、帰無仮説のもとでの検定統計量F値は、114 ÷ 6 = 19となり、５%有意水準の限界値である $F_{(2,2)}$ と同じ値になります。保守的に考えるならば、帰無仮説を受容して、薬の効果は不明としておいた方が良いでしょう。

被験者間変動（intersubject variation）･･･個体差から生じるデータのバラツキ（偏差平方和）。一般に検定の対象とはならない。個体間変動や標本間変動とも呼ばれる。

6 4

交互作用を見つけ出す

～二元配置分散分析～

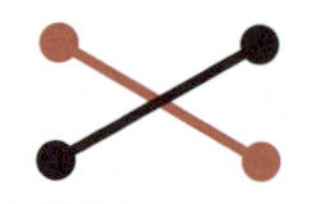

目的となる要因が２つ（二元配置）以上の分散分析では、それぞれの要因の主効果のほかに、交互作用の存在についても検定することができます。

繰り返しのある二元配置		要因B 水準1	…	要因B 水準j	行平均
要因A	水準1	$x_{111}, \cdots, x_{11k}$	…	$x_{1j1}, \cdots, x_{1jk}$	$\bar{x}_{1..}$
	⋮	⋮	⋱	⋮	⋮
	水準i	$x_{i11}, \cdots, x_{i1k}$	…	$x_{ij1}, \cdots, x_{ijk}$	$\bar{x}_{i..}$
	列平均	$\bar{x}_{.1.}$	…	$\bar{x}_{.j.}$	$\bar{x}_{...}$

交互作用を検定するためには、各水準の組み合わせ内で実験を繰り返す（反復させる）必要がある（この表ではk回）

総変動は、要因効果による変動（群間変動）と、誤差効果による変動（群内変動）とに分けることができます。また、要因効果による変動は、それぞれの主効果による変動（どちらも群間変動）と交互作用による変動とに分けることができます。

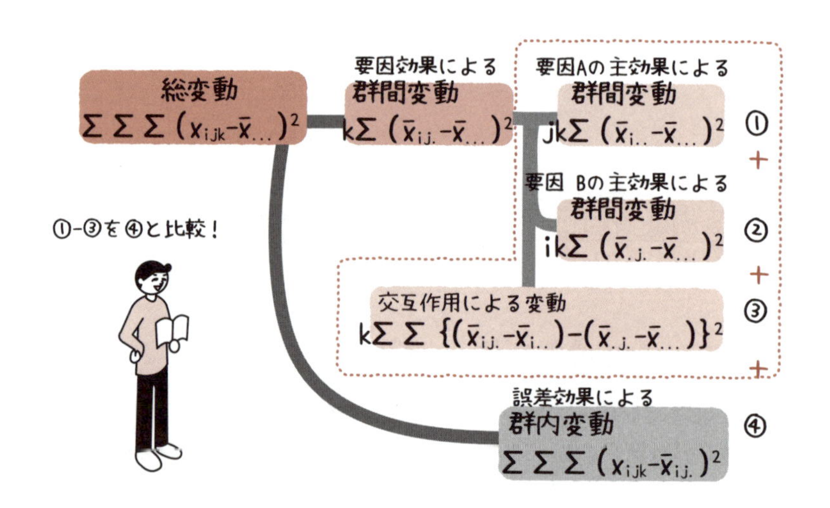

二元配置分散分析（two-way ANOVA）…目的となる、つまり実験で検証したい要因が２つある場合の分散分析。一元配置に比べて、２つの要因の交互作用を検定できる点が特徴。

交互作用

- 一方の要因がとる水準によって、もう一方の要因が受ける要因の組み合わせ効果のことで、相乗効果や相殺効果があります。
- 下のように観測値を縦軸、一方の要因を横軸としたグラフで表すと、交互作用がある場合（ピンク色の背景）は線が平行になりません。

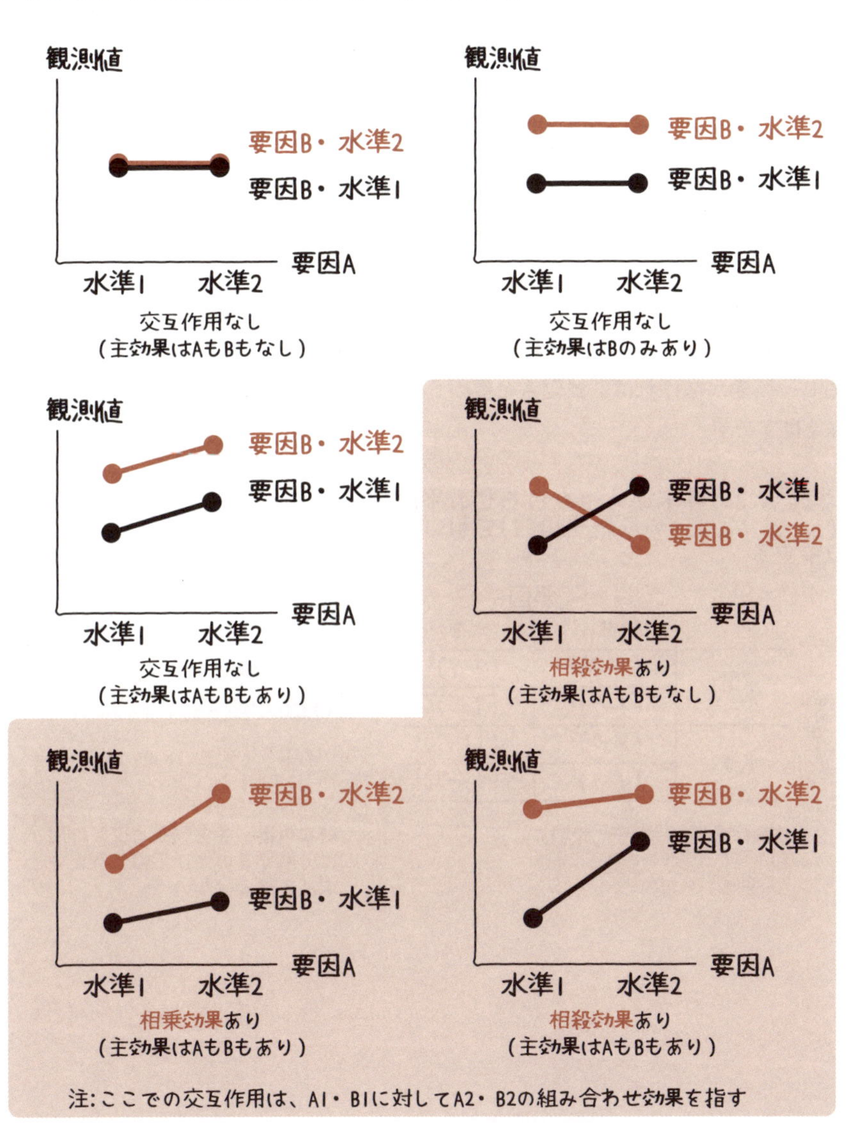

6 分散分析と多重比較　交互作用を見つけ出す

交互作用（interaction effect）…複数の要因間において、特定の水準が組み合わさったときに生まれる相乗・相殺効果。
主効果（main effect）…各要因が単体で発揮する効果。二元配置以上で用いる用語。

▶▶▶ 要因効果による（群間）変動の計算

二元配置分散用
演習用データ

		要因B		
		水準1	水準2	行平均
要因A	水準1	0	8	5
		2	10	
	水準2	6	9	9
		8	13	
	列平均	4	10	総平均7

各水準の組み合わせ内で実験を2回繰り返している（「繰り返しのある二元配置分散分析」）

交互作用を検定しないならば繰り返す必要はない

- まず、主効果と交互作用を合わせた「要因効果」による変動を計算します。そのためには、誤差以外の要因による変動を考えます。
- もし、誤差がなければ、要因Aと要因Bの各水準の組み合わせ内の値は全て同じになるはずです。

要因A・Bの各水準の組み合わせの平均（1, 7, 9, 11）から総平均（7）を引いて2乗する

		要因B	
		水準1	水準2
要因A	水準1	$(1-7)^2$	$(9-7)^2$
		$(1-7)^2$	$(9-7)^2$
	水準2	$(7-7)^2$	$(11-7)^2$
		$(7-7)^2$	$(11-7)^2$

要因Aの水準2と要因Bの水準1の組み合わせ実験の観測値である6と8の平均値

要因効果による変動=112
自由度=4−1=3

↑ 要因Aの水準数(2)×Bの水準数(2)−総平均の数(1)

※この後、各主効果と交互作用に分解するので、不偏分散まで求める必要はない

繰り返しのある分散分析（ANOVA with replication）･･･交互作用を検定するには、各水準の組み合わせ内で実験を2回以上繰り返す必要がある。英語では「対応あり」のrepeated measurementと紛らわしいので要注意。

要因Aの主効果による（群間）変動の計算

- データのバラツキの原因が要因Aの主効果だけならば、要因Aの各水準内（行内）の値は全て同じになるはずです。

①要因Aの各水準（行）において行平均から総平均を引いて2乗する

要因A			
	水準1	$(5-7)^2$	$(5-7)^2$
		$(5-7)^2$	$(5-7)^2$
	水準2	$(9-7)^2$	$(9-7)^2$
		$(9-7)^2$	$(9-7)^2$

→②左で計算した偏差の2乗を全て足した値が要因Aの主効果から生じた変動になる

16＋16＝32
（水準1　水準2　主効果による変動）

→③自由度で割って不偏分散を計算しておく、統計量の分子になる

32/(2−1)=32
（自由度：水準数2−総平均数1）

要因Bの主効果による（群間）変動の計算

- データのバラツキの原因が要因Bの主効果だけならば、要因Bの各水準内（列内）の値は全て同じになるはずです。

①要因Bの各水準（列）において列平均から総平均を引いて2乗する

要因B	
水準1	水準2
$(4-7)^2$	$(10-7)^2$
$(4-7)^2$	$(10-7)^2$
$(4-7)^2$	$(10-7)^2$
$(4-7)^2$	$(10-7)^2$

→②左で計算した偏差の2乗を全て足した値が、要因Bの主効果から生じた変動になる

36＋36＝72
（水準1　水準2　主効果による変動）

→③自由度で割って不偏分散を計算する、検定統計量の分子になる

72/(2−1)=72
（自由度：水準数2−総平均数1）

交互作用による変動の計算

- 要因効果による変動には、要因A・Bの主効果による変動も含まれているので、そこから要因A・Bの変動を引いた値が交互作用による変動になります（119ページ）。
- 自由度も、要因効果の自由度から要因A・Bの主効果の自由度を引きます。

112 − 32 − 72 ＝ 8 ← 交互作用による変動

（112：要因効果による変動、32：要因Aの主効果による変動、72：要因Bの主効果による変動）

自由度 =3−1−1=1
不偏分散 =8/1=8

平方和のタイプ（types of sums of squares）…要因変動から主効果を引いて行った残りが交互作用となるため、アンバランスなデータの場合、引く順番が影響してしまう。その調整方法の種類を指す（119ページのコラム）。

▶▶▶誤差効果による（群内）変動の計算

- 各水準の組み合わせ内の値がばらついているのは、誤差による効果です。

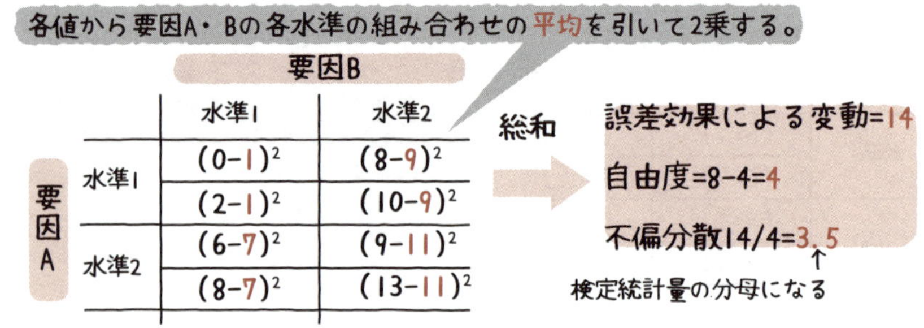

各値から要因A・Bの各水準の組み合わせの平均を引いて2乗する。

		要因B 水準1	要因B 水準2
要因A	水準1	$(0-1)^2$	$(8-9)^2$
		$(2-1)^2$	$(10-9)^2$
	水準2	$(6-7)^2$	$(9-11)^2$
		$(8-7)^2$	$(13-11)^2$

総和 ⇒

誤差効果による変動=14
自由度=8−4=4
不偏分散14/4=3.5
↑
検定統計量の分母になる

▶▶▶検定統計量と帰無仮説の判定

- 要因Aと要因Bの主効果、そして交互作用の３つの効果について検定します。いずれも「効果はない」が帰無仮説になります。
- ３つの統計量（F値）の自由度は、分母、分子ともに１ですので、５％有意水準の限界値は7.7となります。

要因Aの統計量：32/3.5=9.1＞5%限界値F（1,1）：7.7→帰無仮説は棄却
要因Bの統計量：72/3.5=20.6＞5%限界値F（1,1）：7.7→帰無仮説は棄却
交互作用の統計量：8/3.5=2.3＜5%限界値F（1,1）：7.7→棄却できない

- この事例の要因Aと要因Bの主効果の存在は、どちらも統計的に５％水準で認められましたが、交互作用の存在は確認できませんでした。

右の表は、Excelに無料で搭載されている「分析ツール」の「分散分析：繰り返しのある二元配置」で事例を分析した結果です。列は要因A、標本は要因B、観測された分散比は検定統計量のF値のことです。

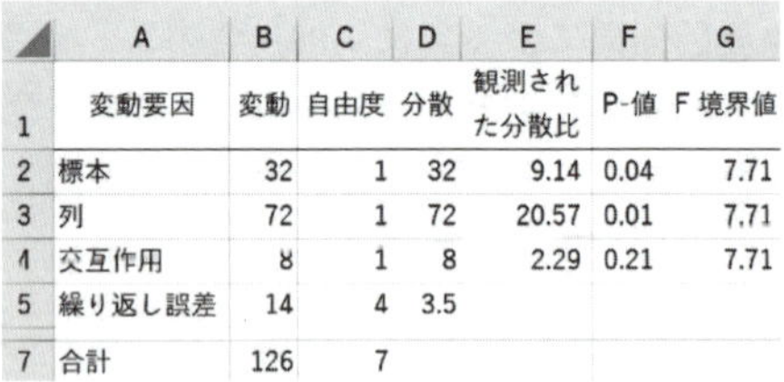

	A	B	C	D	E	F	G
1	変動要因	変動	自由度	分散	観測された分散比	P-値	F 境界値
2	標本	32	1	32	9.14	0.04	7.71
3	列	72	1	72	20.57	0.01	7.71
4	交互作用	8	1	8	2.29	0.21	7.71
5	繰り返し誤差	14	4	3.5			
7	合計	126	7				

プーリング（pooling）…本書では解説していないが、効果はないと判断できる交互作用の変動や自由度を誤差に足し合わせれば、主効果の検定統計量を大きくできる。直交計画法では主効果も対象となる。

交互作用による変動を別の方法で求めてみましょう

117ページでは、交互作用による変動を、要因効果による変動から、それぞれの主効果による変動を引いて求めましたが、114ページで示した式（下に再掲）に従って求めることもできます。事例を計算してみましょう。

$$k\Sigma\ \Sigma\ \{(\bar{x}_{ij.}-\bar{x}_{i..})-(\bar{x}_{.j.}-\bar{x}_{...})\}^2$$

		要因B		
		水準1	水準2	総和
要因A	水準1	$\{(1-5)-(4-7)\}^2$	$\{(9-5)-(10-7)\}^2$	
		$\{(1-5)-(4-7)\}^2$	$\{(9-5)-(10-7)\}^2$	→ 交互作用による変動 8
	水準2	$\{(7-9)-(4-7)\}^2$	$\{(11-9)-(10-7)\}^2$	
		$\{(7-9)-(4-7)\}^2$	$\{(11-9)-(10-7)\}^2$	

事例では、いずれの組み合わせも、データが2つ（繰り返し数が2回）ありましたが、実際には、同じサイズにはならない場合も多いでしょう（こうした状況をアンバランスとか非釣り合いと呼びます）。

アンバランスなデータを扱う場合は注意が必要です。分散分析が本来、前提している「各要因は直交している（無相関である）」という条件が崩れてしまうことが多いのです。もうちょっと詳しくいうと、要因間に相関があると、先に計算した要因や交互作用の平方和（変動）が、後から計算する要因の平方和（変動）よりも少し大きく計算されてしまうのです。つまり、計算する順番によって、それぞれの主効果や交互作用の検定結果が変わってしまうのです。そこで、計算する順番が影響しないように、相関の分を調整する方法がいくつか考えられています。それが平方和のタイプ（Type）でⅠからⅣまであります。使い分け方のみ簡単に紹介しておきます。

- タイプⅠ：計算する順番に影響を受ける方法なので、あまり用いられません。
- タイプⅡ：主効果のみ調整して交互作用は調整しない方法です。
- タイプⅢ：主効果と交互作用の両方が調整されるので、ソフトでは標準指定です。
- タイプⅣ：欠損セル（データの全くない組み合わせ）のある場合に用いられます。

6 5

検定を繰り返してはいけません

～多重性～

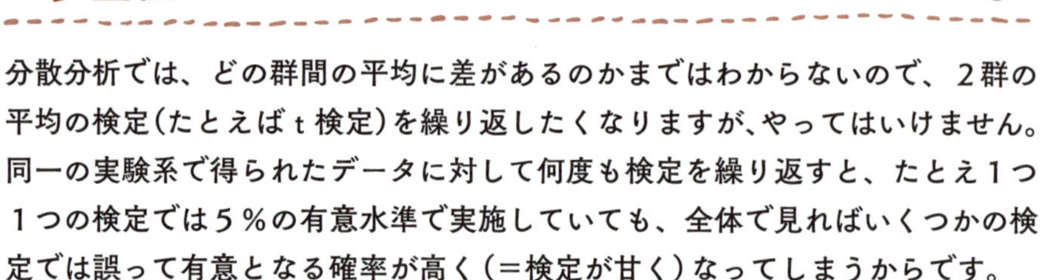

分散分析では、どの群間の平均に差があるのかまではわからないので、２群の平均の検定（たとえば t 検定）を繰り返したくなりますが、やってはいけません。同一の実験系で得られたデータに対して何度も検定を繰り返すと、たとえ１つ１つの検定では５％の有意水準で実施していても、全体で見ればいくつかの検定では誤って有意となる確率が高く（＝検定が甘く）なってしまうからです。

▶▶▶ 分散分析の欠点

- 分散分析では、多群の平均を比較しますが、どの群間に差があるのかまでは特定できません（一対でも差があれば帰無仮説は棄却されます）。

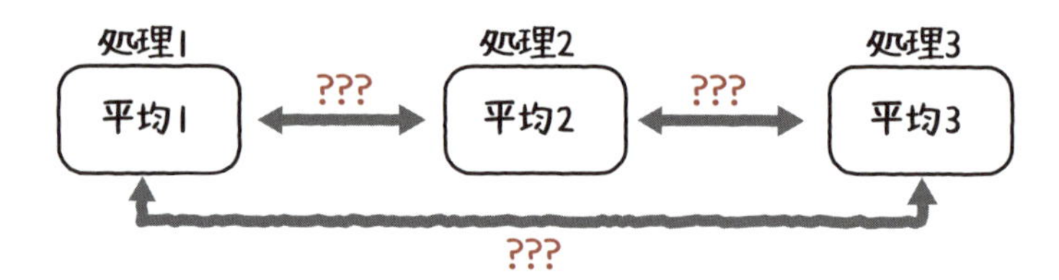

▶▶▶ 多重比較

- どの群間の平均に差があるのか見つけ出すため、「２群の平均の差の検定」を各群間で繰り返すこと（多重比較）が考えられますが、同じデータに検定を繰り返してはいけません。

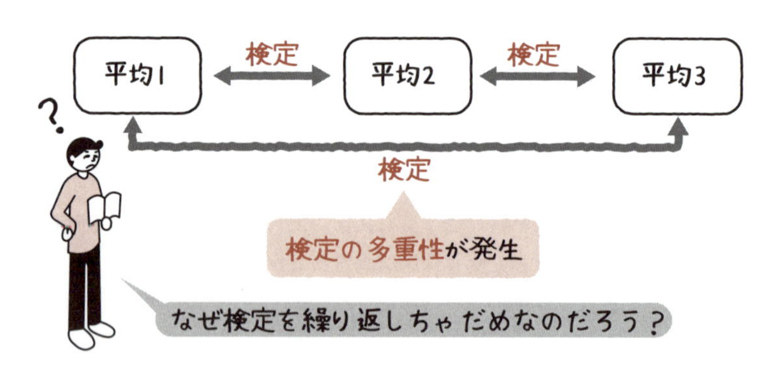

多重比較（multiple comparison）･･･分散分析は多群間の平均の差を検定するが、どの群間に有意差があるのかまではわからない。そこで、１対ずつ平均を比較して、有意差のある対を特定すること。

▶▶▶検定の多重性

- 検定を繰り返すということは、同時にそれらの帰無仮説が棄却されることが求められるということです。同時というのは確率論的には乗算を意味します。
- 検定の基準となるのは、第一種の過誤を犯さない確率（$1-\alpha$）ですので、検定をn回繰り返すことで、基準となる（$1-\alpha$）もn乗されて小さくなってしまいます。
- 検定の基準（$1-\alpha$）が小さくなると、その補数（$1-(1-\alpha)$）であった有意水準が大きくなり、帰無仮説が棄却されやすくなってしまいます。

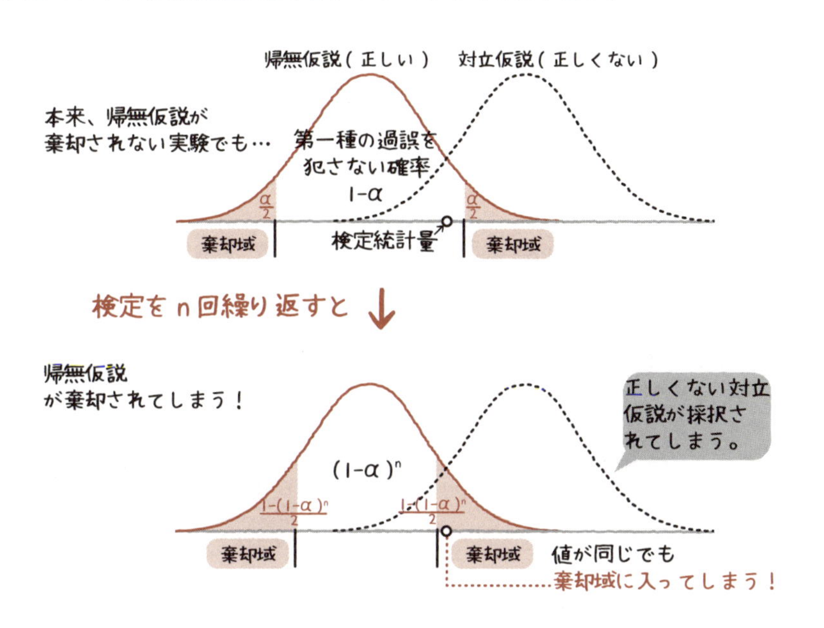

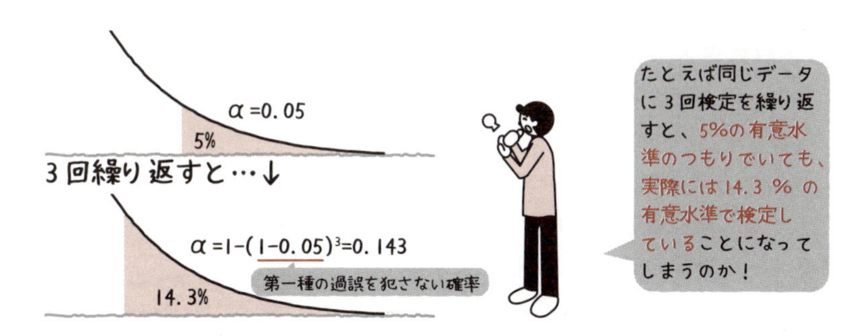

多重性の問題（multiplicity problem）･･･同じデータセットに対して、何度も検定を繰り返すと、第一種の過誤を犯す確率が高くなること。いい換えると、想定よりも大きな有意水準で検定を実施してしまっていること。

6 | 6

繰り返せる検定（多重比較法）①

～Bonferroni法とScheffe法～

同じデータに対して検定を繰り返したい場合には、多重比較法を用います。多重比較法は、検定の多重性の補正対象によって20種類以上ありますが、大きく3つに分類することができます。

多重性の補正タイプ

- 検定を繰り返しても検定統計量が棄却域に入りやすくならないように厳格化する補正方法は、その対象によって大きく3つに分類できます。

多重性の補正の方法
- 有意水準補正型……繰り返し数に応じて有意水準を小さくすることで、棄却域が広がらないようにします（代表的手法：Bonferroni法）
- 検定統計量補正型……群数に応じて検定統計量を小さくして、棄却域に入り難くします（代表的手法：Scheffe法）
- 分布補正型……繰り返し数が増えても有意水準が大きくならない独自の分布から限界値を読み取って判定します（代表的手法：Tukey法、Dunnett法）

Bonferroni（ボンフェローニ）法（有意水準を補正）

- あらかじめ繰り返し数（対比較の数）で割った有意水準で検定する方法です。
- ABCの3群の場合、AB、AC、BCという3対の比較を行うことになるため、元のαを3で割った新しいα'で検定します（右図）。
- とても単純な方法なので、手動でも容易に実施できますし、統計量自体は関係ないため対応のあるデータや質的データにも使えます。
- 5群を超えると厳しくなりすぎる欠点もあります。

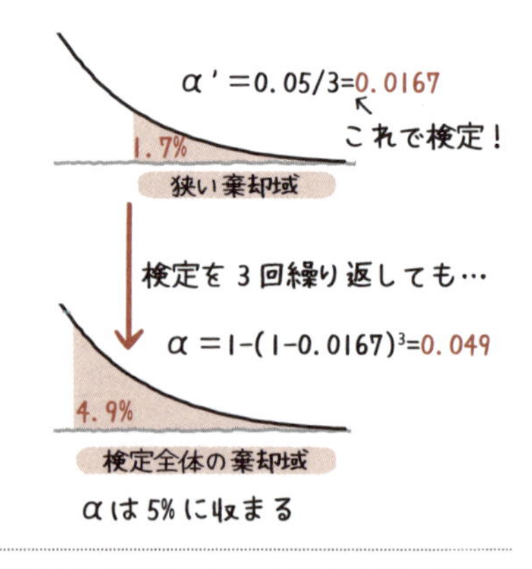

ボンフェローニ法（Bonferroni's method）…あらかじめ有意水準を繰り返し数で割って小さく修正しておくことで、検定を繰り返しても、有意水準が最初に想定した基準内に収まるようにする方法。

Scheffe法(検定統計量を補正)

- Bonferroni法のように群間を一対ずつ比較(対比較)するのではなく、複数群をまとめて2つのグループにして、それらの比較をします(対比)。
- 検定統計量(F値)の分子を「群数－1」で割って厳格化します。
- 限界値をF(1, ∞;α)とすれば、順位データにも用いることができます。

対比

- 対比は、群数がjで、各群の母平均をμ_jとした場合、下記の形で定義されます。

$$\sum c_j\mu_j \quad ただし \sum c_j=0$$

ここで、c_jは各群にかかる定数(対比係数)でこれを適当に定めれば対比の総和をゼロとして様々な帰無仮説を表現することができる

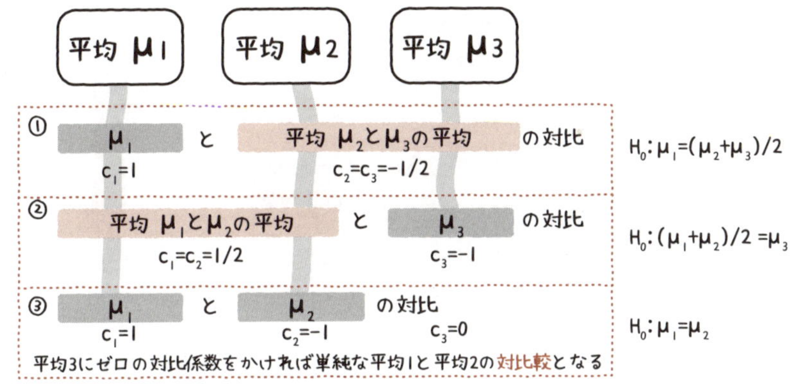

※対比係数次第でほかにも無数の対比が考えられるが、一般のソフトウェアでは(③のような)対比較の組み合わせしか検定しない

Scheffe法の検定統計量

- 下記の検定統計量Fを限界値であるF(j－1, N－j;α)と比較します。jは群数、$\bar{x}_j$はj群の平均、$\hat{\sigma}_e^2$は不偏誤差分散、n_jは群jの標本サイズ、Nは全標本サイズです。

$$F=\frac{(\sum c_j\bar{x}_j)^2/(j-1)}{\hat{\sigma}_e^2\sum c_j^2/n_j} \quad ただし\ \hat{\sigma}_e^2=\frac{\sum(n_j-1)\hat{\sigma}_j^2}{N-j}、\hat{\sigma}_j^2=\frac{\sum(x_{ij}-\bar{x}_j)^2}{n_j-1}$$

厳格化 ($(j-1)$)

シェッフェ法(Scheffe's method)…複数群を2つのグループにまとめて比較(対比)する方法。よって、本来は無数の組み合わせを対象とできる。検定統計量(F値)の分子を「群数－1」で割ることで厳格化する。

6-7

繰り返せる検定（多重比較法）②

〜 Tukey 法と Tukey-Kramer 法〜

２群の t 検定を多群にも使えるようにした方法です。
検定統計量である t 値を、スチューデント化された範囲の分布からの q（限界値）と比較します。
アンバランスな場合にも使えるように改良した方法がTukey-Kramer法です。

Tukey（テューキー）法の検定統計量

- 群１と群２の対比較の場合で、いずれの群も標本サイズはｎで等しい場合の検定統計量は、対応のない２群の平均の差の t 検定をやや変形した内容になります。

$$t_{\bar{x}_1-\bar{x}_2}=\frac{\bar{x}_1-\bar{x}_2}{\sqrt{\frac{\hat{\sigma}_e^2}{n}}}$$

全ての群に共通の不偏分散、つまり分散分析の検定統計量F値の分母となる不偏誤差分散

2群のｔ検定とほとんど同じだけど分母に使う不偏分散が全ての群を対象に計算されているから、ほかの群のバラツキも検定を左右するのね

限界値（q値）

- 多重比較では、いくつもの対比較を実施しますが、検定統計量がもっとも大きくなるのは、一番大きい平均の群と一番小さな平均の群を比較するときです。この対の統計量の分布がスチューデント化された範囲の分布で、そこから取り出した限界値をｑと呼びます。

$$q=\frac{\bar{x}_{最大}-\bar{x}_{最小}}{\sqrt{\hat{\sigma}_e^2/n}}$$

全ての対にこの範囲の分布を使って、任意の有意確率の限界値とすれば、厳しい検定となる

テューキー法（Tukey's test）…もっとも一般的な多重比較法で、不偏誤差分散を使った検定統計量 t 値を、「スチューデント化された範囲の分布」から取り出したｑ値を限界値として検定する。

▶▶▶ Tukey法の判定

● 専用の分布表（277ページ）から、任意の有意確率（普通は$\alpha = 5\%$）で読み取ったq（自由度νは、全標本サイズN－群数j）を限界値として、全ての対の検定統計量を判定すれば、もっとも厳しい検定になります。

Tukey法の検定統計量（tの絶対値） ←比較→（＞で帰無仮説を棄却） 限界値（付録のq分布表から読み取る）

▶▶▶ Tukey-Kramer（テューキー・クレイマー）法の検定統計量（アンバランスでもOK）

$$t_{\bar{x}_1-\bar{x}_2} = \frac{\bar{x}_1-\bar{x}_2}{\sqrt{\hat{\sigma}_e^2\left(\frac{1}{n_1}+\frac{1}{n_2}\right)}}$$

対比較する両群の標本サイズで不偏誤差分散を加重する

限界値(q)の修正

Tukey法の有意判定

$$\frac{|\bar{x}_1-\bar{x}_2|}{\sqrt{\hat{\sigma}_e^2/n}} > q$$

↓ 両側の分母を$\sqrt{2}$で割る

Tukey-Kramer法で2群の標本サイズが同じだった場合の有意判定

$$\frac{|\bar{x}_1-\bar{x}_2|}{\sqrt{2\hat{\sigma}_e^2/n}} > \frac{q}{\sqrt{2}}$$

アンバランスなときにもこの$\sqrt{2}$で割った限界値を流用する

▶▶▶ Tukey-Kramer法の判定

Tukey-Kramer法の検定統計量(tの絶対値) ←比較→（＞で帰無仮説を棄却） 限界値（q分布表から読み取った値を$\sqrt{2}$で割る）

スチューデント化された範囲とは？

それにしても、「スチューデント化された範囲の分布」とは、わかりにくい名前の分布ですね。スチューデント化とは、t分布で出てきた準標準化のことです。つまり、この分布は、もっとも強い検定となる最大の範囲を、不偏標準誤差で割った値の分布を指しているのです。もちろん、この分布の関数も定義されていますが、難しすぎるので本書では省きます。ちなみに、F分布によく似た形をしています。

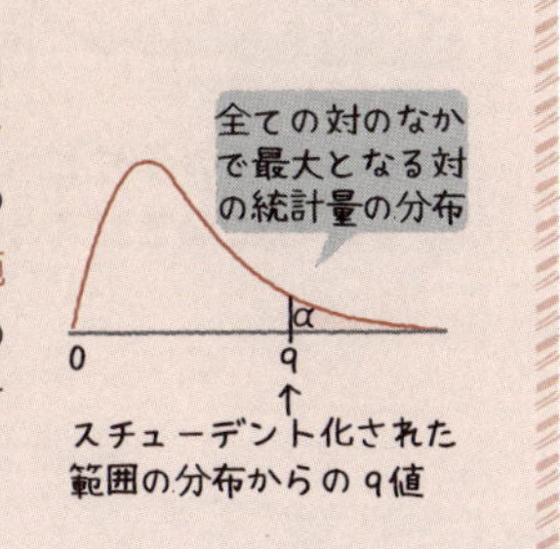

テューキー・クレイマー法（Tukey-Kramer method）…Tukey法を、アンバランスなデータにも使用できるように改良した多重比較法。ただし、q分布表から限界値を読み取るときに、$\sqrt{2}$で割る必要がある。

飼料添加物と肉牛成長速度

飼料会社が3種類の添加物のうちどれが
牛の成長を促すのかを調べている

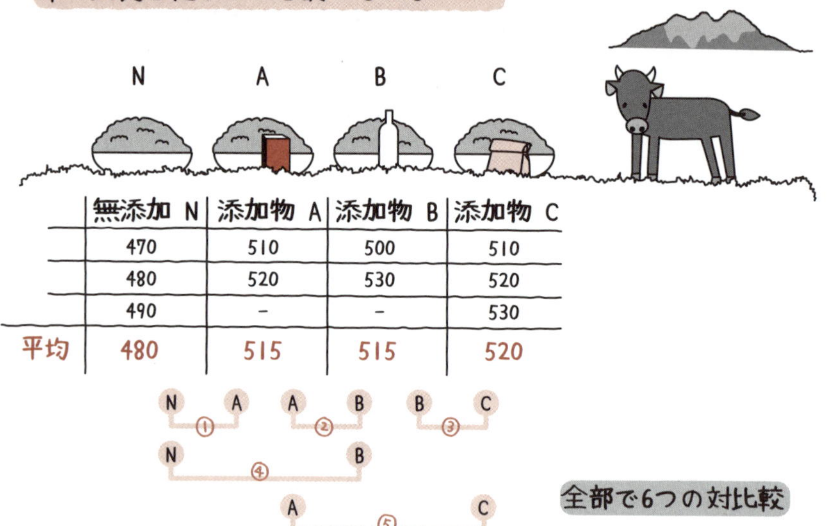

	無添加 N	添加物 A	添加物 B	添加物 C
	470	510	500	510
	480	520	530	520
	490	-	-	530
平均	480	515	515	520

このデータに「対応のない2群の平均のt検定」
を6回実施すると…

t値	A	B	C
N	4.2*	2.6	4.9**
A		0.0	0.6
B			0.4

注：*はp<5%、**はp<1%

コントロール群である無添加Nと添加物A、同じくNとCとの間において有意差があることが検出できた！

よってAかCのうちどちらかの添加物（たとえばコストの低い方）を採用することになるだろう、しかしこの検定では多重性が発生しているかも…

スチューデント化された範囲の分布（Studentized range distribution）…全ての対の中で、もっとも平均の差（範囲）が大きくなる対の統計量の分布のこと。

演習 事例の6対のうち、無添加Nと添加物Aの対に、Tukey-Kramer法を実施してみましょう。もちろん、ほかの対も同じ方法で計算できます。

①まずは、群内変動の不偏分散（右式）を全4群でそれぞれ計算する

$$\hat{\sigma}_j^2 = \frac{\sum(x_{ij}-\bar{x}_j)^2}{n_j-1}$$

$$\hat{\sigma}_N^2 = \frac{\sum(x_{iN}-480)^2}{3-1} = 100 \qquad \hat{\sigma}_A^2 = \frac{\sum(x_{iA}-515)^2}{2-1} = 50$$

$$\hat{\sigma}_B^2 = \frac{\sum(x_{iB}-515)^2}{2-1} = 50 \qquad \hat{\sigma}_C^2 = \frac{\sum(x_{iC}-520)^2}{3-1} = 100$$

②各群内変動の不偏誤差分散を代入して全体の不偏誤差分散 $\hat{\sigma}_e^2$ を計算する

$$\hat{\sigma}_e^2 = \frac{\sum(n_j-1)\hat{\sigma}_j}{N-j} = \frac{\sum(n_j-1)\hat{\sigma}_j}{10-4} = 150$$

誤差の自由度（ν）：全標本サイズNから群数 j を引いた値

③全体の不偏誤差分散を代入して検定統計量を計算する

$$t_{\bar{x}_1-\bar{x}_2} = \frac{\bar{x}_A-\bar{x}_N}{\sqrt{\hat{\sigma}_e^2\left(\frac{1}{n_A}+\frac{1}{n_N}\right)}} = \frac{515-480}{\sqrt{150\left(\frac{1}{2}+\frac{1}{3}\right)}} = 3.1$$

④検定統計量を q 分布表の値（$\div\sqrt{2}$）と比較します。

群数（ j ）が4、誤差自由度（ν）が6の、q 分布表（277ページ）の値と統計量3.1と比較します。5％の q 分布表の値は4.896ですが、これを$\sqrt{2}$で割った3.462を限界値とします。3.1は3.462よりも小さいので、有意差は検出できないことになります。

同じように、全ての対比較をすると、以下のようになります。

t値	A	B	C
N	3.1	3.1	4.0*
A		0.0	0.4
B			0.4

注：*はp<5%

母平均に差があるといえるのはNとCの群間だけだった。つまり添加物Aは採用しない方がよい。

q値（q, Q）…スチューデント化された範囲の分布に従う統計量。統計量が最大となる対の限界値（すなわち q 値）を、ほかの対の検定にも使えば、もっとも厳しい基準で検定されることになる。

繰り返せる検定（多重比較法）③

～ Dunnett法～

（ダネット）

対照群との対比較のみでよい場合には、有意差を検出しやすくなります。ただし、専用表は無数にあるので、実際にはソフトを使います。

126ページの事例	無添加 N	添加物 A	添加物 B	添加物 C
平均	480	515	515	520

N N N ① A ② B ③ C

対照群との有意差があるかないかのみ知りたい場合に使用

仮説の考え方

- 帰無仮説：$\mu_N = \mu_A$, $\mu_N = \mu_B$, $\mu_N = \mu_C$ ←比較する対が6から3に減るので、多重性が軽減されます。
- 対立仮説：比較対象が対照群だけなので、3パターン考えられます。

パターン1（両側検定）　$\mu_N \neq \mu_A$, $\mu_N \neq \mu_B$, $\mu_N \neq \mu_C$

パターン2（片側検定）　$\mu_N > \mu_A$, $\mu_N > \mu_B$, $\mu_N > \mu_C$

パターン3（片側検定）　$\mu_N < \mu_A$, $\mu_N < \mu_B$, $\mu_N < \mu_C$

（パターン2・3は）片側検定となるため、パターン1よりも有意差が出やすくなります。

検定統計量と判定

- 検定統計量はTukey-Kramer法と全く同じです。
- 比較する対の数がTukey-Kramer法とは異なるため、Dunnett法専用の表から限界値を読み取る必要があります。専用の表は、複数の対比較の統計量間に発生する相関係数の分を割り引くことで、多重性が補正されています。よって、専用の表は、たとえば有意水準が同じ5％であっても、両側/上側の違いだけでなく、相関係数ごとにも無数に存在します（よって、本書には掲載していません）。
- 以下は、126ページの事例をパターン1の対立仮説で検定した結果です。ABC全ての群とN群との間に有意差が認められました。

t値	A	B	C
N	3.1※	3.1※	4.0※

注：※はp<5%

全群同サイズの相関係数

$$\rho = \frac{n_2}{n_2 + n_1}$$

ダネット法（Dunnett's test）…対照群との処理群の比較だけを行う。基本はTukey法と同じだが、群間の標本サイズの違いから計算した相関係数ごとに検定表が用意されている必要がある。

コラム

最初から2群だったことにすればOK？（&最適な多重比較法の選び方）

多重比較法を授業で教えると、「それじゃ最初から（差の検出できる）2群だけだったことにすればいいんじゃないですか？」という質問をよく受けます。気持ちはわかりますが、あらかじめ「斯く斯く然々の内容で行います」と宣言し、その通りに実施するのが実験です。ですから、実験の終わった後に有意差がみられなかった群だけを「なかったことにする」というのは、やってはいけない「ごまかし行為」なのです。

さて、本章では、基本的な多重比較法のみ紹介しましたが、最近の統計解析用ソフトウェアには20を超える方法が搭載されており、どれを使えば良いのかわかりにくい状況となっております。しかし、いずれも検出力が下がるような場面でも使えるように少し改良されている程度ですので、あまり悩む必要はありません。どのような簡易ソフトウェアにもTukey-Kramer法は搭載されていますし、Bonferroni法ならば限界値を分布表から厳しい有意水準で読むだけなので、どちらかを使うようにしておけば問題ないでしょう。ただし、Bonferroni法は5群を超えると厳しくなりすぎるので注意が必要です。そして、もしR-E-G-WのQ(F)という難しい名前の手法が搭載されていたら、それはステップワイズ法という、検出力のもっとも高い手法なので、一番のおすすめです。なお、多重性が調整されていない(Waller-)DuncanとStudent-Newman-Keulsが搭載されているソフトウェアもありますが、使わないようにしてください。

最後に、Tukey-Kramer以外の手法について以下の表に整理してみましたので、参考にしてみてください。おおむね左に位置する手法ほど検出力が高いと考えていただいて結構です。

対照群との比較	Williams※1	Dunnett	Holm	Bonferroni	Scheffe
不等分散※2	TamhaneのT2	Games-Howell	DunnettのT3(C)		
対応あり※3	Sidak	Holm	Bonferroni		
順位データ※4	Shirley-Williams※1	Steel(-Dwass)	Holm	Bonferroni	Scheffe

※1：群間に単調性($\mu_1 < \mu_2 < \mu_3$など)が想定される場合に用います。

※2：ほかの多重比較法は、全ての群の分散は等しいことが仮定されています。

※3：これら以外の多重比較法は、群間に「対応のある」場合には適していません。

※4：順位データの検定方法はノンパラメトリック手法と呼ばれ、次章で解説します。

This must be
non-parametric.

第7章　ノンパラメトリック手法

7 1

分布によらない検定

～ノンパラメトリック手法～

「母集団が特定の確率分布に従っている」という前提がいらない統計手法の総称で、一般には「ノンパラ」という略称で呼ばれます。

パラメトリック手法とノンパラメトリック手法

- パラメトリック手法であるt検定や分散分析は、母集団が正規分布に従っていると仮定していたので、帰無仮説の下での実験結果の起きる確率を計算できました。

t検定の概念図
（実際には平均の差をとった分布で検定する）

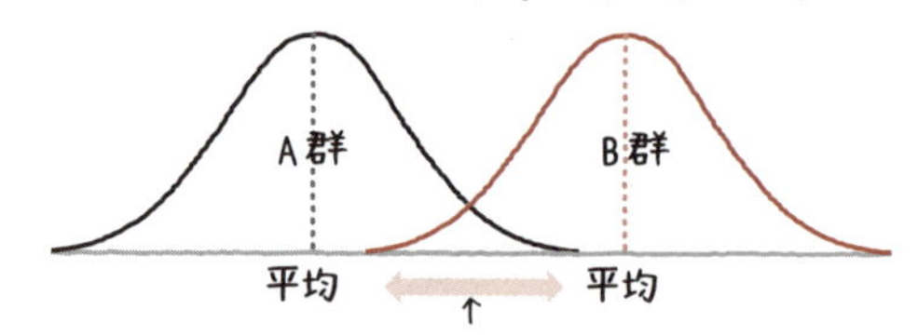

どちらも正規分布（かつ等分散）に従っていれば
平均の離れ具合で両群が同じか否かを判定できる

母集団に何の確率分布も前提できないと…

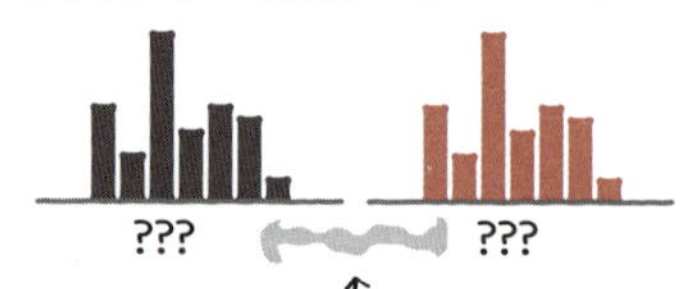

分布の形が不明だと両群の離れ具合を評価する方法がない
（そもそも質的データなどは平均を計算できない）

どんな分布をしているか、わからないと両群が近いのか離れているのか調べようがないぞ

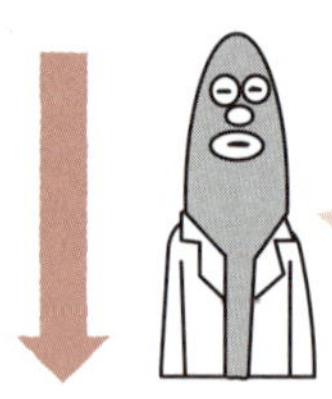

母集団の分布によらない手法が必要だ！

（帰無仮説の下での）実験結果の起きる確率を
“間接的”に計算するノンパラメトリック手法で検定する

パラメトリック手法（parametric methods）…母集団が特定の確率分布に従っていることが前提となっている統計的手法の総称。たとえば、t検定や分散分析では、母集団が正規分布に従っている必要がある。

ノンパラが有効な場面　その１：質的データの場合

名義尺度や順序尺度で測定された質的データの場合、そもそも、とる値が確率変数ではないため、確率分布を母集団に仮定することができません。

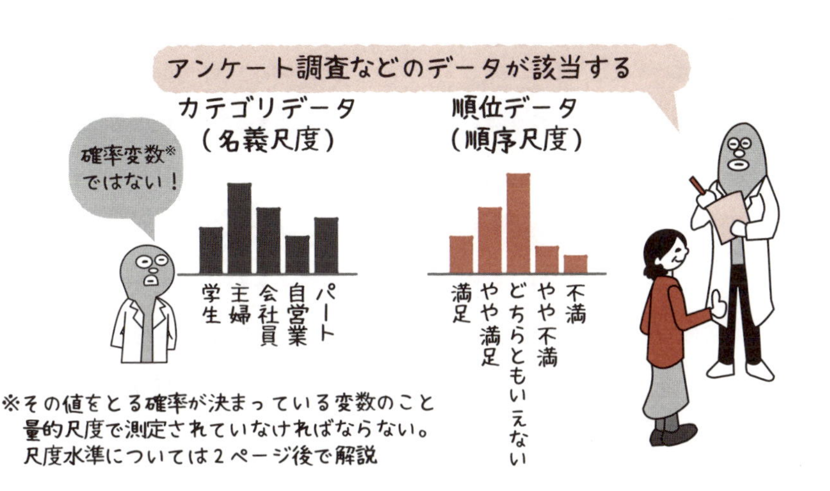

ノンパラが有効な場面　その２：極端な値がある場合

事例：飼料中のリジン濃度と豚ロース脂肪率

	リジン濃度 0.4%	リジン濃度 0.6%
豚ロース脂肪率	7.0	4.1
	6.5	4.8
	6.2	3.9
	7.1	5.2
（極端に高い値）	30.0	4.9
平均	11.4	4.6

対応のない2群の平均の差のt検定を実施するとt値=1.5、両側p値=0.2となり有意差は検出できない

「豚の飼料に含まれるリジンというアミノ酸の濃度を制限すると、筋肉中の脂肪率が高くなる」ことを確かめるために実験したデータです。どう見ても、有意差が出そうなデータですが、極端に高い値があるために、t検定では有意差が出ませんでした。しかし、入力ミスや計測機器のエラーでもなければ除外する訳にもいきません。

ノンパラメトリック手法（non-parametric methods）･･･母集団について、何の確率分布も前提しない統計的手法の総称で、略して「ノンパラ」と呼ばれる。質的データや、極端な値のある量的データなどに有効。

いろいろなノンパラ検定

ノンパラの名称	群数*1	対応*1	データ	ほぼ対応するパラメトリック手法、もしくは目的
独立性の検定(ピアソンのχ^2検定)	多群	なし	質的	対応のない多群の比率の差の検定
(フィッシャーの)正確確率検定	2群	なし	質的	対応のない2群の比率の差の検定(小標本)
マクネマー検定*2	2群	あり	質的	対応のある2群の比率の差の検定
コクランのQ検定*2	多群	あり	質的	対応のある多群の比率の差の検定
マン・ホイットニーのU検定	2群	なし	量的・順位	対応のない2群の平均の差の検定
符号検定	2群	あり	量的・順位	対応のある2群の平均の差の検定
ウィルコクソンの符号付き順位検定	2群	あり	量的	対応のある2群の平均の差の検定
クラスカル・ウォリス検定	多群	なし	量的・順位	対応のない一元配置分散分析
フリードマン検定	多群	あり	量的・順位	対応のある一元配置分散分析
Steel-Dwass法*2	多群	なし	量的・順位	多重比較法(全対比較)
Steel法*2	多群	なし	量的・順位	多重比較法(対照群比較)
Shirley-Williams法*2	多群	なし	量的・順位	多重比較法(対照群比較、かつ群間に単調性有り)

＊1：2群のデータを多群用の手法で検定したり、対応ありのデータを対応なしの手法で検定することはできます(ただし、後者では精度が低下する場合があります)。
＊2：本書では扱っていません。

コラム

どんな量的データにもノンパラ？

質的データならば迷うことはありませんが、量的データの場合にはノンパラを使うべきかどうかの判断は悩ましいです。標本サイズと母集団の分布は関係ないため、小標本だからノンパラという法則も正しいとはいえません。

実は最近、母集団が正規分布をしている標本に対してノンパラを使ってしまったとしても、検出力の低下はごくわずかであることがわかってきました。つまり、どのような量的データに対してもノンパラを使って良いのです。

質的データとは？　―尺度水準のはなし―

スタンレー・スミス・スティーブンスという心理学者は、データを測定する尺度を４つに分類しました。下の表は、それぞれの尺度と、測定されたデータの特徴や事例などについて整理したものです。

このように、データには、測定された尺度の水準によって、許される計算と許されない計算があります。たとえば、名義尺度や順序尺度で測定された質的データ（それぞれカテゴリデータ、順位データ）は平均を計算できないため、その差を検定するにはノンパラを用いなければならないのです。

	データの種類	尺度水準	値の意味	直接できる計算	事例
質的データ	カテゴリデータ	名義尺度	値は区別・分類のためだけ	度数カウント	性別、血液型
	順位データ	順序尺度	値の大小関係に意味がある	＞＝	満足度、選好度
量的データ	間隔データ	間隔尺度	値の間隔が等しい	＋－	セ氏温度、知能指数
	比率データ	比率尺度	原点（0）が決まっている	＋－ ×÷	質量、長さ、金額

測定尺度によって、計算が許される統計量は異なります。

	カテゴリデータ	順位データ	間隔データ	比率データ
最頻値	○	○	○	○
中央値	×	○	○	○
平均値	×	×	○	○

注：○は計算可、×は計算不可。

平均を計算できないということは、
t検定や分散分析を使えないということです。←ノンパラの出番です！

尺度水準（level of measurement）･･･データが有する情報の性質に基づいて統計学的に分類した基準で、Stanley S. Stevensが1946年にScience誌で発表した“On the Theory of Scales of Measurement”がもととなっている。

7 2

質的データの検定

～独立性の検定（ピアソンのχ^2検定）～

クロス集計表の表側と表頭とが関連しているのか独立しているのかを判定します。つまり、表側と表頭の２変数の関係の有無を検証します。
２×２（分割表）の４セルの場合には、比率の差の検定（98ページ）や次に解説するフィッシャーの正確確率検定（142ページ）と目的は同じです。
オリジナルのデータがなくても、集計表さえあれば検定できるので、「集計表の検定」とか、発案者の名前から「ピアソンのχ^2検定」とも呼ばれます。

森林の手入れが行われていると思うか？（2010年、農水省調べ、抜粋）

独立？
関連？

表側＼表頭	北海道	東北	関東	北陸	東海
思う	19	18	89	9	16
思わない	17	51	336	31	64
思う比率	0.53	0.26	0.21	0.23	0.20

思う比率に地域差があるかどうかを検定したい！

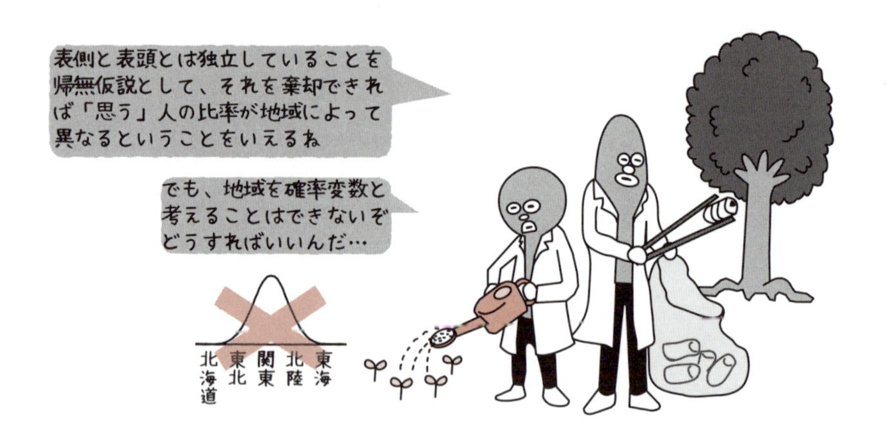

ピアソンのχ^2検定（Pearson's chi-square test）･･･カール・ピアソンが発案したノンパラ検定で、観測度数は期待度数の分布に従うという帰無仮説をχ^2分布を使用して検定する。独立性の検定と適合度の検定の２つがある。

▶▶▶期待度数

- 帰無仮説が正しい、つまり表側と表頭が独立している場合に期待される度数分布を考え、それと観測された度数分布とを比較します。
- 両者の分布が大きく乖離していれば、独立しているという帰無仮説が棄却できます。

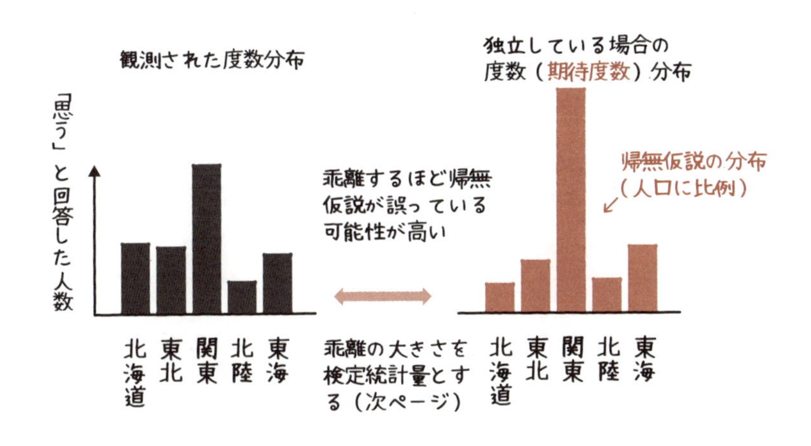

観測度数の表

	北海道	東北	関東	北陸	東海	計
思う	19	18	89	9	16	151
思わない	17	51	336	31	64	499
計	36	69	425	40	80	650

独立しているならばどの地域でも「思う」と「思わない」の度数比率（151：499）は同じはず…

期待度数の表

	北海道	東北	関東	北陸	東海	計
思う	8.4	16.0	98.7	9.3	18.6	151
思わない	27.6	53.0	326.3	30.7	61.4	499
計	36	69	425	40	80	650

いずれの地域も151：499の度数

期待度数（expected frequency）…独立性の検定においては、集計表の表側と表頭が独立しているという帰無仮説の下で期待される行列の度数で、観測度数の行列の合計の比率から逆算して求められる。

▶▶▶検定統計量（χ^2値）

- 帰無仮説の下で期待される度数分布と観測された度数分布の乖離の大きさをχ^2分布に近似的に従う統計量で表し、その値を検定します。
- この統計量は厳密にはχ^2値ではないのですが、総度数が大きい場合にはχ^2分布に近似的に従うため、便宜的にχ^2値と呼ばれます。

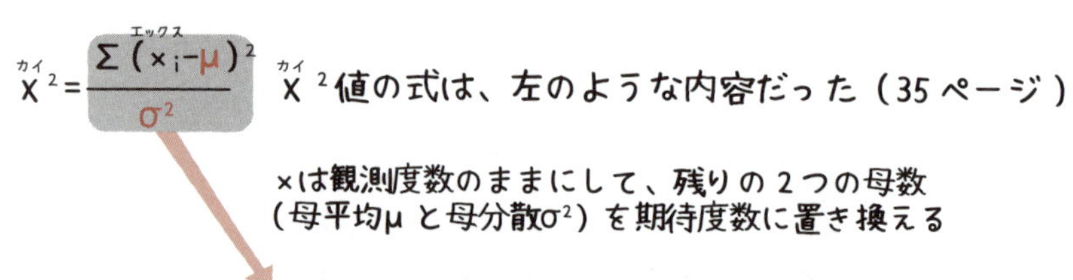

$\chi^2 = \frac{\Sigma(x_i-\mu)^2}{\sigma^2}$
χ^2値の式は、左のような内容だった（35ページ）
xは観測度数のままにして、残りの2つの母数
（母平均μと母分散σ²）を期待度数に置き換える
ピアソンの$\chi^2 = \Sigma\Sigma\frac{(観測度数-期待度数)^2}{期待度数}$
←独立性の検定の統計量
Σが2つなのは、行と列どちらの方面にも足すため（また、分母の期待度数はセルごとに異なるためΣΣは式全体にかかる）

帰無仮説（表側と表頭とは独立）のχ^2分布

自由度が（行数-1）×（列数-1）のχ^2分布に従う

表側と表頭が独立　　表側と表頭が関連

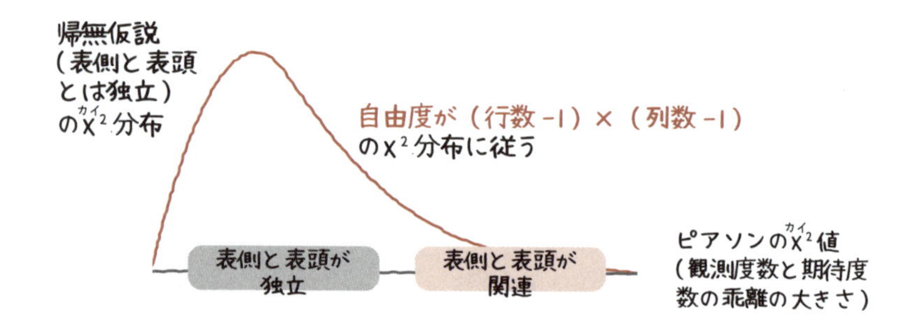

本来のχ^2値から母数を期待度数に置き換えたので「母数によらない」つまりノンパラメトリックなんだな

ピアソンのχ^2検定にはもう1つ、適合度検定という検定手法も含まれる。内容は独立性の検定と基本的に同じで、ある特定の理論上の度数（＝期待度数）の分布と観測された度数分布が適合している（→帰無仮説）かどうかをχ^2統計量から検定する。

独立性の検定（test for independence）･･･集計表の表側と表頭、つまり2変数が独立していることを帰無仮説としたノンパラ検定。さらに、どのセルで観測度数と期待度数との乖離が大きいのかを特定する方法として残差分析がある。

演習 136ページの事例のデータを用いて独立性を検定してみましょう。

観測度数	北海道	東北	関東	北陸	東海
思う	19	18	89	9	16
思わない	17	51	336	31	64

$$\frac{(\text{観測度数}-\text{期待度数})^2}{\text{期待度数}} = \frac{(19-8.4)^2}{8.4} = 13.4$$

期待度数	北海道	東北	関東	北陸	東海
思う	8.4	16.0	98.7	9.3	18.6
思わない	27.6	53.0	326.3	30.7	61.4

セルごとの統計量	北海道	東北	関東	北陸	東海
思う	13.4	0.2	1.0	0.0	0.4
思わない	4.1	0.1	0.3	0.0	0.1

行列10セルを全て足すと $\Sigma\Sigma\frac{(\text{観測度数}-\text{期待度数})^2}{\text{期待度数}}$ =19.6となる

χ^2（カイ2）検定を実施

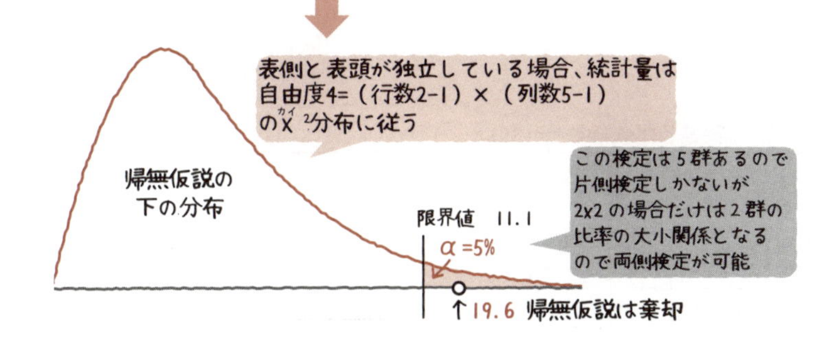
表側と表頭が独立している場合、統計量は
自由度4=（行数2−1）×（列数5−1）
のχ²分布に従う
帰無仮説の
下の分布
この検定は5群あるので
片側検定しかないが
2x2の場合だけは2群の
比率の大小関係となる
ので両側検定が可能
限界値 11.1
α =5%
↑19.6 帰無仮説は棄却

答え：検定統計量である19.6は、5%有意水準の限界値である11.1よりも大きいので、地域によって比率に差はあるといえます。

適合度検定（test for goodness of fit）･･･観測度数分布が理論上の期待度数分布と同じ（適合する）かどうかを検定するノンパラ手法。たとえば、曜日によって客入りが異なるかを検定できる（期待度数は全ての曜日が均一）。

▶▶▶独立性の検定の弱点と補正

- 4セル（2行×2列の分割表）で小標本の場合、p値が本来よりも小さくなり、第一種の過誤を過小評価してしまうので、最初から検定統計量をやや小さく補正しておきます（連続性の補正）。理由は、検定統計量が離散型データであるにもかかわらず、仮定しているχ^2分布が連続型であるためです。
- なお、小標本の定義は、総度数nが20未満、あるいはnが40未満で期待度数に5未満のセルがある場合というのが一般的です。

独立性の検定の統計量 χ^2（カイ）$= \sum\sum \dfrac{(観測度数-期待度数)^2}{期待度数}$

分子（観測度数と期待度数の差）から0.5を引いて統計量を小さくする

Yates（イェーツ）の連続性の補正を施した統計量 $\chi^2 = \sum\sum \dfrac{(観測度数-期待度数-0.5)^2}{期待度数}$

事例：ある授業と試験結果（n=25）

観測度数	受講	非受講
合格	4人	6人
不合格	1人	14人

→ 期待度数

期待度数が5よりも小さいセル

期待度数	受講	非受講
合格	2人	8人
不合格	3人	12人

→ 統計量

補正していない検定統計量

観測度数	受講	非受講
合格	2.0	0.5
不合格	1.3	0.3

χ^2値＝4.1，p=0.03

→ 補正

Yates補正を施した検定統計量

観測度数	受講	非受講
合格	1.13	0.28
不合格	0.75	0.18

χ^2値＝2.34，p=0.13

補正前は5%有意水準で棄却できていた帰無仮説が棄却できなくなっている

注：小さく補正し過ぎる傾向があるため小標本の2×2分割表には、2ページ後に解説する「フィッシャーの正確確率検定」を用いた方が良いという指摘もある

連続性の補正（continuity correction）･･･実際の統計量が離散型なのに、近似させた連続型確率分布で検定すると、第一種の過誤を犯しやすくなる。それを防ぐため、検定統計量を少し小さく補正しておく。

▶▶▶ 連関係数（独立係数）

- 独立性の検定統計量であるχ^2値は、総度数やセル数が増えるに従って大きくなってしまいますので、純粋に表側と表頭の関係の強さを知るためには、それらに左右されない連関係数を計算する必要があります。
- 連関係数にもいろいろありますが、ここでは代表的なクラメールの連関係数Vを紹介します（!）。

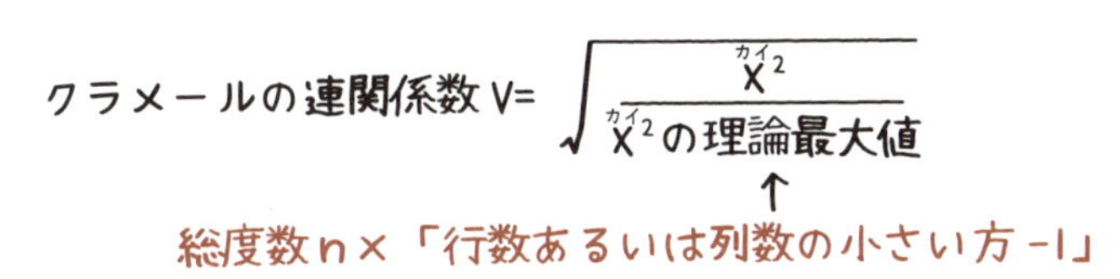

クラメールの連関係数 V=
カイ
χ^2
χ^2の理論最大値
総度数n×「行数あるいは列数の小さい方 -1」

! 森林の手入れの事例だと、19.6 ÷ 650 ×（2 − 1）の平方根なので、V=0.17となります。連関係数は相関係数と同じように0～1の値をとり、「いくつ以上が強い」という基準はありません。とはいえ、0.17ならば「弱い関連性がある」といってもよいでしょう。

連続性の補正の必要性

本来の統計量が離散型データであるにも関わらず、検定で仮定する分布が連続型の場合には注意しなければならないことがあります。

たとえば下図のように、統計量が「4」となった場合、帰無仮説の下で、この統計量が起きる確率（p値）は、本来、グレー部分を足し合わせた値（「3.5」よりも上側）となります。しかし、連続型確率分布に従っていると仮定してp値を計算すると、「4」よりも上側のピンク色の面積となってしまいます。つまり、第一種の過誤を過小評価してしまうのです。よって、最初から統計量自体を少し小さく補正しておく必要が出てくるのです。

上側検定の事例

離散型データから計算される本来のp値（グレー部分）

連続型確率分布から計算される近似のP値（色のついた部分）

2　3　3.5　4　5

補正後の統計量　実験の統計量（補正前）

連関係数（coefficient of association）••• 独立性の検定において表頭と表側の関連性の強さを示す指標で、クラメールの方法が有名。

クラメールの連関係数（Cramer's coefficient of association）••• χ^2値を「行数か列数の小さい方-1」で割った値の平方根。0～1で、1に近いほど強相関。

7 3

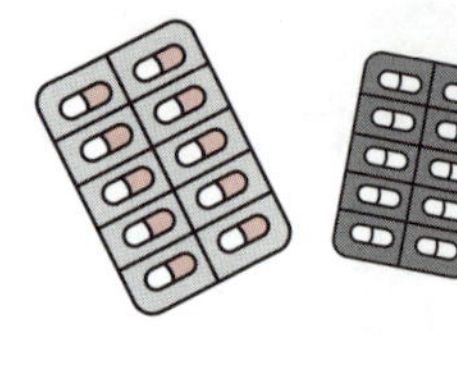

2×2分割表の検定

～フィッシャーの正確確率検定～

小標本のカテゴリデータ用の検定手法です。独立性の検定でYatesの補正を施した場合よりも正しい結果が得られるといわれています。
大標本の場合やセルの数が多いと計算量が膨大になるので、普通は小標本の2×2分割表にしか用いません。

仮説の考え方

事例：真薬と偽薬の有効率

	偽薬	真薬
効果あり	1人	6人
効果なし	5人	2人
有効率	0.17	0.75

比率の差の検定（98ページ）では標本比率（ここでは有効率）の差の分布を考えたが、正確確率検定では2×2分割（クロス）表の度数を用いる

- 母比率に差がないときは、観測度数の配置は偏らないはずです。逆に母比率に差があるときは、度数配置に偏りが生じるはずです。

H_0：有効率（母比率）に差がない
（帰無仮説の度数配置）

	偽薬	真薬
効果あり	3	4
効果なし	3	4
有効率	0.50	0.50

H_1：有効率（母比率）に差がある
（もっとも極端な対立仮説の度数配置）

	偽薬	真薬
効果あり	0	7
効果なし	6	1
有効率	0.00	0.875※

偏り小 ← 観測された度数配置はどちらに近い？ → 偏り大

実際に観測された度数配置が、帰無仮説よりも対立仮説のパターンに近づけば、母比率に差があるといっても良さそうだ！

※観測された度数で行和を固定（1・2行目とも7人）しないと確率の計算が困難なので（あり8：なし0）は考えない

フィッシャーの正確確率検定（Fisher's exact test）･･･偏った期待度数や小標本の2×2分割表に有効。周辺度数を固定した状態で、観測された度数配置より偏りが大きくなる確率を直接求め、有意水準と比較する。

▶▶▶特定の度数配置の得られる確率

●周辺度数（行・列の各計）を固定すると、帰無仮説の下での、特定の度数配置が観測される確率pを計算できます。

	偽薬	真薬	計
効果あり	a	b	a+b
効果なし	c	d	c+d
計	a+c	b+d	n

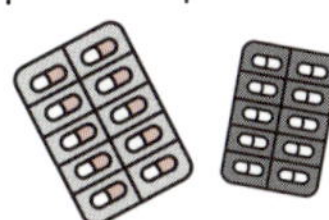

全体nから第1行を選ぶ組み合わせ $_{n}C_{(a+b)}$ のなかで第1列からa個取り出しかつ第2列からb個取り出す確率を計算する

$$p=\frac{_{(a+b)}C_a \times {_{(b+d)}C_b}}{_{n}C_{(a+b)}}$$

!は階乗

$$=\frac{(a+b)!(c+d)!(a+c)!(b+d)!}{n!a!b!c!d!}$$

▶▶▶帰無仮説の判定

●観測された周辺度数を固定した場合に考えられる度数配置のなかで、観測された度数配置よりも偏りの大きい度数配置の確率の和を計算して、有意水準と比較します。

ここでは片側だけの配列パターンを解説しているが、両側検定では左列の比率が大きくなるように偏った度数配置も考える

H_0：母比率に差がない（偏り小）

	偽薬	真薬	計
あり	3	4	7
なし	3	4	7
計	6	8	14

$$p=\frac{7!7!6!8!}{14!3!4!3!4!}=0.408$$

帰無仮説の下では偏りの小さい配置の確率が高くなる

高確率

	偽薬	真薬	計
あり	2	5	7
なし	4	3	7
計	6	8	14

$$p=\frac{7!7!6!8!}{14!2!5!4!3!}=0.245$$

観測された度数配置

	偽薬	真薬	計
あり	1	6	7
なし	5	2	7
計	6	8	14

$$p=\frac{7!7!6!8!}{14!1!6!5!2!}=0.049$$

↑↓合わせて
p=0.051＞有意水準α/2：0.025
帰無仮説を受容
（真薬の有効性は確認できなかった）

低確率

H_1：母比率に差がある（偏り大）

	偽薬	真薬	計
あり	0	7	7
なし	6	1	7
計	6	8	14

$$p=\frac{7!7!6!8!}{14!0!7!6!1!}=0.002$$

周辺度数（marginal frequency）･･･クロス集計表の行方向と列横行の合計数を表す度数のこと。正確確率検定などでは、これを固定することで、無限に近い度数配置の組み合わせを大幅に限定している。

対応のない2群の順位データの検定

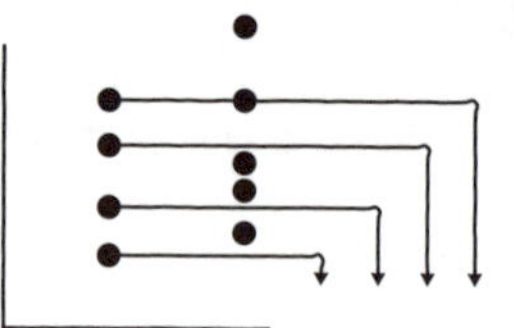

～マン・ホイットニーのU検定～

対応のない2群の平均の差の検定（t検定）のノンパラ版です。
順位データに変換し、分布の重なり具合を表す統計量（U値）を計算します。
満足度などの順位データや極端な値のある量的データに用います。
ウィルコクソンの順位和検定とも呼ばれます。

検定統計量（U値）

- まず、元のデータを両群合わせた順位に変換します（同値には順位の平均値を与えます）。
- 次に、一方の群の順位を基準として、それよりも順位が小さいもう一方のデータ数を合計したものがU値となります。

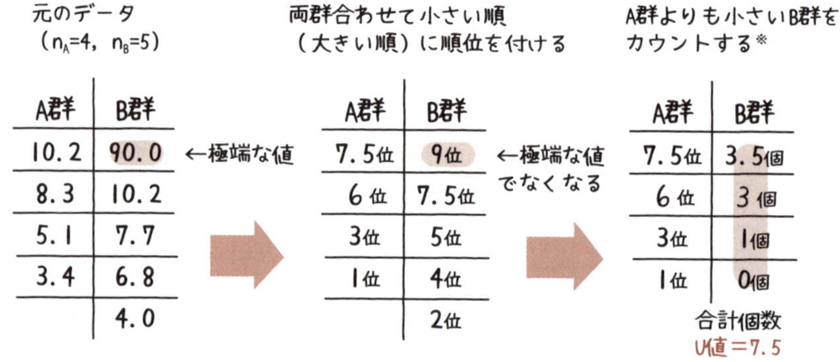

元のデータ
（n_A=4，n_B=5）

A群	B群
10.2	90.0
8.3	10.2
5.1	7.7
3.4	6.8
	4.0

両群合わせて小さい順
（大きい順）に順位を付ける

A群	B群
7.5位	9位
6位	7.5位
3位	5位
1位	4位
	2位

A群よりも小さいB群を
カウントする※

A群	B群
7.5位	3.5個
6位	3個
3位	1個
1位	0個

図で表すと…

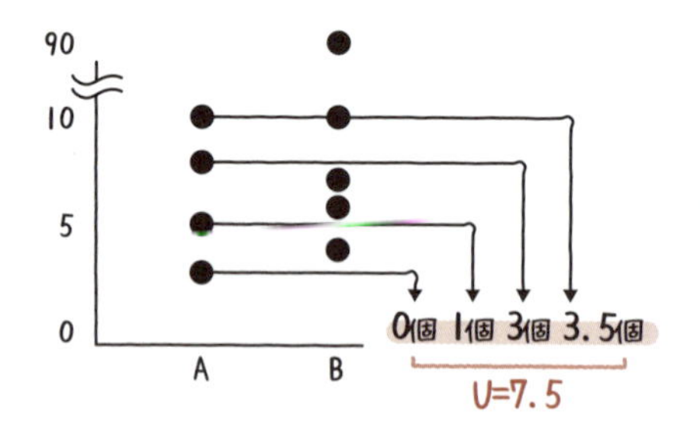

※Bを基準としたU値（=12.5）を使って検定することもできるが、計算の簡単な値の小さい方の統計量Uを用いて下側で検定する（他のノンパラ検定も同様）

マン・ホイットニーのU検定（Mann-Whitney U test）･･･対応のない順位データにおいて、A群の順位よりも小さいB群の順位を数え、合計した値を検定統計量Uとする。２群の順序関係に偏りがないことが帰無仮説。

U分布（小標本）

- 両群とも標本のサイズがともに20未満の場合、U値はゼロから両群のサイズを乗じた値（$n_A \times n_B$）の間で、左右対称に分布します。
- 両群の順位の配置が近いほど中央に、逆に異なるほど両側に分布します。

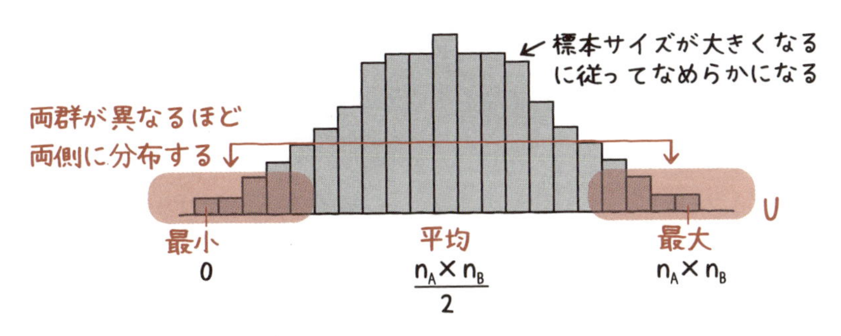

U検定（小標本）

帰無仮説 H_0：両標本が同じ母集団から抽出された
対立仮説 H_1：両標本は異なる母集団から抽出された

278ページのU検定表（両側5%）の一部、表側をサイズの小さい群（A群）とする

	4	5	6	7
3	–	0	1	1
4	0	1	2	3
5		2	3	5

この表から限界値を読みとる

帰無仮説のもとのU分布

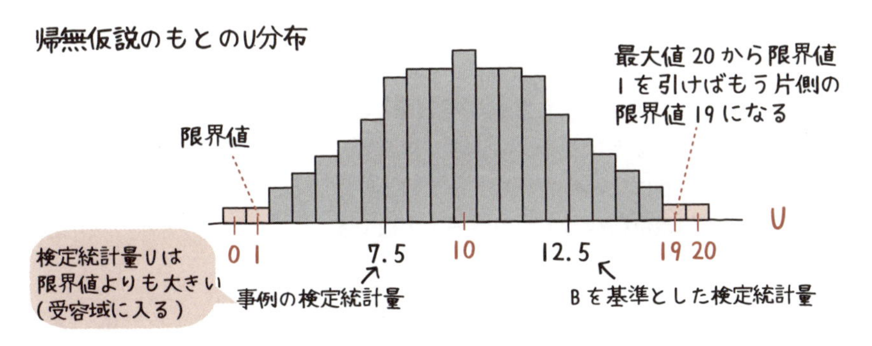

- 事例の検定結果：両側5%の有意水準では、帰無仮説は棄却できません。（→試しにt検定を実施しても、$t = 0.9$、$p = 0.4$となり、棄却できません。）

中央値の差の検定（testing for difference medians）･･･順位データの検定の比較対象は、平均ではなく、分布の全体的な位置を示す中央値となる。なお、**中央値検定**は片要因を中央値で2分割した独立性の検定を指すので注意。

▶▶▶U検定（大標本）

- どちらかの群が20より大きい場合、U値は近似的に正規分布に従うので、z検定を用いることができます。
- ただし、限界値を標準正規分布表から求めるためには、U値も標準化しておきます。

$$U\text{の標準化変量 } z_U = \frac{U - \mu_U}{\sigma_U}$$

Uの平均 $\frac{n_A \times n_B}{2}$

Uの標準誤差 $\sqrt{\frac{n_A \times n_B (n_A + n_B + 1)}{12}}$

注：標準誤差が十分大きいため連続性の補正は行わないことが多い

z（標準正規）分布↓

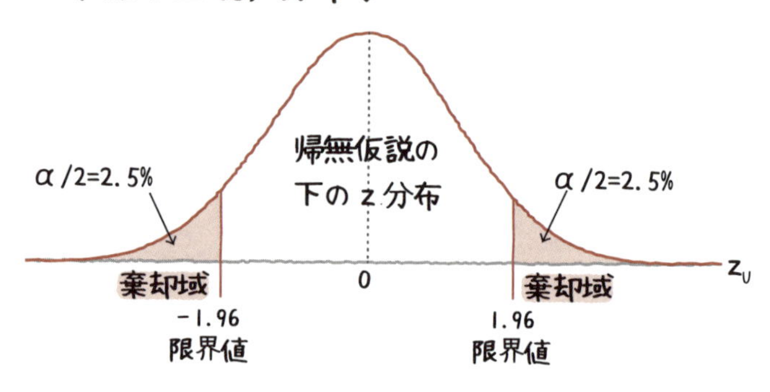

▶▶▶同順位（タイ）

- 最初から順位データの場合（満足度を5段階で調査したときなど）は、同順位となることもあります。
- 同順位が多いと、Uの標準化変量z_Uの絶対値が小さめに計算されて検出力が落ちてしまうので、下式で標準誤差を少し小さく計算して、z_Uの絶対値をやや大きく補正します。ただし、nは2群合わせたデータ数、wは同順位が発生している順位の数、tはある順位で同順位になっているデータの数です。

$$\sigma_U' = \sqrt{\frac{n_A \times n_B}{n(n-1)} \left(\frac{n^3 - n - \sum_{i=1}^{w} (t_i^3 - t_i)}{12} \right)}$$

同順位（tie）…順位データの検定では、同順位が多いと、検定統計量の分母である標準誤差が小さめに計算され、検出力が落ちてしまう。それを回避するために、あらかじめ標準誤差を少し大きく補正しておく。

HELLO I AM...

ウィルコクソン

Frank Wilcoxon (1892-1965)

意外なことに、ノンパラメトリック手法を思いついたのは統計学者でも数学者でもなく、化学者（F・ウィルコクソン）と経済学者（H・B・マン）でした。

アメリカ人の両親のもと1892年にアイルランドで生まれたウィルコクソンは、コーネル大学で物理化学の博士号を取得した後、化学プラントの研究所で研究者としての人生を歩み出します。その後、複数の民間化学会社で仕事をしますが、その間に、数多くの推測統計学に関する業績をあげることになります。その中でもとくに知られているのが、彼の名が冠された順位和検定（U検定）と符号付き順位検定（150ページ）です。特定の温度で活性化する酵素を扱うような化学実験では、しばしば極端な値が観測されてしまうため、明らかに効果のある処理をしても、従来のt検定や分散分析では差を検出できないことがあります。それを悩んだウィルコクソンは、試行錯誤のうえ、極端な値に左右されない順位に変換して、その組み合わせの確率を使って検定する方法を思いついたのです。ちょうどその頃、ウィルコクソンとは独立に、経済学者のマンが統計学部の大学院生だったホイットニーとともに、2時点の賃金の違いを検定するために同様の方法を思いつき、ノンパラメトリックによる統計分析の扉が開いたのです。

コラム

極端な値があってもパラメトリック手法を使いたい！

極端な値などがあって正規分布に従っていることを前提できないとき、本章で解説したノンパラ手法は役に立ちます。しかし、どうしてもt検定などのパラメトリック手法を使いたい場合には、データの自然対数をとるという裏技（？）が用いられます。つまり、正規分布していないデータでも、その自然対数をとれば正規分布に近づくため、t検定などが実施できるようになるのです（52ページのFisherのz変換も同じです）。

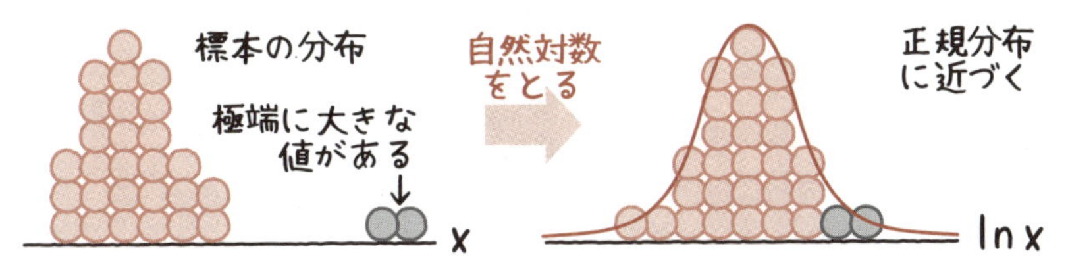

7 | 5

対応のある2群の順位データの検定

～符号検定～

対応のある２群の平均値の差の検定（t検定）のノンパラ版です。
対（ペア）ごとにとった差の符号の数に注目して検定します。
差の大小は問題にしないため、順位データに用いることができます。
量的データには、差の大きさを検定に用いるウィルコクソンの符号付き順位検定（150ページ）を用いた方が精度が高まります。

検定統計量（r値）

- 対ごとに差を取って、その符号の数をプラス・マイナス別に数え（差が０の対は数えません）、少ない方を検定統計量 r とします。

事例：引っ越し業者に対する満足度

	a社	b社	差(a-b)
Aさん	5	3	+2
Bさん	4	3	+1
Cさん	4	1	+3
Dさん	5	1	+4
Eさん	3	2	+1
Fさん	2	4	−2

＋は5個
－は1個
比較して 少ない方 → r=1

少ない方の符号の数を検定統計量rとする（下側で検定）

両群に差がなければ、＋－の数はほぼ同じ…
両群に差があるならば＋ばかり（－が少ない）か－ばかりになる（＋が少ない）ということだぞ！
なぜ、（少ない方の）符号の数で両群の差のある・なしを検定できるのだろう…

符号検定（sign test）…対応のある２群の順位データのノンパラ検定。対ごとに差を取り、その符号の数を＋－別に数え、少ない方を検定統計量rとすると、２項分布に従う。

▶▶▶ 符号検定（小標本）

- 帰無仮説（両群に差はない）が正しいとき、＋と－が現れる確率はそれぞれ2分の1ですから、統計量 r は試行回数n、母比率（出現率）2分の1の2項分布に従います。
- 対の数 n が25以下のときには、r の値よりも小さくなる確率を直接計算するか、確率1/2の2項分布表（279ページ）を用いて検定します。ここでは前者を解説します。

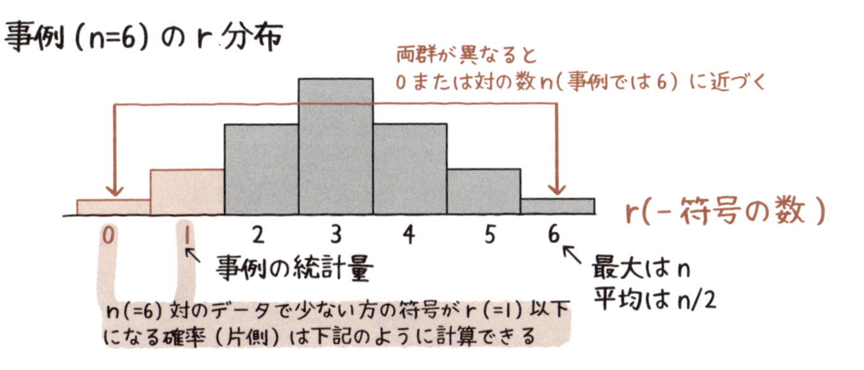

$$({}_nC_0+{}_nC_1)\left(\frac{1}{2}\right)^n=({}_6C_0+{}_6C_1)\left(\frac{1}{2}\right)^6=(1+6)\left(\frac{1}{64}\right)=0.11$$

復習：2項分布の確率の式
n 回の試行で m 回成功する確率は出現率を p とすると…

$${}_nC_m\cdot p^m\cdot(1-p)^{n-m}$$

事例を検定してみると、両側の p 値は 0.22（片側でも p=0.11）となるため 5% 有意水準では帰無仮説を棄却できない

▶▶▶ 符号検定（大標本）

- 対の数 n が25よりも大きいとき、統計量 r は近似的に正規分布に従うため、z 検定を利用できます。
- マン・ホイットニーのU検定と同様に、r を標準化した値を z 分布表からの限界値と比較して、小さければ帰無仮説を棄却します。

r の標準化変量（補正済）

$$z_r=\frac{r-\mu_r+0.5}{\sigma_r}=\frac{r-\frac{n}{2}+0.5}{\frac{\sqrt{n}}{2}}$$

一般に、0.5を加えて連続性の補正をしておく

小標本と大標本の区別･･･ノンパラでは、小標本のときには検定表を、大標本のときには何らかの確率分布に従うことを利用して検定を実施するが、いくつ以上を大標本とするかは検定の種類によって異なる。

7 | 6

対応のある2群の量的データのノンパラ検定

～ウィルコクソンの符号付き順位検定～

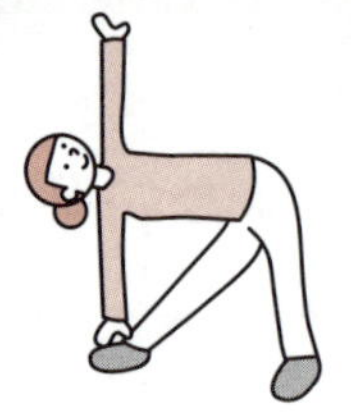

符号検定と同様に、対応のある２群の差を検定します。
検定統計量の計算に群間差の大きさを用いるため、量的データにしか用いることはできません（順位データには、符号検定を用います）。

検定統計量（T値）

- 対ごとに差を取って、その絶対値の小さい順に順位を付けます。
- 順位に符号を戻し、数の少ない方の符号における順位の和（順位和）を求め、検定統計量とします（差が０の対は計算から除外します）。

事例：ダイエット前後の中性脂肪（mg/dl）

	前	後	差
Aさん	250	120	+130
Bさん	180	155	+25
Cさん	160	145	+15
Dさん	145	125	+20
Eさん	130	135	−5
Fさん	120	130	−10

①差の絶対値の小さい順に順位を付ける

	差の絶対値	→ 順位
A	130	6
B	25	5
C	15	3
D	20	4
E	5	1
F	10	2

②順位に符号を戻す

	符号付き順位
A	+6
B	+5
C	+3
D	+4
E	−1
F	−2

③数の少ない方の符号の順位和を求める

	−の順位
A	
B	
C	
D	
E	1
F	2

順位和（T値）
1+2=3

ウィルコクソンの符号付き順位検定（Wilcoxon signed-rank test）･･･対応のある２群の量的データのノンパラ検定。対ごとの差の絶対値の順位に付けた符号のうち、少ない方の符号の順位和を検定統計量Tとする。

図解：

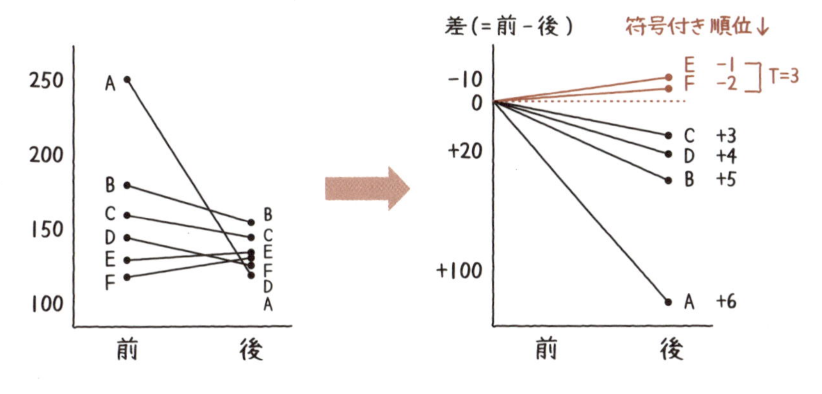

符号付き順位検定（小標本）

- 両群の分布が異なるほど統計量Tが小さくなることを利用します（下側での検定）。
- 対の数nが25以下のときには、専用の表（280ページ）を用いて検定します。

帰無仮説の分布：T値は0〜n(n+1)/2の間で分布する

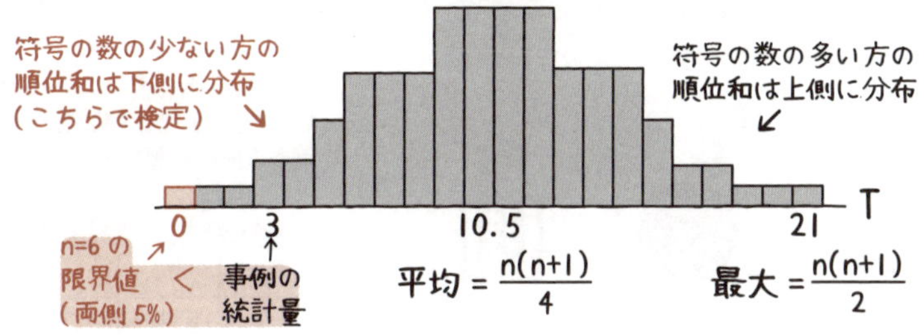

→事例では、限界値0よりも統計量3が大きいため、帰無仮説は棄却できません。

符号付き順位検定（大標本）

- 対の数nが25よりも大きいとき、統計量Tは近似的に正規分布に従うため、z検定を利用できます。標準誤差（分母）が十分大きいため、連続性の補正は不要です。

Tの標準化変量 $z_T = \frac{T-\mu_T}{\sigma_T} = \frac{T-\left\{\frac{n(n+1)}{4}\right\}}{\sqrt{\frac{n(n+1)(n+2)}{24}}}$

限界値よりも小さければ帰無仮説を棄却する

7 7

対応のない多群の順位データの検定

～クラスカル・ウォリス検定～

対応のない多群の差（一元配置分散分析）のノンパラ版です。
順位データや極端な値のある場合はもちろん、群間で等分散を仮定できない場合やデータ数が極端に異なる場合に有効です。
マン・ホイットニーのU検定を多群に拡張した手法で、χ^2分布に近似的に従う統計量を求めます（統計量の名称から「H検定」とも呼ばれます）。

▶▶▶順位和の偏り

- 全群まとめて順位を付けて、群ごとの順位和を計算します。
- 群ごとに分布の全体的な位置が異なっている（帰無仮説）と、群ごとの順位和の偏りが大きくなることを利用します。

事例：スイカ品種別甘味の官能検査（5段階評価）

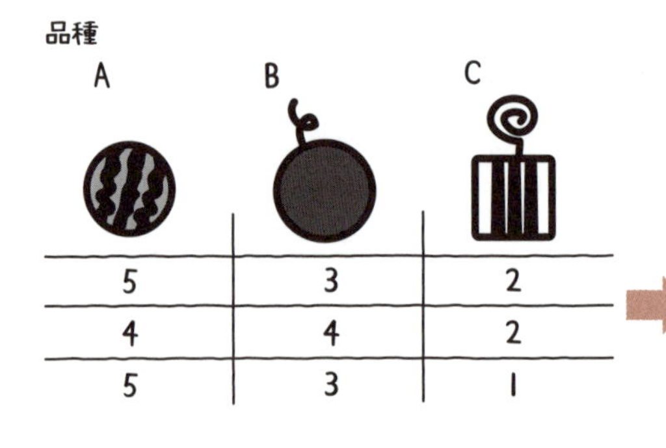

A	B	C
5	3	2
4	4	2
5	3	1

全群合わせて大きい（小さい）順に順位を付け群ごとに足して順位和Rを計算する

同値には平均の順位を付ける

A	B	C
1.5位	5.5位	7.5位
3.5位	3.5位	7.5位
1.5位	5.5位	9位
6.5	14.5	24.0

順位和R

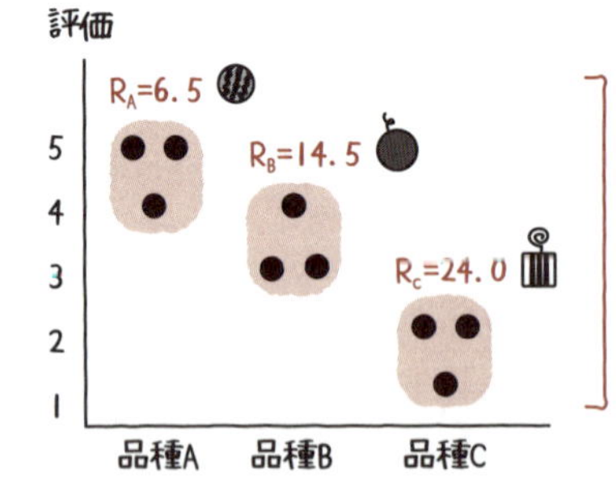

← 群間の分布の位置が異なると順位和Rの偏りが大きくなる

Rの偏りの統計量：

$$\sum_{i}^{j} \frac{R_i^2}{n_i} = \frac{6.5^2}{3} + \frac{14.5^2}{3} + \frac{24^2}{3} = 276.2$$

j：群数　　n_i：群iのデータ数
R_i：群iの順位和

クラスカル・ウォリス検定（Kruskal-Wallis test）…対応のない多群のノンパラ検定。群間の分布が異なるほど、群ごとの順位和Rの偏りが大きくなることを利用。Rの偏りをχ^2分布に従うように補正したのが検定統計量H。

▶▶▶検定統計量（H値）

- 順位和Rの偏りの統計量に対して以下の補正を施すことで近似的にχ^2分布させ、検定統計量H（TやKの記号が使われることもあります）を求めます。

$$H = \frac{12}{n(n+1)} \sum_{i}^{j} \frac{R_i^2}{n_i} - 3(n+1) = \frac{12}{9(9+1)} \times 276.2 - 3(9+1) = 6.82$$

← 事例の統計量

補正項（nは総データ数）

ソフトウェアによっては同順位があるときにはHの値を若干大きく修正している

▶▶▶H検定（小標本）

- 小標本の場合にそのままχ^2検定を実施すると、やや厳しすぎる（検出力が低下する）ため、専用の表（281ページ）を用います。
- χ^2検定なので上側のみでの検定になります（H＞限界値で帰無仮説を棄却）。
- 小標本は3群で17以下、4群で14以下とされています。

クラスカル・ウォリス検定表の一部

n_1	n_2	n_3	p=0.05
3	3	3	5.600
2	2	6	5.346
2	3	5	5.251

3群のデータ数n_iが全て3の場合の5%有意水準の限界値

事例の検定結果：
検定統計量H（6.82）は5%有意水準の限界値（5.6）よりも大きいため帰無仮説は棄却できる

→スイカは品種によって甘味に差あり

▶▶▶H検定（大標本）

- 大標本の場合には、χ^2分布表から限界値を読み取り、それよりもHが大きい場合に帰無仮説を棄却して、群間（の中央値）に差があるという対立仮説を採択します。
- χ^2分布の自由度は群数から1を引いた値となります。

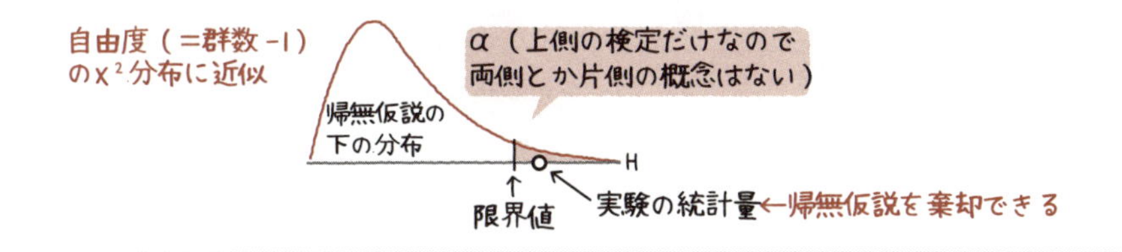

対応のある多群の順位データの検定

～フリードマン検定～

対応のある多群の差（一元配置分散分析）のノンパラ版です。
順位データや、極端な値のある量的データに有効です。
２群で実施した場合には符号検定と同じ結果になります。

▶▶▶順位和の偏り

- クラスカル・ウォリス検定と同じように、群ごとの順位和の偏りを表す統計量Ｒを求めますが、被験者（個体）内で順位を付ける点が大きく異なります。

事例：ある授業に対する満足度調査（5段階評価）

全群合わせて大きい（小さい）順に順位を付け、群ごとに足して順位和Rを計算する

	1学期	2学期	3学期
A君	3	4	5
B君	1	3	5
C君	1	2	4

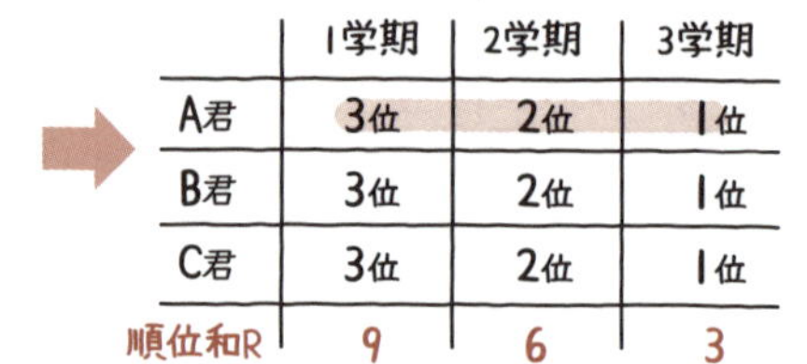

	1学期	2学期	3学期
A君	3位	2位	1位
B君	3位	2位	1位
C君	3位	2位	1位
順位和R	9	6	3

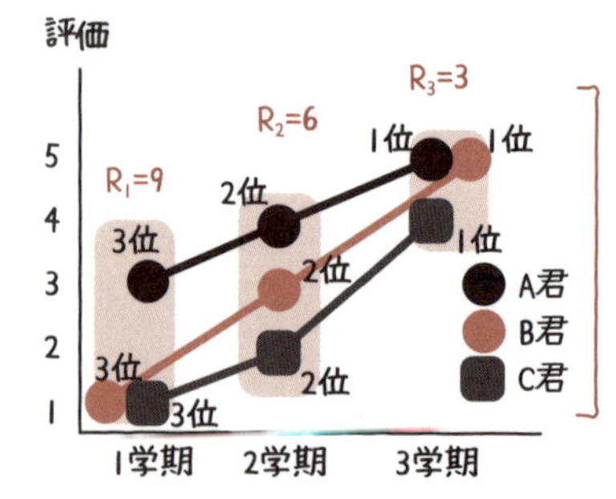

← 群間の分布の位置が異なると順位和Rの偏りが大きくなる

Rの偏り（R_iは群iの順位和）：

$$\sum_i^j R_i^2 = 9^2+6^2+3^2=126$$

どの群も同じデータ数なのでクラスカル・ウォリス検定のときと異なりR_iをn_iで割る必要はない

フリードマン検定（Friedman test）･･･対応のある多群のノンパラ検定。クラスカル・ウォリスとほぼ同じ内容だが、個体内で付けた順位を使って順位和Ｒを計算しているため、個体差を考慮できる。検定統計量はQ。

▶▶▶検定統計量（Q値）

● 順位和Rの偏りに対して以下の補正を施すことでχ^2分布に近似させます。

$$Q = \frac{12}{n\times j(j+1)}\sum_{i}^{j} R_i^2 - 3n(j+1) = \frac{12}{3\times 3(3+1)}\times 126 - 3(3+1) = 6.0$$

← 事例の統計量

補正項（nは対の数、jは群の数）

ソフトウェアでは一般に同順位があるときにはQの値を若干大きく修正している

▶▶▶フリードマン検定（小標本）

● 小標本の場合にそのままχ^2検定を実施すると、群数やデータ数によって、厳しすぎたり、緩すぎたりするため、専用の表（282ページ）を用います。

● Qが表の限界値よりも大きいとき帰無仮説を棄却します。

● 小標本は3群で9以下、4群で5以下と定義されています。

フリードマン検定表（3群）の一部

n	p=0.05
3	6.00
4	6.50
5	6.40
6	7.00

少し厳しく調整している例です

3群ので対（ペア）の数nが3の場合の5%有意水準の限界値

事例の検定結果：
検定統計量Q（6.0）は5%有意水準の限界値（6.0）以上であるため帰無仮説は棄却できる

→学期によって授業評価に差あり

▶▶▶フリードマン検定（大標本）

● 大標本の場合には、χ^2分布表から限界値を読み取り、それよりもQが大きい場合に帰無仮説を棄却して、群間（の中央値）に差があるという対立仮説を採択します。

● χ^2分布の自由度は群数から1を引いた値となります。

▶▶▶ケンドールの一致係数W

● 各被験者内で付けられた順位の一致度を示す統計量で、0～1の値を取ります。事例では、3名とも学期ごとの順位が完全に一致しているので、「1」となります。

群ではなく被験者別（事例表における行別）
↓

$$W = \frac{\text{被験者別順位和の分散}}{\text{被験者別順位和の分散の理論最大値}}$$

$\frac{\text{群数(被験者数-1)}}{12}$

ケンドールの一致係数（Kendall's coefficient of concordance）･･･被験者間の順位の一致度。被験者別に順位和の分散を、その理論最大値で割る。0～1までで、1に近いほど高一致。官能検査官の評価整合度などに利用。

Each - Other

第8章　実験計画法

フィッシャーの3原則①

～反復～

実験計画法とは、成功する実験を計画するためのルール集です。
そのルールは、R・フィッシャーによって3つの原則（反復、無作為化、局所管理）に整理されています。
また、実験計画法には、部分的な実験ですませたり、分析に最低限必要なデータ数を決める方法など、効率的な実験を計画する方法も含まれます。

フィッシャーの3原則

- 実験の失敗とは、実験後の分散分析において、効果がないのにあると誤ったり、効果があるのにないと見落としたりすることです。逆にいえば、実験での成功とは、要因効果があるときに、それをきちんと検出できることです。
- 実験の失敗は、フィッシャーが提唱した3つの原則に従えば防ぐことができます。

フィッシャーの3原則（basic principles of experimental designs）…フィッシャーが、あるべき効果をきちんと検出できる実験を実現するために提唱した、空間や時間の配置に関するルール集。反復、無作為化、局所管理。

反復の原則

- 分散分析に必要な誤差分散を評価するため、同じ水準（群、処理）内での実験を繰り返すことです。これなくしては分散分析ができません。

分散分析の検定統計量 $F = \dfrac{\text{要因分散}}{\text{誤差分散}} = \dfrac{\text{群間変動}/\text{自由度}(=\text{群数}-1)}{\text{群内変動}/\text{自由度}(=\text{データ数}-\text{群数})}$

↖ 複数のデータがなければ計算できない

事例：3段階の施肥水準の圃場実験

水準1　水準2　水準3

3反復/水準 →

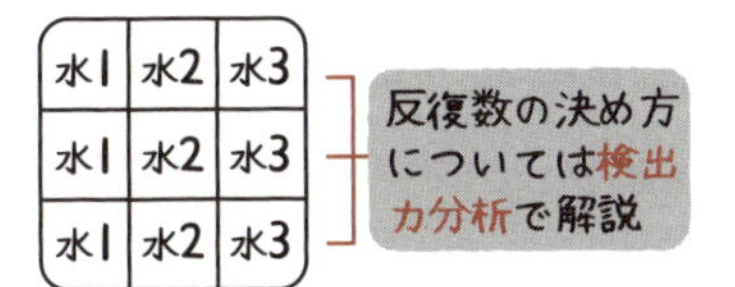

反復の利点

- F値の変動の計算で用いる平均値の測定誤差が小さくなって、実験の統計量（ひいては検定）の精度が向上します。
- 分子の群間変動が大きくなり、F値も大きくなります。加えて分母の自由度が大きくなるため、限界値が小さくなって検出力が上がります。

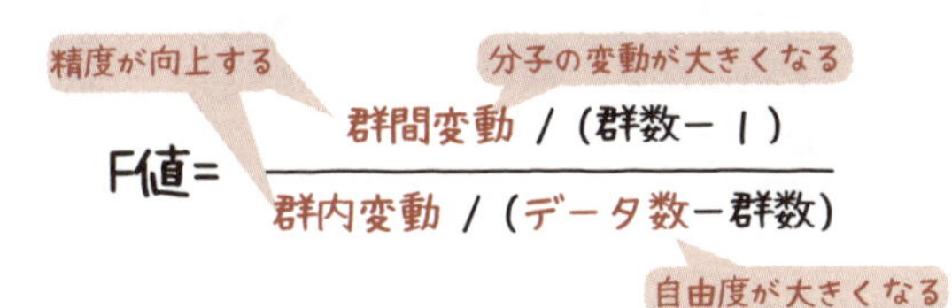

疑似反復

- 実験を1度しか行わず、同じ個体から繰り返し測定すると（疑似反復）、大きい自由度用の限界値を使ってしまうため、検定が甘くなります。

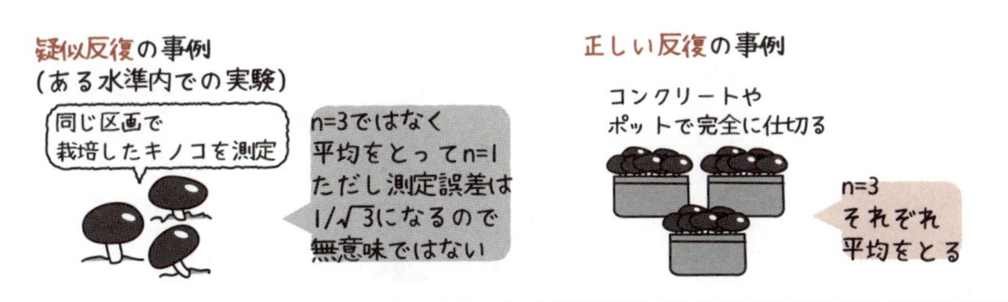

反復（replication）…独立した実験を繰り返すこと。分散分析の必須条件で、検定精度や検出力が向上する。
疑似反復（pseudoreplication）…同じ個体で測定を繰り返すなど、実験が独立していない場合は反復とはいえない。

8 2

フィッシャーの3原則②

～無作為化～

無作為化とは、本来は誤差とすべき要因が、系統だって（方向性を持って）実験結果に入り込まないよう、実験空間の配置や時間の順番を無作為に並び替えることです。

▶▶▶無作為化の原理

無作為化を実施していない事例：3水準の施肥効果を確かめる圃場実験（1～3は施肥水準）

田畑の南に林があると

どちらの効果も同じ方向で（or 真逆で）結果に入り込む（交絡する）ぞ…

施肥量 →

1	2	3
1	2	3
1	2	3

日照量 →

分散分析

同じ方向で交絡（上の例）

帰無仮説（施肥水準間に差はない）を棄却できても…

逆の方向で交絡 ⇄

帰無仮説（施肥水準間に差はない）を棄却できなくても…

施肥量の効果なのか日照量の効果なのか区別できないぞ

施肥量と日照量の効果の方向が逆で相殺されたのかも知れない…

無作為化（randomization）・・・分散分析で効果の判定を誤らないように、空間や時間をでたらめに配置することで、系統誤差を無作為誤差に転化する。順番が結果に影響を与える要因全てが対象となる。

● 無作為化とは、系統誤差（54～55ページ）を偶然誤差へ転化することです。

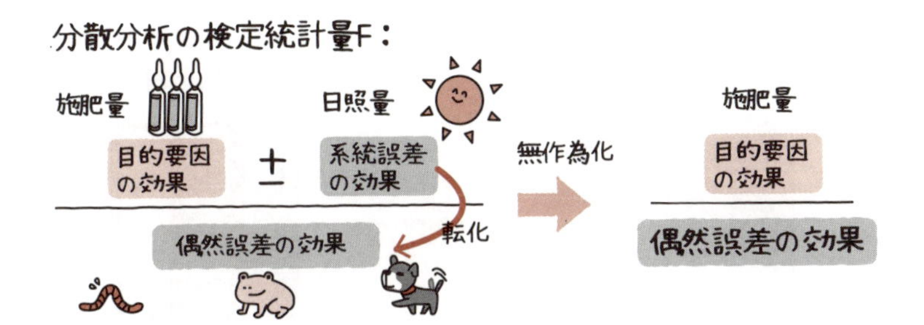

無作為化の対象

● 圃場のような空間だけでなく、実験の順番（時間）も無作為化の対象となります。

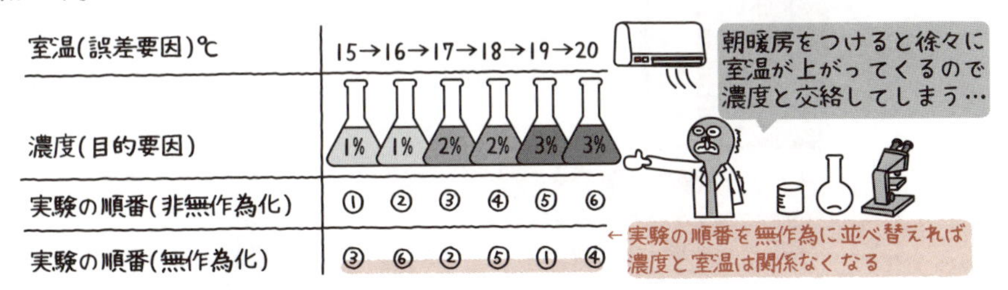

交絡（confounding）…複数の要因が結果に影響を与えていることはわかっているものの、それぞれどの程度の影響を与えているのか、分離できなくなってしまっている状態のこと。

8 3

フィッシャーの3原則③

〜局所管理〜

局所管理とは、空間的・時間的な実験の場を小分け（ブロック化）にして、その中で実験を一通り実施し、分析することです。

無作為化と同じように、目的ではない要因が系統立って実験結果に交絡しないようにする方法なのですが、偶然誤差に転化するのではなく、系統誤差自体を１つの要因として扱うことで、系統誤差そのものをなくしてしまいます。

▶▶▶ 局所管理の原則

施肥効果を確かめる圃場実験（無作為化と同じ）の事例：

全体で見れば場所によって日照量が異なる実験場も…

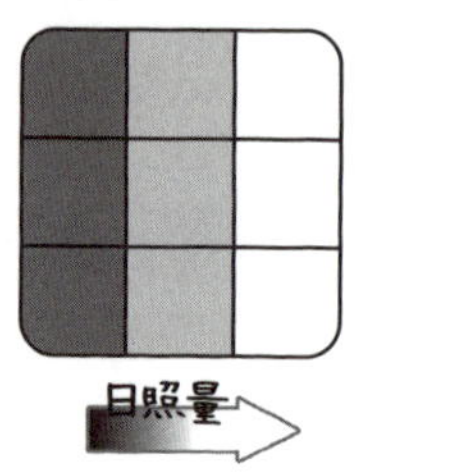

小分けしたブロックで見れば日照量は同じになる

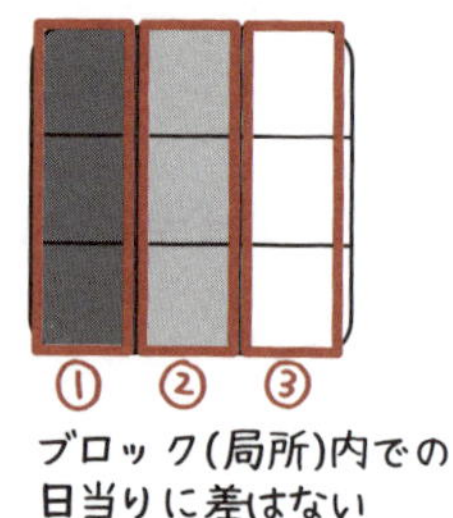

局所管理

各ブロック（局所）の中で全ての水準を実験する

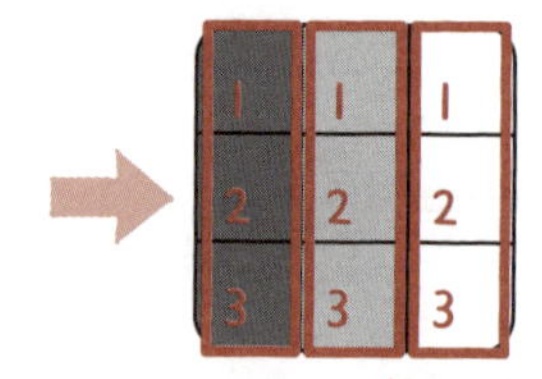

1, 2, 3=施肥水準

施肥に加えてブロックも要因として扱って分析

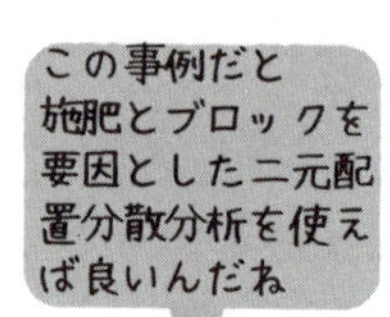

この事例だと施肥とブロックを要因とした二元配置分散分析を使えば良いんだね

局所管理（local control）･･･実験全体の空間や時間の場をいくつかに小分けし（ブロック化）、その中で実験を一通り実施して分析すること。とくに大規模な実験では、系統誤差の影響の軽減に効果的。

▶▶▶局所管理した実験の検定

- 目的要因に加えて、系統誤差も１つの要因としてとらえることで、それぞれ独立した検定が可能になります。つまり、目的要因の効果の検定から系統誤差の効果の影響がなくなります。

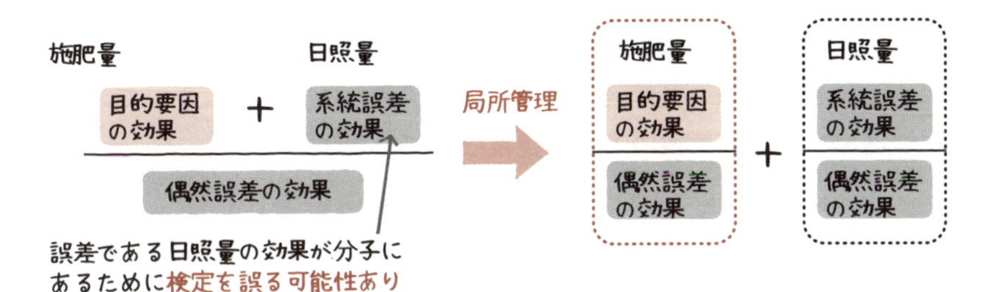

▶▶▶小分け（ブロック化）の対象

- 系統誤差として実験に入り込む要因全て（時間、場所）が対象となります。
- 実験が大きく（反復が多く）、全体を無作為化すると、かえって誤差が大きくなりそうなときに導入します。たとえば１人の検査員や、１台の製造ラインだけでたくさんのデータをとると、疲労や慣れ、摩耗など、新たな誤差が加わってしまうためです。

整理しますと、以下のような要因が小分けの対象とされます。

- 官能検査：検査員（目的要因の効果よりも個人差の影響が大きいことがよくあります。）
- 工場実験：製造ライン、原料ロット、日、作業者、出荷ロット、作業時間帯
- 農業試験：圃場の区画、植物工場の棚、果樹個体、播種日、収穫日
- アンケートや聞き取り調査：調査員、訪問地域、回答日

ブロック（block）･･･局所管理で小分けにした空間や時間のことで、ブロック自体を１つの誤差要因（ブロック要因）と考える。対応のある分散分析における各個体（被験者）にあたる。

いろいろな実験配置

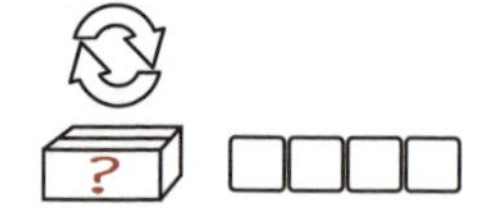

フィッシャーの3原則を全て満たした実験を「乱塊法(らんかいほう)」、反復と無作為化のみを満たした実験を「完全無作為化法」と呼びます。
どちらを使って実験を計画すべきかは、実験の規模や、交絡が予想される系統誤差の性質、当該分野の慣例などによって決定します。
ほかにもラテン方格法や分割区法など、系統誤差の性質や数によっていろいろな実験の時間や空間の配置の方法が提案されています。

完全無作為化法と乱塊法

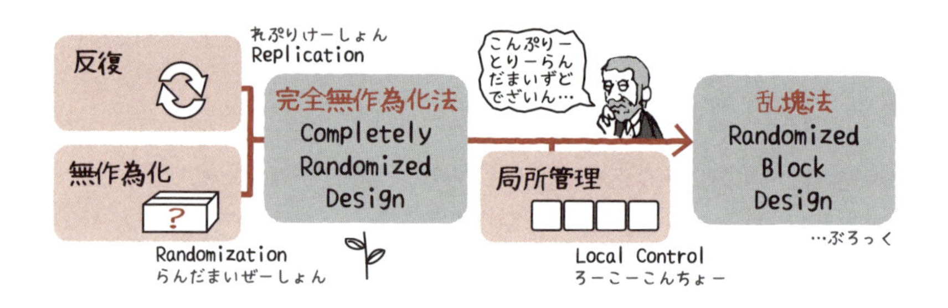

圃場の事例(1～3は目的要因の水準)

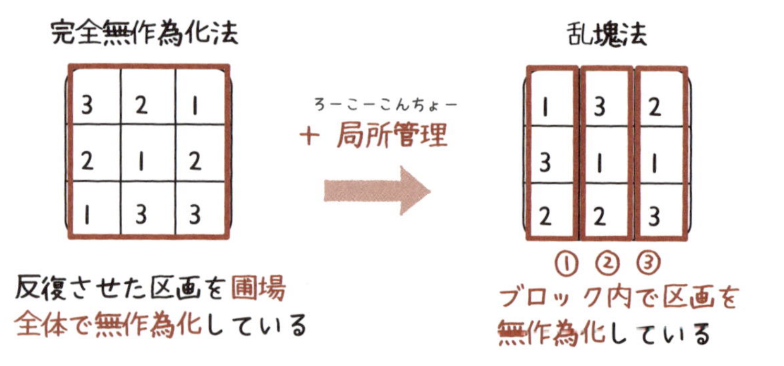

反復させた区画を圃場全体で無作為化している

ブロック内で区画を無作為化している

コツ：規模の大きい(反復の多い)実験や、個人差など効果の大きな、かつ無作為化の難しい系統誤差の交絡が予想される場合には、局所管理を導入した乱塊法を選ぶと良いでしょう。

完全無作為化法 (completely randomized design) …反復と無作為化を実施する実験配置で、小規模実験に向いている。誤差変動は大きくなるものの、自由度は減らないため、乱塊法よりも誤差分散が小さくなることもある。
乱塊法 (randomized block design) …反復、無作為化に加えて局所管理の3原則全てを取り入れた実験配置。ブロック要因の影響が大きく、反復数の多い大規模な実験に向いている。

ラテン方格法

- 乱塊法を発展させ、ブロック要因を２つ導入した実験をラテン方格法と呼びます。ラテン方格とは、ｎ行ｎ列の表の各行列に、ｎ個の異なる数字や記号が１回だけ現れるようにした表のことです。
- 目的要因に加えて２つのブロック要因を導入したことになるので、三元配置となります（交互作用はないことが前提です）。

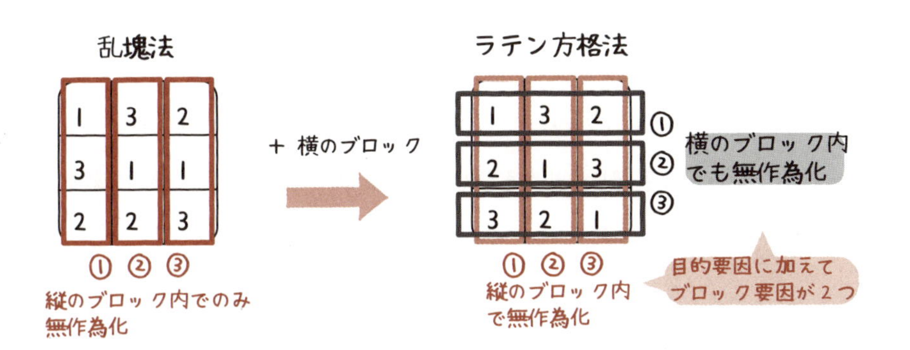

分割区法

- ２つ以上ある要因のなかで、水準の変更が容易でない要因がある場合、実験をいくつかの段階に分割し、段階ごとに完全無作為化法や乱塊法、ラテン方格法を適用すると、無理のない実験が行えます。
- 下の例は、要因が２つ（灌水と施肥）で、１次要因に完全無作為化法を、２次要因に乱塊法を使用しています。

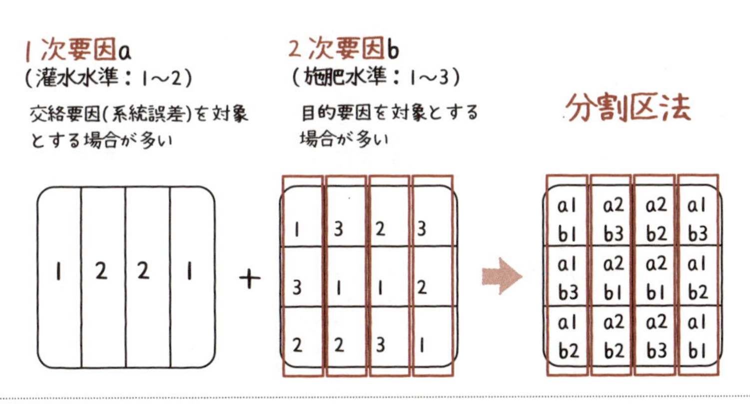

ラテン方格法（Latin square design）･･･ブロック要因を２つ導入した実験配置で、交互作用のない三元配置の実験となる。
分割区法（split-plot design）･･･水準変更の難しい要因がある場合に、実験をいくつかの段階に分割して実施する方法。

8 | 5

実験を間引いて実施する

～直交計画法～

効果を確かめたい要因がたくさんありすぎて、実験の組み合わせが膨大になりそうなとき、その一部を実験するだけで済ます方法です。
直交表を用いて要因・水準の組み合わせを間引き、観測したデータに分散分析を実施します。品質工学やマーケティングの分野で応用されています。

▶▶▶ 直交計画法の役割

工業分野や、いちから手探りの初期実験などでは、効果を確かめたい要因の候補がたくさん出てきてしまいます。

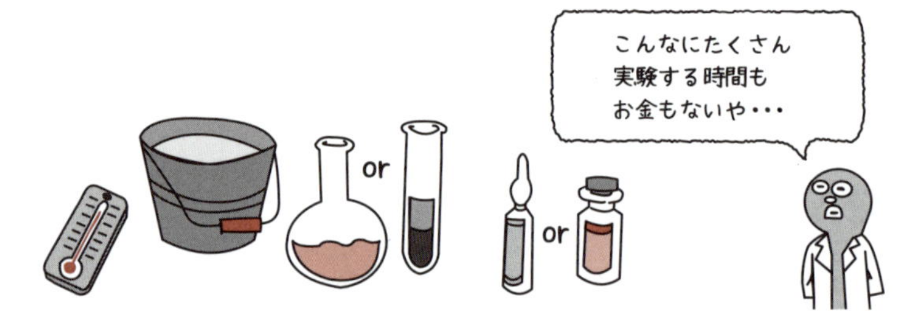

or
or
こんなにたくさん
実験する時間も
お金もないや・・・

たとえば、2水準しかない要因でも、4つあると2^4で16通りの組み合わせとなり、実験を最低（反復させない場合でも）16回行わなければなりません。

直交表を用いて実験を計画すると・・・

半分の8つの実験を実施するだけで済んでしまいます。

それはとっても助かる！
でもなぜそんなことが
可能なのだろう・・・

直交計画法（orthogonal design method）・・・直交表に要因を割り当てることで実験の組み合わせ数を削減し、効率化を図る方法。効果を検証したい要因がたくさんある実験に有効。ただし、要因間は無相関であることが前提条件。

▶▶▶直交表とは？

- 直交表とは、どの2列をとっても、水準の全ての組み合わせが同数回現れるように配列させた表のことです。この直交表に要因を割り付けることで、実験数を減らします。
- 直交とは各要因が独立していることを意味しますので、要因間の相関係数はゼロになります。

直交表の例：$L_8(2^7)$ 型

2水準の要因が7つの場合の実験組み合わせを8つに減数させるためのラテン方格法

主効果や交互作用、誤差を配置

$L_8(2^7)$	列1	列2	列3	列4	列5	列6	列7
①	1	1	1	1	1	1	1
②	1	1	1	2	2	2	2
③	1	2	2	1	1	2	2
④	1	2	2	2	2	1	1
⑤	2	1	2	1	2	1	2
⑥	2	1	2	2	1	2	1
⑦	2	2	1	1	2	2	1
⑧	2	2	1	2	1	1	2

実験の数（組み合わせの数）

水準の値

実験数（行）が要因数（列）より1つ大きくなっている（行≦列だと計算できないよ）

★どの列も水準1と水準2が4回ずつ現れている
★どの2列をみても、水準1と水準2の全ての組み合わせ（1・1、1・2，2・1，2・2）が2回ずつ現れている

▶▶▶いろいろな直交表

- ほかにも、水準の数や要因の数によって、いろいろな種類の直交表が考案されています（自分で作ることもできます）。
- なお、混合系では、交互作用の検定はできません。

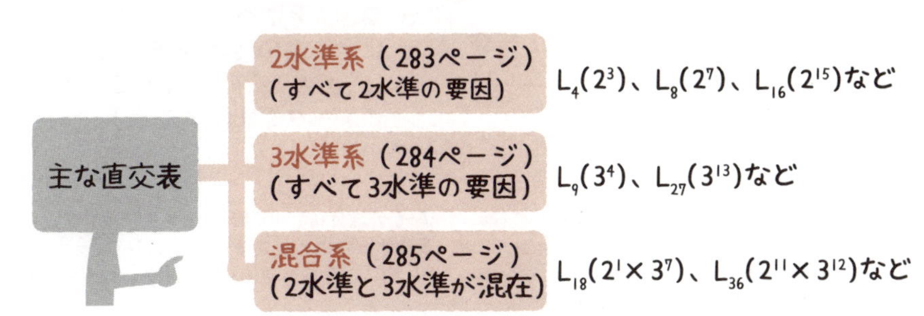

直交表（orthogonal table）･･･どの2列（列には要因を割り付ける）をとっても、水準の全組み合わせが同数回現れるように配列された表。全ての列が同じ水準数の表と、異なる水準数の列が混在している表とがある。

直交表の原理

- もっとも基本的な$L_4(2^3)$型直交表を事例に原理を解説します。前ページの$L_8(2^7)$型直交表の第１、３、５、７行を左３列で抽出すれば、この表になるので理解しやすいでしょう。
- この表は２水準の要因が２つある場合、つまり二元配置を基本に作られています。

$L_4(2^3)$	列1	列2	列3
実験①	1	1	1
実験②	1	2	2
実験③	2	1	2
実験④	2	2	1
	要因A	要因B	交互作用(誤差含む)

2水準の要因を3つまで（交互作用を含む）割り付けられる表で、本来8つ必要な実験を4つにまで削減できる

2つの要因をA、Bとすると左から最初の列に要因A、2列目に要因B 3列目に交互作用（A×B）を割り付ける。ただし、最後の列には誤差も含まれている（注1・2）

表頭に要因A、表側に要因Bとした表に書き換えてみると…

		要因A 水準1	要因A 水準2
要因B	水準1	実験①のデータ	実験③のデータ
	水準2	実験②のデータ	実験④のデータ

二元配置分散分析（114ページ）と同じ形の表になる

要因Bをみるには実験①・③と実験②・④（L_4表第2列の1・1と2・2）のデータを比較する

要因Aをみるには実験①・②と実験③・④（L_4表第1列の1・1と2・2）のデータを比較する

要因AとBの交互作用をみるには実験①・④と実験②・③（L_4表第3列の1・1と2・2）のデータを比較する

注1：$L_4(2^3)$型直交表のデータは「繰り返しのない二元配置分散分析」で要因AとBの主効果を検定できますが、交互作用については誤差と交絡しているため、反復させないと検定できません。
注2：交互作用A×Bがないことが仮定できるならば、第3列に3番目の要因を配置することもできます（165ページのラテン方格法がまさにこれです）。

線点図（linear graphs）…実験で検証したい要因の主効果を「点」、交互作用をそれらを結ぶ「線」で表した図。各直交表にいくつか用意されているので、実験と同じ構造の線点図が見つかれば割り付けが容易になる。

▶▶▶L8直交表への割り付け

- 2水準型や3水準型では、列に割り付ける要因が決められています（混合型は、どの列にどの要因を割り付けてもOK）。
- よく使われる$L_8(2^7)$型直交表を使って、要因の割り付け方を解説します。

$L_8(2^7)$	列1	列2	列3	列4	列5	列6	列7
実験①	1	1	1	1	1	1	1
⋮	2から8行目は省略						

- $L_8(2^7)$型は三元配置が基本です。3つの要因をA、B、Cとしますと、最初の列に要因A、2列目に要因B、3列目にそれらの交互作用A×B、4列目に要因C、5列目にA×C、6列目にB×C、7列目にA×B×Cが割り付けられています。

$L_8(2^7)$	A	B	AxB	C	AxC	BxC	AxBxC
実験①	1	1	1	1	1	1	1
⋮	2から8行目は省略						

- 7列目に割り付けられている3要因の交互作用は極めて小さいことが多いので、普通は代わりに4つめの要因Dを割り付けます。
- 誤差がないと分散分析を実施できないので、どれか1列を誤差用に割り付けます。一般には、興味のない交互作用の列（2列以上でもOK）を誤差とします。

- 下がL_8表でもっとも用いられることの多い割り付けパターンです。

$L_8(2^7)$	A	B	AxB	C	AxC	誤差	D
実験①	1	1	1	1	1	1	1
⋮	2から8行目は省略						

←一番オーソドックス

- ほかにも割り付けパターンはいろいろ考えられます。極端な例では、交互作用のないことを仮定できれば、下のように6つの要因を割り付けられます（1列は誤差）。

$L_8(2^7)$	A	B	C	D	E	誤差	F
実験①	1	1	1	1	1	1	1
⋮	2から8行目は省略						

誤差の割り付け…効果を検定するために、直交表のいずれか1列以上を誤差に割り付ける必要がある。ただし、Lenthの疑似標準誤差を用いれば、誤差列のない飽和計画でも検定できる。

▶▶▶L8直交表への割り付け～つづき～

- 前ページで紹介した割り付けパターンを用いて実験を計画してみましょう。このパターンは、要因4つ（A、B、C、D）と、交互作用2つ（A × B、A × C）を検定するための割り付けです。
- 要因Bと要因Cの交互作用（B × C）に興味がないので6列目に誤差を割り付けています。
- 要因DはA × B × Cの代わりに割り付けているので、ほかの要因と交互作用を発揮しない要因を割り付けてください（交絡してしまいます）。

$L_8(2^7)$	A	B	AxB	C	AxC	誤差	D
①	1	1	1	1	1	1	1
②	1	1	1	2	2	2	2
③	1	2	2	1	1	2	2
④	1	2	2	2	2	1	1
⑤	2	1	2	1	2	1	2
⑥	2	1	2	2	1	2	1
⑦	2	2	1	1	2	2	1
⑧	2	2	1	2	1	1	2

主効果を確かめたい4つの要因から水準の割り付けを抜き出す
（交互作用や誤差の列は用いない）

$L_8(2^7)$	A	B	C	D
実験①	1	1	1	1
実験②	1	1	2	2
実験③	1	2	1	2
実験④	1	2	2	1
実験⑤	2	1	1	2
実験⑥	2	1	2	1
実験⑦	2	2	1	1
実験⑧	2	2	2	2

8つの実験を行えばOK

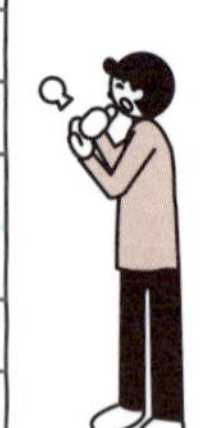

たとえば
一番上の実験①は
4つの要因の水準
を全部「1」にした
実験という意味か

多水準法（multi-level method）･･･ 2水準系直交表に4水準の要因を割り付ける方法。2列を統合して1つの列とする。
擬水準法（pseudo-level method）･･･ 2水準系直交表に3水準の要因を割り付ける方法で、多水準法の応用型。

▶▶▶直交計画に基づく実験データの検定（L8表の場合）

●検定したい主効果や交互作用において、水準１のデータと水準２のデータ平均から分散比（Ｆ値）を検定します。要因Ａの主効果を検定してみましょう。

$L_8(2^7)$	A	B	AxB	C	AxC	誤差	D	データ
①	1	1	1	1	1	1	1	1
②	1	1	1	2	2	2	2	4
③	1	2	2	1	1	2	2	1
④	1	2	2	2	2	1	1	5
⑤	2	1	2	1	2	1	2	3
⑥	2	1	2	2	1	2	1	8
⑦	2	2	1	1	2	2	1	4
⑧	2	2	1	2	1	1	2	9

水準１の群平均 2.75
-1.625
水準２の群平均 6.00
+1.625
4.375 総平均
要因Aの群間変動

①まず、総変動を計算します。各データと総平均との偏差の２乗和です。

復習：総変動＝$\Sigma\Sigma(x_{ij}-\bar{x}..)^2$　ただし、iは反復数、jは群（水準）数

本事例の総変動＝$(1-4.375)^2+(4-4.375)^2+\cdots+(9-4.375)^2=59.875$

②要因Ａの主効果による変動（群間変動）を計算します。上図の破線矢印。

復習：要因（群間）変動＝$i\Sigma(\bar{x}_{.j}-\bar{x}..)^2$

水準１（1、4、1、5）の群平均2.75と総平均4.375の偏差＝－1.625

水準２（3、8、4、9）の群平均6.00と総平均4.375の偏差＝＋1.625

群間変動（反復数は4）＝$4\times\{(-1.625)^2+(1.625)^2\}=21.125$

要因分散（自由度は群数２－総平均数１で1）＝21.125÷1＝21.125

③同じ方法で、４つの要因と２つの交互作用の変動全てを計算します。

要因Ｂが1.125、要因Ｃが36.125、要因Ｄが0.125、Ａ×Ｂが0.125、Ａ×Ｃが1.125

④総変動から全ての要因変動を引いた残りが誤差変動となります。

誤差変動＝59.875－21.125－1.125－36.125－0.125－0.125－1.125＝0.125

誤差分散（自由度も総変動の自由度７から各要因の自由度１を引いた残りの「1」となります）＝0.125÷（7－6）＝0.125

⑤要因分散÷誤差分散でＦ値を計算し、限界値（自由度1、1）と比較判定します。

要因ＡのＦ値＝21.125÷0.125＝169.0　＞　限界値（5%）＝161.45 ←有意

直交計画法の欠点･･･直交計画法の欠点として、①交互作用が一部、もしくは全く検定できないこと。②反復数が少ないため、検出力が落ちること。③水準数の多い要因は扱い難いことなどがある。

8 | 6

直交計画法の応用①

～品質工学（パラメータ設計）～

品質工学は、効率的に技術開発や新製品開発を行うために、日本人の田口玄一が考案した方法論なので、タグチ・メソッド（TM）とも呼ばれます。

品質工学

- パラメータ設計、オンライン品質工学、MTシステムの3つから構成され、パラメータ設計で直交表が用いられます。

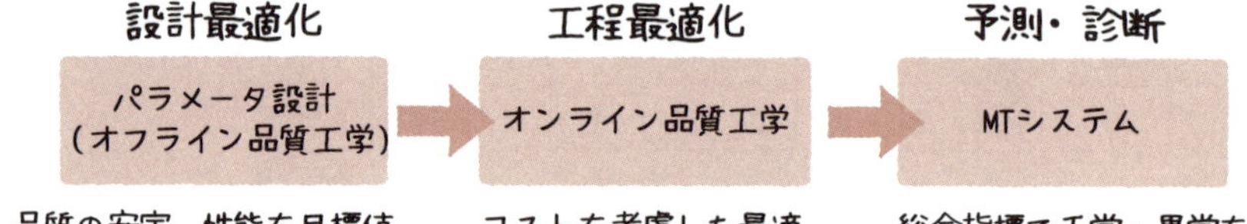

パラメータ設計の目的

- 直交表を用いて、品質のバラツキが最も小さくなる制御因子（パラメータ）と水準の組み合わせを見つけることです。バラツキの指標にはSN比が用いられます。

品質工学（quality engineering）…技術開発に求められる要件を効率的に実現していくための方法論で、タグチメソッドとも呼ばれる。品質工学を構成する3システムのうち、最初のパラメータ設計で直交計画法が用いられる。

▶▶▶パラメータ設計の概要

- パラメータ設計では、設計の実用性を高めるため、交互作用を想定しない$L_{18}(2^1 \times 3^7)$などの混合系の直交表を用います。
- 信号因子とともに誤差因子を直交表の外側に配置することで、誤差を発生させる外的要因を積極的に設計に取り入れているところに特徴があります。

	制御因子								信号因子M_1		信号因子M_2			
L_{18}	A	B	C	D	E	F	G	H	誤差N_1	誤差N_2	誤差N_1	誤差N_2		SN比
①	1	1	1	1	1	1	1	1	$y_{1,1,1}$	$y_{1,1,2}$	$y_{1,2,1}$	$y_{1,2,2}$	→	η_1
②	1	1	2	2	2	2	2	2	$y_{2,1,1}$	$y_{2,1,2}$	$y_{2,2,1}$	$y_{2,2,2}$	→	η_2
⋮	⋮	⋮	⋮	⋮	⋮	⋮	⋮	⋮	⋮	⋮	⋮	⋮	計算	⋮
⑱	2	3	3	2	1	2	3	1	$y_{18,1,1}$	$y_{18,1,2}$	$y_{18,2,1}$	$y_{18,2,2}$	→	η_{18}

直交計画法（内側配置）　　パラメータ設計特有の配置（外側配置）

・特性（y）：安定させる対象、つまり計測される実験結果（たとえばエンジンのトルク）
・信号因子（M）：特性を自由に変化させることのできる要因（ガソリンの噴射量）
・誤差因子（N）：制御の難しい外的要因（気温、湿度、気圧、大気の汚れなど）
・SN比（η）：バラツキの小ささを示す指標（トルクの安定性）
・制御因子（A～H）：制御できる実験条件（シリンダーやピストンの形状や材質、スロットルバルブやフューエルインジェクションの制御方法など）。

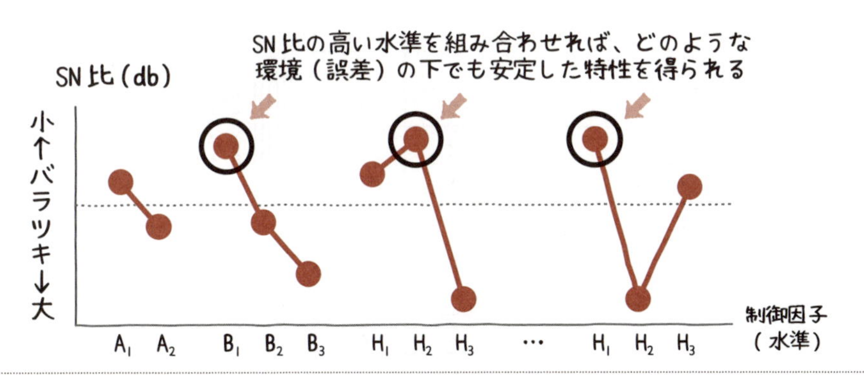

パラメータ設計（parameter design）…設計（オフライン）段階において、品質を安定させ、性能が目標に近づくような条件の組み合わせを見つけること。交互作用を前提しないL18などの混合系の直交表が用いられる。

8 | 7

直交計画法の応用②
～コンジョイント分析～

消費者が、どのような製品やサービスを好んでいるのかを調べる（マーケティング・リサーチの）ための方法です。
消費者実験で、被験者の負担を減らすために直交計画法を用います。

コンジョイント分析

- コンジョイント分析では、属性（要因）と水準とを組み合わせたプロファイルを直感的に評価させることで、どのような属性や水準が重視されているのかを明らかにします。

事例：スマホのマーケティング

手順①：属性と水準の決定

	画面	おサイフ	防水	TV
水準1	4インチ	なし	なし	なし
水準2	5インチ	あり	あり	あり

←要因を属性と呼ぶ

組み合わせを減らすため直交表を使うので2～3水準程度に抑えておく

手順②：プロファイル（属性と水準からなる仮想製品）の作成

- 属性や水準数に適した直交表に割り付け、プロファイルを作成します。本事例では4つの属性が全て2水準なので$L_8(2^7)$直交表の1・2・4・7列に割り付けてみます。

プロファイルNo.	画面	おサイフ	防水	TV	評点
①	1	1	1	1	1
②	1	1	2	2	4
③	1	2	1	2	2
④	1	2	2	1	3
⑤	2	1	1	2	5
⑥	2	1	2	1	7
⑦	2	2	1	1	6
⑧	2	2	2	2	8

6点！

⑦
画面　5インチ

⑧
画面　5インチ
おサイフ　あり
防水　あり
TV　あり

絵や文字で属性・水準の組み合わせを示したカード8枚を回答者に見せて、どれぐらい欲しいかを点数で評価してもらう

コンジョイント分析（conjoint analysis）…商品に対する消費者評価から、商品の持つ属性（要因）ごとの重要度（消費者の好み）をとらえるとともに、商品全体の魅力をシミュレーションするマーケティング手法。

手順③：部分効用の計算

- 属性（4列）を説明変数、評点を被説明変数として重回帰分析（196ページ～）を実施します。
- この回帰係数は、コンジョイント分析では部分効用と呼ばれ、水準2を消費したときの満足度を、水準1を基準（ゼロ）にして表したものです。
- ただし、このままだとわかりにくいので、平均を0とした値に変換します。画面属性だと、水準1（4インチ）の部分効用を－2.00、水準2（5インチ）を＋2.00とすれば、平均が0になります。

重回帰分析の結果

	回帰係数
画面	4.00
おサイフ	0.50
防水	2.00
TV	0.50
切片	-6.00

手順④：重要度の計算

- 各属性の重要度は、当該属性の部分効用のレンジ（最大値と最小値の差）を、全体に占める比率にしたものです。たとえば画面属性の部分効用のレンジは、水準2の効用2.00から水準1の効用－2.00を引いた4.00となります。同じように、おサイフの重要度は0.50、防水は2.00、TVは0.50となり、合計は7.00となります。よって、画面の重要度は4.00 ÷ 7.00で、57.1%となります。
- 部分効用や重要度の表現方法は様々ですが、たとえば事例の結果は以下のようにまとめるとわかりやすいでしょう。

属性	水準	部分効用（-2 -1 0 +1 +2）	重要度（%）
画面	5インチ		57.1
	4インチ		
おサイフ	あり		7.1
	なし		
防水	あり		28.6
	なし		
TV	あり		7.1
	なし		

この消費者にとってスマホの仕様で一番重要なのは画面の大きさで、次が防水機能であることがわかる。
よって、この消費者をターゲットとしたショップでは、おサイフ機能やTV機能よりも、5インチで防水機能の付いたスマホを扱えばよいことになる。

プロファイルカード（profile card）…回答者（消費者）に示すために、各属性と水準を組み合わせて仮想商品を描いたカード。このカード作成場面で直交表を使用すれば、回答者の負担を大幅に軽減できる。

8 8

標本サイズの決め方

～検出力分析～

検定の標本サイズは、小さすぎても大きすぎてもいけません。
実験に先立ち、検定で確かめたい程度の差（効果）をきちんと検出できる、ちょうどよい標本サイズを決める必要があります。
面倒な計算が必要ですので、最後に無料ソフトRによる方法を紹介します。

▶▶▶標本サイズと検出力分析

- 信頼区間の推定では標本サイズnは大きいほどよいのですが、検定ではnが大きすぎると意味のないわずかな差でも検出してしまいます。
- ここでは、検定にちょうどよい標本サイズを決める方法を紹介します。

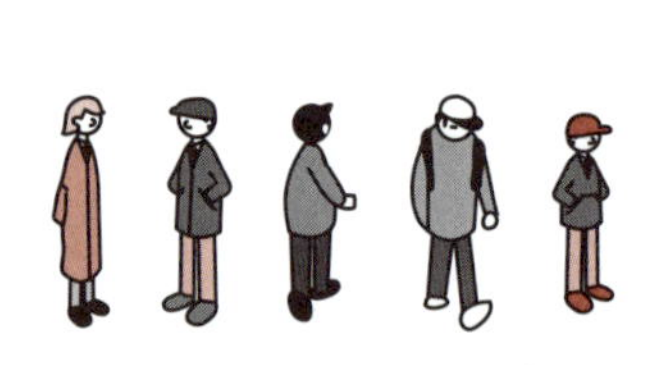

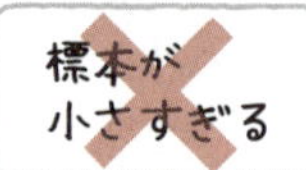

十分な差（効果）が存在していても検出できない：検出力が低すぎるため

意味のないわずかな差でも検出してしまう：検出力が高すぎるため

↓ ちょうどよい標本サイズは？

検定によって方法が異なるので、ここでは2群のt検定と分散分析について解説 → **検出力分析**（Power Analysis）

検出力分析は2種類

- **事前分析（A priori）**：実験に先立ち、実験で目指す検出力を実現するための標本サイズを決定
- **事後分析（Post hoc）**：実験後に、実施した検定がどの程度の検出力だったのかを確認

検出力分析（power analysis）…検出力を取り巻く標本サイズや過誤確率に関する分析方法の総称。事前に標本サイズを決定する方法のほか、事後に効果量や検定力を計算する方法、過誤確率α・βを求める方法などからなる。

▶▶▶有意水準と検出力（復習）

- **検出力分析**は、その名の通り検出力を中心に考えて行きますので、ここでは密接な関係にある有意水準と検出力について復習しておきましょう。
- 有意水準は、その検定において、許容できる第一種の過誤（帰無仮説H_0が真であるにもかかわらず棄却してしまう過ち）を犯す危険率のことで、αで表します。
- 検出力は、第二種の過誤（対立仮説H_1が真であるにもかかわらず、帰無仮説H_0を採用してしまう過ち、確率はβで表記）を犯さない確率のことで、βの補数（$1-\beta$）となります。

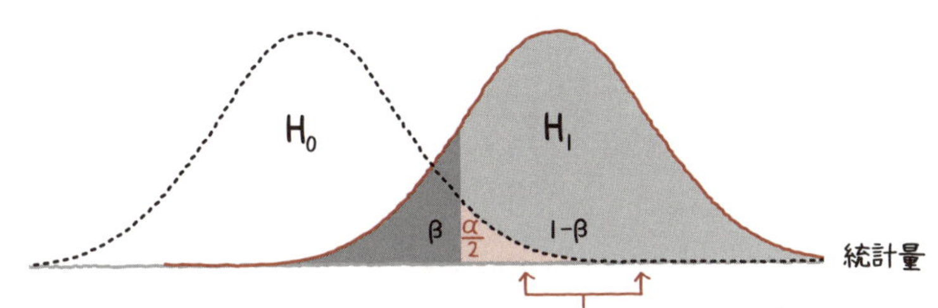
H0
H1
β
α/2
1-β
統計量
有意水準αは小さく、検出力（1-β）は高い方が良いが
同じ標本サイズで同じ効果量（次ページ）の場合
両者はトレードオフの（両立できない）関係にある

▶▶▶検出力を決める3要素

- 検出力の高さは、有意水準、効果量、標本サイズの3つの要素から決まります。それらの関係を整理すると下図のようになります。

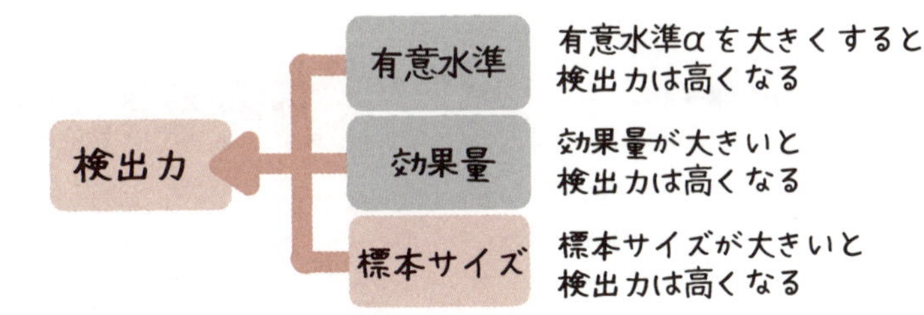
検出力
有意水準
効果量
標本サイズ
有意水準αを大きくすると
検出力は高くなる
効果量が大きいと
検出力は高くなる
標本サイズが大きいと
検出力は高くなる

有意水準と効果量が事前に推測できれば
目指す**検出力**を実現できる**標本サイズ**を計算できる

標本サイズの決め方･･･その検定で許容できる第一種の過誤の確率（有意水準）、実験で検証する要因の影響の大きさ（効果量）、その検定に期待する能力（検出力）を設定することで、事前に求めることができる。

▶▶▶効果量

- 効果量とは、効果そのものの大きさ（相関の強さや薬の効めなど）のことです。いいかえると、帰無仮説がどれだけ正しくないかを表す指標です。同じ有意水準で同じ標本サイズならば、効果量が大きくなるほど検出力は高くなります。
- 要因の持つ本来の性質なので、標本サイズとは全く関係ありません。
- p値など、検定結果とも直接は関係ありません。効果量が大きくても標本が小さくて検出力が低いために差が検出できないこともあります。

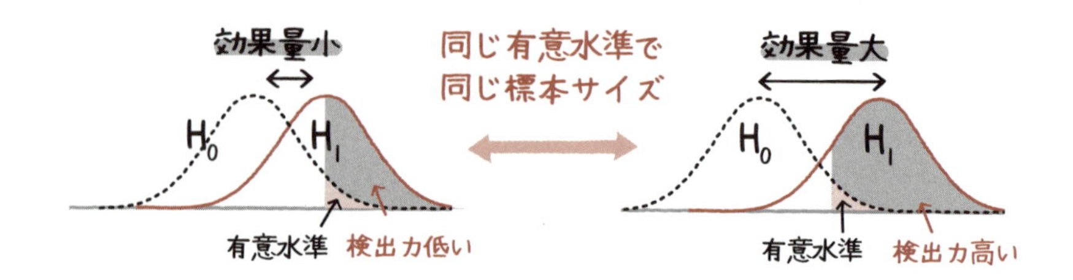

▶▶▶効果量の計算

- 効果量の計算方法は検定によって異なります（同じ検定でも異なる効果量の計算方法が考案されています）が、いずれも検定統計量から標本サイズや自由度の影響を取り除く内容となります。統計量からの主な計算式を紹介しておきましょう（！）。

対応のない2群の平均の差のt検定の効果量 $\hat{d}$	$\lvert t値 \rvert \times \sqrt{\frac{n_1+n_2}{n_1 \times n_2}}$
対応のある2群の平均の差のt検定の効果量 $\hat{d}$	$\lvert t値 \rvert \times \sqrt{1/n}$
分散分析の効果量 $\hat{f}$	$\sqrt{F値 \times \frac{群間変動の自由度}{群内変動の自由度}}$

実験結果からしか効果量は計算できないにも関わらず、標本サイズを決めるには事前に効果量が必要です。ですから先行研究などを参考に推定しますが、それも難しい場合には適当な値を置いておくしかありません。たとえば、t検定のdの場合、効果量が小さいと予想されるならば0.2、中ぐらいならば0.5、大きいならば0.8程度を、分散分析のfの場合は小で0.1、中で0.25、大で0.4ぐらいが適当とされています。なお、上の計算式では標本から推定しているため、^（ハット）記号が付いています。

効果量（effect size）…原因が結果に及ぼす影響そのものの大きさを表す統計量の総称。実際には真の（母集団の）効果量は不明なので、標本から計算された検定統計量から自由度に依存している部分を取り除いて推定する。

演習

下の表は、対応のある２群の平均の差の検定において示した「被験者３名に降圧剤を投与した前後の血圧（収縮期）」の事例です。ここから効果量 $\hat{d}$ を計算してみましょう。まず、ｔ値を計算します（96ページ参照）。

被験者	投薬前 (x_1)	投薬後 (x_2)	差 d (x_1-x_2)
Aさん	180	120	60
Bさん	200	150	50
Cさん	250	150	100
平均	$\bar{x}_1=210$	$\bar{x}_2=140$	$\bar{d}=70$

検定統計量であるt値は、下式から 4.6 となった（p値 =0.04）

$$t_{\bar{d}} = \frac{\bar{d}}{\hat{\sigma}/\sqrt{n}} = \frac{70}{26.5/\sqrt{3}} = 4.6$$

- しかし、この式では分母に標本サイズ（n=3）が使われているため、標本サイズを増やすだけで、同じ薬を使っているにもかかわらずt値がさらに大きくなってしまう（p値が小さくなってしまう）可能性が高くなります。検定結果ではなく、この薬の効果そのものを知りたい場合には困ってしまいますね。

- そこで、このt値に $\sqrt{1/n}$ をかけて標本サイズの影響を取り除いた値が効果量です（左ページ２番目の式）。

$$効果量\ \hat{d} = t_{\bar{d}} \times \sqrt{\frac{1}{n}} = 4.6 \times \sqrt{\frac{1}{3}} = 2.6$$

※それでは、効果量だけあればよく、検定統計量やｐ値は不要なのかというと、そうではありません。効果量には、誤差や確率の概念がないので、手元のデータがたまたま偶然に効果の大きいものであった場合でも、それ（偶然の度合い）を判定できません。

ｄ族とｒ族･･･効果量には、群間差の大きさを表すｄ族と、群間の関連性の大きさを表すｒ族の２種類がある。本節で紹介した効果量はｄ族（の推定量）で、各種の相関係数や連関係数などはｒ族である。

▶▶▶検出力の計算

- 事前に標本サイズを決めるには、「このぐらいの検定力は欲しい」という目標値を定めておく必要があります(❗)。
- 事前の検出力は、上側の片側検定ならば、対立仮説 H_1 の統計量の分布のうち、限界値よりも大きい部分（確率）です。

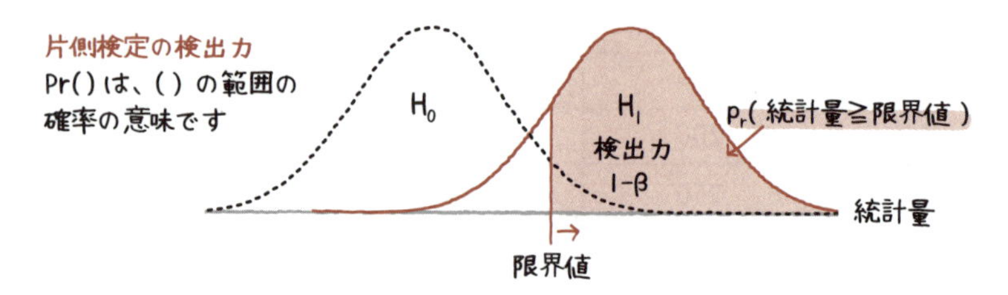

- 分散分析は片側検定だけなので問題ありませんが、t 検定などの両側検定はちょっと面倒です。というのも、下側の限界値（負符号）よりも小さな部分も求めて、それらの和を検出力（1 − β）としなければならないからです。ただし、「片側で α /2の検定」と「両側で α の検定」の検出力は同じです。

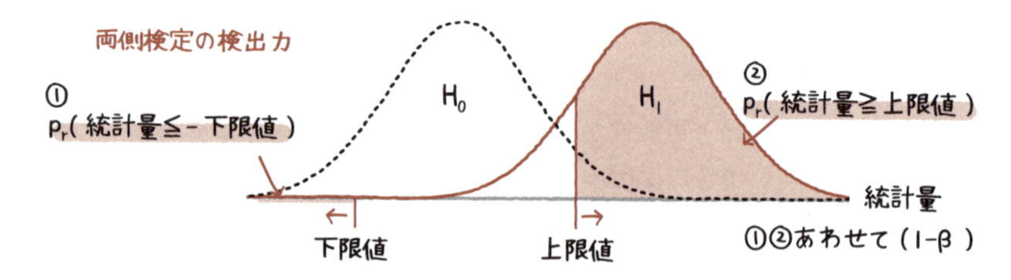

- 限界値よりも外側の確率を計算するには非心分布の知識が必要です。かなり難しい内容になるので本書では省略しますが、Excelの累積z分布関数（NORM.S.DIST）を用いることで計算することができます。また、無料ソフトRを使った算出方法を2ページ後で紹介しています。

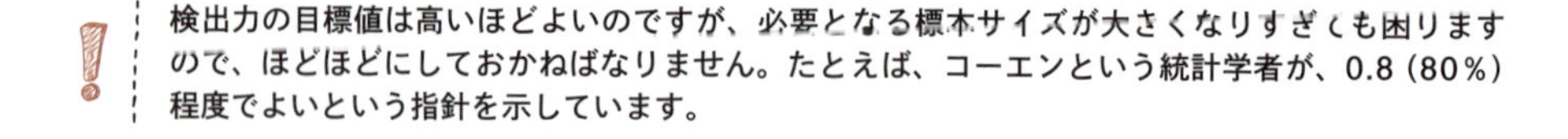

❗ 検出力の目標値は高いほどよいのですが、必要となる標本サイズが大きくなりすぎても困りますので、ほどほどにしておかねばなりません。たとえば、コーエンという統計学者が、0.8（80％）程度でよいという指針を示しています。

検出力（statistical power）･･･差があるときにきちんと差があると判定できる検定能力の高さで、第二種の過誤を犯す確率の補数となる（85ページ）。これが0.8程度になるような検定を想定して標本サイズを求める。

▶▶▶標本サイズの計算

- 有意水準、効果量、検出力の３要素が決まれば、標本サイズが求まります。

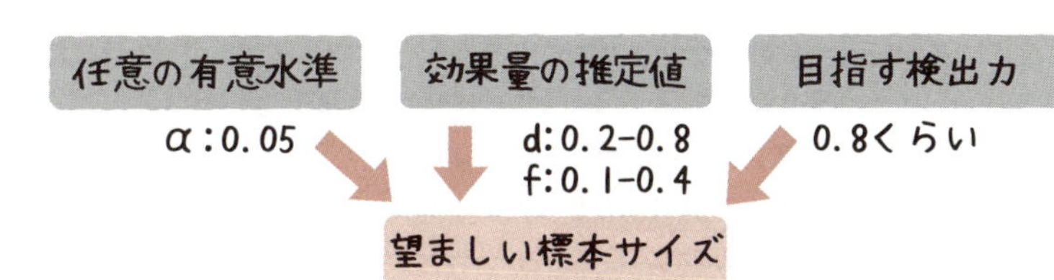

- ただし、検出力から逆算しなければならないため、近似式や対応表、ソフトウェアを用いる必要があります。

近似式を用いたｔ検定の例：

対応のない２群の平均の差のｔ検定の標本サイズ（対応のある場合は第１項の２×を削除して、対応のないときの1/2にします）。

→計算例：有意水準α＝両側５％（z=1.96）で、検出力は0.8、効果量は中の0.5とすると、64/群のサイズが必要ということになります。

1-βが0.8ならｚ表で上側確率が0.2になる0.84を読み取って－を付ける

$$n = 2 \times \left(\frac{z_{\alpha/2} - z_{1-\beta}}{効果量} \right)^2 + \frac{z_{\alpha/2}^2}{4}$$

$$= 2 \times \left(\frac{1.96-(-0.84)}{0.5} \right)^2 + \frac{1.96^2}{4}$$

$$= 63.7$$

対応表を用いた分散分析の例：

分散分析の標本サイズ（反復数）は、ｔ検定のように近似式で算出することはできず、試行錯誤を繰り返す必要があるため面倒です。右表は、検出力0.8を実現する標本サイズについて、効果量と群数ごとに整理したものです（対応のない一元配置分散分析）。

群数	検出力0.8を実現する標本サイズ／群（α=5%）		
	効果量小 (f=0.10)	効果量中 (f=0.25)	効果量大 (f=0.40)
3	323	53	22
4	274	45	19
5	240	40	16
6	215	36	15

G*power･･･検出力分析の計算は煩雑なため、実際にはソフトウェアを用いる。Rのほか、ハインリッヒ・ハイネ大学のAxel Buchner教授らによって開発されたG*powerは大変使いやすい無料ソフトである。

Rによる検出力分析① ～t検定～

ここまで学んできたとおり、検出力分析（検出力や標本サイズの計算）は、大変面倒です。そこで、普通はソフトウェアを使うことになります。「G*power」という、使いやすい無料ソフトもありますが、ここでは次章以降でも用いる「R」（アール）を使って解説します。さて、Rに標準で組み込まれているpower.t.testやpower.anova.testという関数でも検出力分析はできますが、これらは引数（設定項目）が多くて使いにくいため、ここでは「pwr」という外部パッケージを使った方法を紹介します。まずは、使用する前にpwrをインストールして、library(pwr)を実行しておきます。こうしたRの基本的な使い方については、巻末の付録Aをお読みください。

t検定の検出力分析を実施するには、以下のコマンドを使います。

```
> pwr.t.test(n = 標本サイズ, d = 効果量, sig.level = 有意水準, power = 検出力,
  type= 対応あり・なし, alternative = 対立仮説の位置)
```

ただし、対応関係については、対応のない2標本は“two.sample”、母平均の検定は“one.sample”、対応のある2標本の場合は“paired”を入力します。また対立仮説の位置については、両側にある場合は“two.sided”、下側だけにある場合は“less”、上側だけにある場合は“greater”を入力します。

このコマンドにおけるn、d、sig.level、powerの4つの引数のうち、どれか1つを指定せずに実行すると、その引数の値が返ってきます。

①検出力の計算例（powerを指定しません）：
対応のない2群の平均の差のt検定で、効果量が小さめの0.2しかなく、有意水準を両側で5％と設定したとき、標本サイズが60/群の場合の検出力。

```
> pwr.t.test(d=0.2,n=60,sig.level=0.05,type="two.sample",alternative="two.sided")
```

結果は0.19…となり、低い検出力の検定であったことがわかります。

②標本サイズの計算例（nを指定しません）：
前ページの内容を対応のある場合に変更して計算してみましょう。有意水準を両側で5％、効果量は中ぐらいの0.5で、目指す検出力を0.8とした場合の標本サイズ。

```
> pwr.t.test(d=0.5,power=0.8,sig.level=0.05,type="paired",alternative="two.sided")
```

結果は33.36…となり、34対のデータが必要となることがわかります。

③効果量も、dを指定しなければ値が返ってきますが、標本データから算出することはあっても、検出力や標本サイズから効果量を逆算する場面はあまりないでしょう。

Rによる検出力分析② ～分散分析～

一元配置分散分析の検出力分析を実施するには、以下のコマンドを使います。こちらも、外部パッケージpwrに含まれているものなので、使用する前にpwrをインストールして、library(pwr)を実行しておきます。

> pwr.anova.test(k = 群数, n = 群あたりの標本サイズ, f = 効果量, sig.level = 有意水準, power = 検出力)

このコマンドもn、f、sig.level、powerの4つの引数のうち、どれか1つを指定せずに実行すると、その引数の値が返ってきます。

①検出力の計算例（powerを指定しません）
4群でそれぞれ反復を20回、効果量が中ぐらいの0.25、有意水準は5％としたときの検出力。

```
> pwr.anova.test(f=0.25,k=4,n=20,sig.level=0.05)
```

結果は0.42…となり、低い検出力の検定であったことがわかります。

②標本サイズの計算例（nを指定しません）
処理が5種類（群）の一元配置分散分析で、有意水準が5％、効果量がやや大きい0.4で、目指す検出力を0.8とした場合に必要な反復数（標本サイズ／群）。

```
> pwr.anova.test(f=0.4,k=5,power=0.80,sig.level=0.05)
```

結果は15.9…となり、2ページ前の対応表と同じ16（群あたり）のデータが必要になることがわかります。

検出力分析のおすすめテキスト

pwrというパッケージは、Claude Bernard Lyon 1というフランスの大学の講師であるStephane Champely博士が、Rに標準で組み込まれている関数を基に作成したものですが、計算方法は、ジェイコブ・コーエンという統計学者の本（下記）を参考にしています。この本は、検出力分析のバイブルというべきものですので、本書で興味を持たれた方は是非読んでみてください。

Jacob Cohen (1988). Statistical Power Analysis for the Behavioral Sciences (Second Edtion). Psychology Press, Taylor & Francis Group, NY.

また、日本語では、下記の本がとてもわかりやすく丁寧なのでおすすめです。

大久保街亜・岡田謙介(2012)『伝えるための心理統計：効果量・信頼区間・検定力』勁草書房.

F-it was written.

第9章　回帰分析

原因と結果の関係を探る

～回帰分析～

回帰分析は、変数x（原因）が変数y（結果）に与える影響を知るための方法です。変数xと変数yとの間にある関係を、直線または曲線の式で表したものを回帰線といいます。

回帰線

- 回帰分析を用いると、原因が結果に与える影響の程度を数値化でき、予測などに応用できます。
- 推定された関係（回帰線）が統計的に意味のあるものかどうかを、確かめることができます。

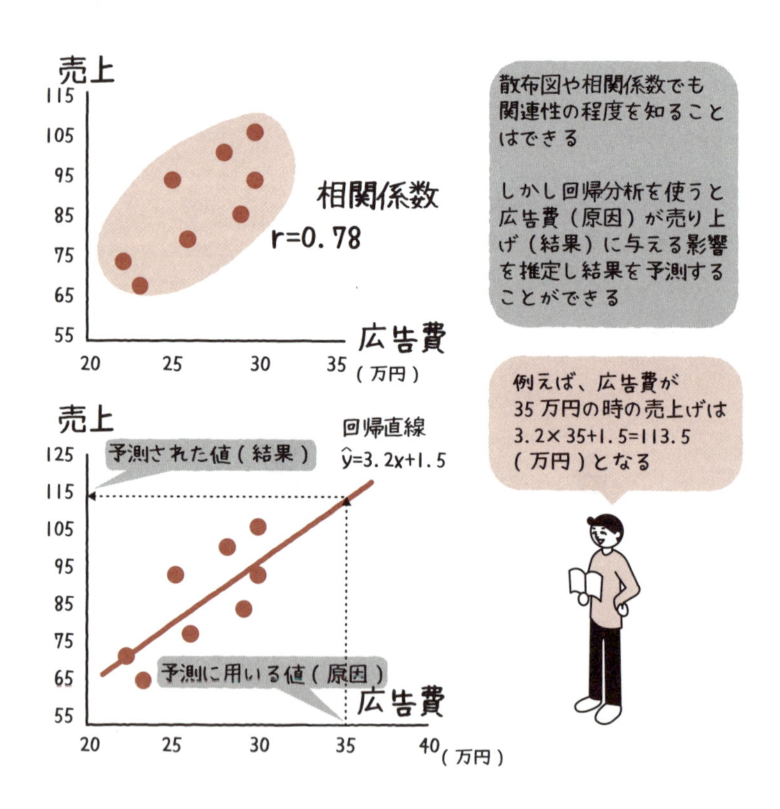

散布図や相関係数でも関連性の程度を知ることはできる

しかし回帰分析を使うと広告費（原因）が売り上げ（結果）に与える影響を推定し結果を予測することができる

例えば、広告費が35万円の時の売上げは $3.2 \times 35 + 1.5 = 113.5$（万円）となる

回帰分析（regression analysis）…原因（説明変数）と結果（被説明変数）の間にある関係を明らかにすること。
回帰線（regression line）…データにより推定された関数。回帰直線、回帰平面、回帰曲線とも呼ぶ。

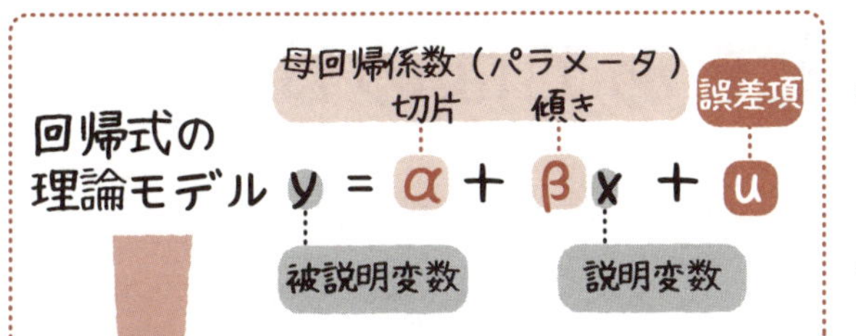

- 誤差項は変数 x 以外の要因が変数 y に与える影響を表す
- 誤差項は確率変数として扱われる

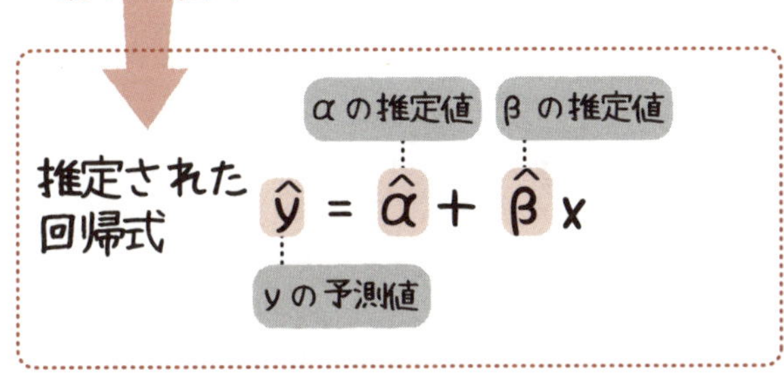

- 説明変数が一つの回帰式は**単回帰式**という

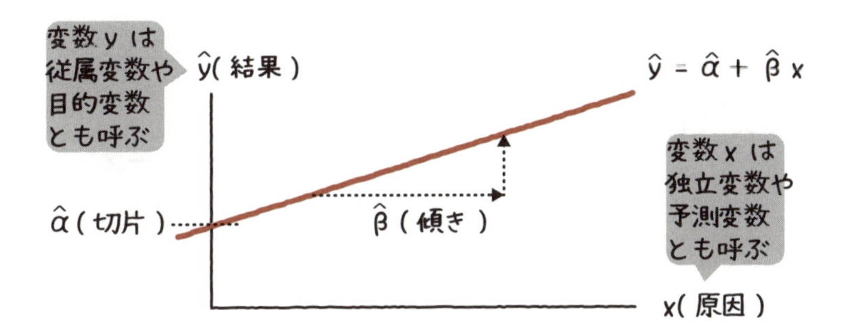

パラメータ（α、β）と推定値（$\hat{\alpha}$、$\hat{\beta}$）

- パラメータ（α、β）は、数値が入ることは分かっていますが、まだどの値になるか分かっていないことを表しています。
- 推定値（$\hat{\alpha}$、$\hat{\beta}$）は、具体的な数値が分かっているものとして扱います。（^は、ハットと読みます。不偏推定量を表す記号と同じですが、意味は異なります。）

推定値（回帰分析）（estimate）･･･OLSや最尤法によって推定された回帰式の切片や係数の値。
予測値（回帰分析）（prediction value）･･･推定された回帰式の説明変数に特定の値を代入して得られる被説明変数の値。

9 2

データに数式をあてはめる

～最小２乗法～

最小２乗法は、回帰線のパラメータ（切片や傾き）の値を推定する方法のひとつです。

最小２乗法は、普通最小２乗法（OLS: Ordinary Least Squares）とも呼ばれます。

残差（$\hat{u}$）とは、観測値と予測値の差（$\hat{u} = y - \hat{y}$）のことです。

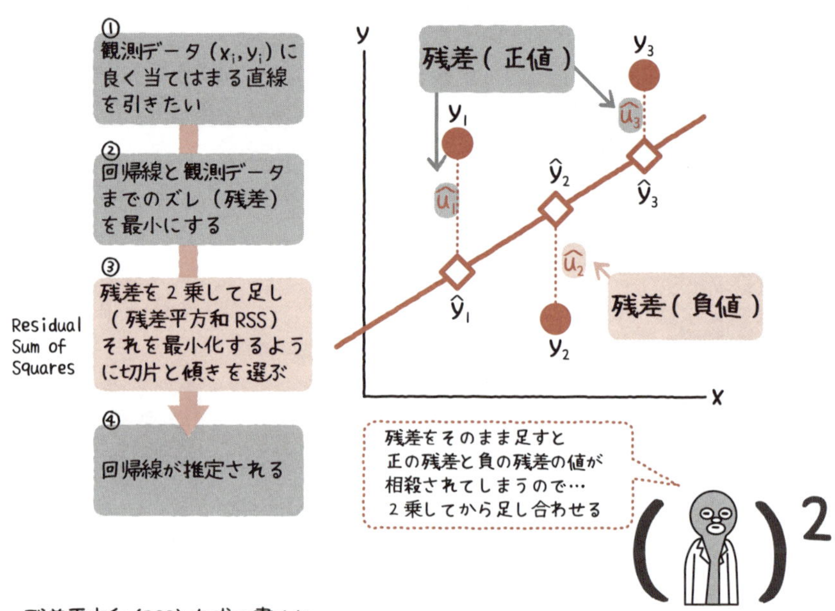

残差平方和（RSS）を式で書くと…

$$J = \hat{u}_1^2 + \hat{u}_2^2 + \hat{u}_3^2 = (y_1 - \hat{y}_1)^2 + (y_2 - \hat{y}_2)^2 + (y_3 - \hat{y}_3)^2$$

$$= (y_1 - \hat{\alpha} - \hat{\beta} x_1)^2 + (y_2 - \hat{\alpha} - \hat{\beta} x_2)^2 + (y_3 - \hat{\alpha} - \hat{\beta} x_3)^2$$

となる、データが n 個ある場合は

$$J = \sum_{i=1}^{n} (y_i - \hat{\alpha} - \hat{\beta} x_i)^2$$

となる

残差平方和（residual sum of squares）…残差（観測値と予測値の差）の２乗和。

最小２乗法（least squares method）…残差平方和が最小になるように回帰線を求める方法。

関数J（残差平方和）は、$\hat{\alpha}$（切片）、もしくは、$\hat{\beta}$（傾き）についての2次関数で、おおよそ下のようなグラフになります（📊）。

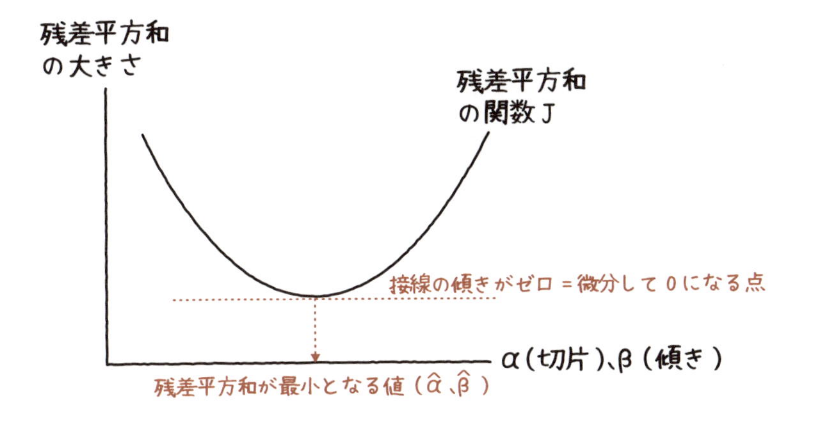

※ $\hat{\alpha}$、$\hat{\beta}$ は平均的に母回帰係数（α、β）と等しくなる（この性質を持つ推定量は不偏推定量と呼ばれる）

最小2乗法による推定値の求め方（単回帰の場合）

- 関数Jは、xとyの関数ではなく、$\hat{a}$ と $\hat{\beta}$ の関数として考えます。
- 2つ以上の変数がある関数を1つの変数について微分することを、偏微分といいます。
- 偏微分の記号は、高校の時に習った「d（ディー）」ではなく「∂（ラウンドディー）」を用います。
- 1つの変数について偏微分するとき、それ以外の変数は定数として扱います。例えば、$G=a^2+5a+b$ をaについて偏微分すると、$\partial G/\partial a=2a+5$ となります。このときbは、1や10といった定数として考えていますので、微分するとゼロになります。
- さて、関数Jを $\hat{a}$ と $\hat{\beta}$ について、それぞれ偏微分すると、以下のようになります。

$$\frac{\partial J}{\partial \hat{a}}=\sum \frac{\partial}{\partial \hat{a}}(y_i-\hat{a}-\hat{\beta}x_i)^2=\sum -2(y_i-\hat{a}-\hat{\beta}x_i)\cdots(1)$$

$$\frac{\partial J}{\partial \hat{\beta}}=\sum \frac{\partial}{\partial \hat{\beta}}(y_i-\hat{a}-\hat{\beta}x_i)^2=\sum -2x_i(y_i-\hat{a}-\hat{\beta}x_i)\cdots(2)$$

（次ページに続く）

推定量（estimator）･･･母数を推定するための規則や方法。推定された値ではなく、データから母数を推定するための式のことを指すので注意。推定量にデータを代入して得られた値がデータを代入して得られた値が推定値となる。

（続き）

- 残差平方和（関数J）が最小になるとき、(1)式、(2)式は、それぞれゼロと等しくなります。

$\Sigma(y_i - \hat{\alpha} - \hat{\beta}x_i) = \Sigma y_i - \hat{\alpha}n - \hat{\beta}\Sigma x_i = 0$

整理して、$\hat{\alpha}n + \hat{\beta}\Sigma x_i = \Sigma y_i \cdots (3)$

$\Sigma x_i(y_i - \hat{\alpha} - \hat{\beta}x_i) = \Sigma x_i y_i - \hat{\alpha}\Sigma x_i - \hat{\beta}\Sigma x_i^2 = 0$

整理して、$\hat{\alpha}\Sigma x_i + \hat{\beta}\Sigma x_i^2 = \Sigma x_i y_i \cdots (4)$

- (3)式と(4)式は、$\hat{\alpha}$と$\hat{\beta}$の連立方程式と考えることができます。この連立方程式は、正規方程式と呼ばれます。
- $\hat{\alpha}$と$\hat{\beta}$の値は、正規方程式を解くことによって得られます。

$$\hat{\alpha} = \frac{\Sigma y_i}{n} - \hat{\beta}\frac{\Sigma x_i}{n} = \bar{y} - \hat{\beta}\bar{x}、$$

$$\hat{\beta} = \frac{\Sigma x_i y_i - \Sigma x_i \Sigma y_i / n}{\Sigma x_i^2 - (\Sigma x_i)^2 / n} = \frac{\Sigma x_i y_i - n\bar{x}\bar{y}}{\Sigma x_i^2 - n\bar{x}^2}$$

コラム もう１つの推定方法（最尤法）

パラメータの推定値を求めるには、最尤法（さいゆうほう）という方法もあります。
最尤法では、尤度（もっともらしさ、観測されたデータが得られる確率のようなもの）を最大にするように、α（切片）とβ（傾き）の値を求めます。
尤度が大きくなるほど、予測値が観測値に近くなります。

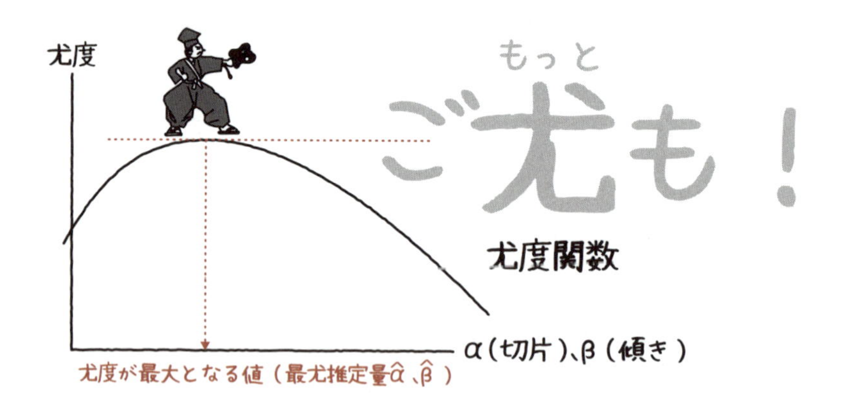

回帰線の精度を評価する

～決定係数～

推定された回帰線がどれだけ観測データにあてはまっているか（どれだけの説明力を持っているか）を測る指標です。寄与率とも呼ばれ、回帰線全体のパフォーマンスを知ることができます。
0から1の値をとり、1に近いほど良くあてはまっています。

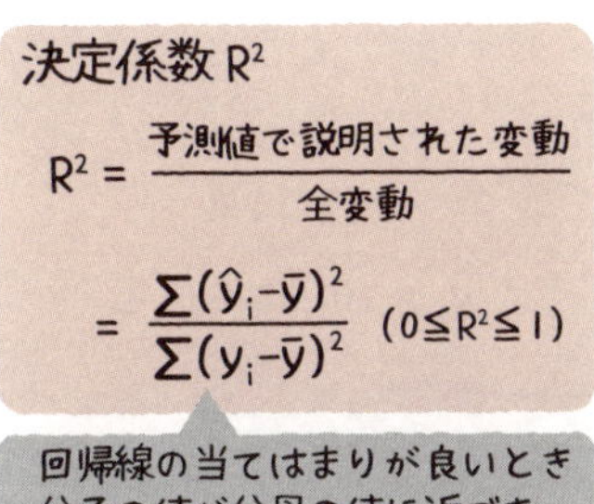

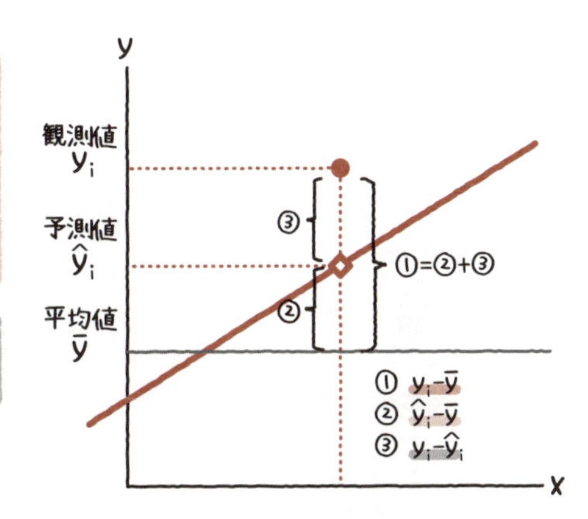

$$\sum_{i=1}^{n}(y_i - \bar{y})^2 = \sum_{i=1}^{n}(\hat{y}_i - \bar{y})^2 + \sum_{i=1}^{n}(y_i - \hat{y}_i)^2$$

全変動（偏差平方和）【①に相当】	予測値で説明された変動【②に相当】	予測値で説明されなかった変動（残差）【③に相当】

- 決定係数の式は、残差 $(\hat{u}_i = y_i - \hat{y}_i)$ を用いて $R^2 = 1 - \frac{\Sigma(y_i - \hat{y}_i)^2}{\Sigma(y_i - \bar{y})^2}$ とも書けます。
- 切片が0の回帰式（原点を通るモデル）の場合は、決定係数が負になることがあります。注意してください。
- 決定係数は、観測値 (y) と予測値 $(\hat{y})$ の相関係数の2乗と等しくなります。

決定係数（coefficient of determination）･･･被説明変数の全変動（分散分析の総変動と同じ）のうち、回帰式によって説明される部分の割合。0～1の値をとり、1に近いほど予測値は実測値を正確に表している。

回帰線の傾きを検定する

～t 検定～

推定された回帰係数がゼロと等しい場合、変数 x は変数 y の原因とはいえません。このことを統計的に確かめるために、H_0：$\beta = 0$（H_1：$\beta \neq 0$）とした仮説検定を行います。

- 標本平均が確率変数であるように、標本から推定される回帰係数（切片と傾き）も確率変数です。

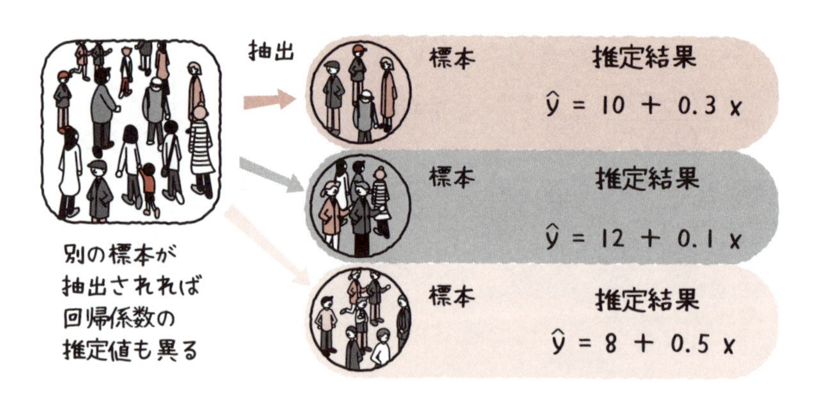

- 推定された傾きがゼロと統計的に異なっているかどうかは、回帰分析において重要な意味を持っています。

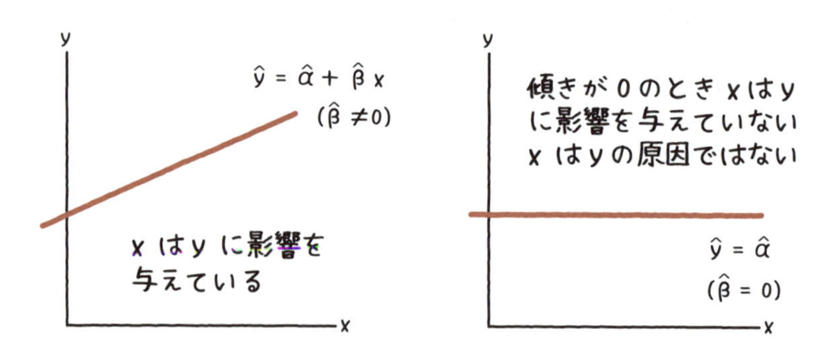

t 検定（回帰分析）（t-test）・・・回帰分析では、偏回帰係数が 0 と有意に異なっているか（統計的に意味のある回帰係数か）どうかを検定するために t 検定が用いられる。帰無仮説は、偏回帰係数＝ 0。

t検定

- $\hat{\beta}$は、平均がβ（母回帰係数）で分散が$\dfrac{\sigma^2}{\Sigma(x_i - \bar{x})^2}$の正規分布に従います（$\hat{\beta}$の分散の算出方法については次ページの📊を参照）。ここで、σ^2は誤差項の分散を表します。
- しかし、誤差項の分散（σ^2）が未知なので、残差（$\hat{u}_i$）を使って標本から推定します（$\sigma^2 \Rightarrow \hat{\sigma}^2 = \dfrac{\Sigma \hat{u}_i^2}{n-2}$）。ここで、$n-2$は$\Sigma \hat{u}_i^2$の自由度です。
- $\hat{\sigma}^2$を用いて$\hat{\beta}$の準標準化変量（t値）を求めると、
$t = \dfrac{\hat{\beta} - \beta}{\sqrt{\hat{\sigma}^2 / \Sigma(x_i - \bar{x})^2}}$となります。これは、自由度$n-2$のt分布に従います。

①	帰無仮説H_0：$\beta = 0$（対立仮説H_1：$\beta \neq 0$）
②	$t = \dfrac{\hat{\beta} - \beta}{\sqrt{\hat{\sigma}^2/\Sigma(x_i - \bar{x})^2}}$ に$\beta = 0$（帰無仮説）を代入
③	t値 = $\dfrac{\text{回帰係数の推定値【}\hat{\beta}\text{】}}{\hat{\beta}\text{ の不偏標準誤差【}\sqrt{\hat{\sigma}^2/\Sigma(x_i - \bar{x})^2}\text{】}}$
④	$\lvert t \rvert > t_{n-2, \alpha/2}$ のときH_0を棄却 （$t_{n-2, \alpha/2}$は自由度$n-2$で有意水準$\alpha/2$のt値）

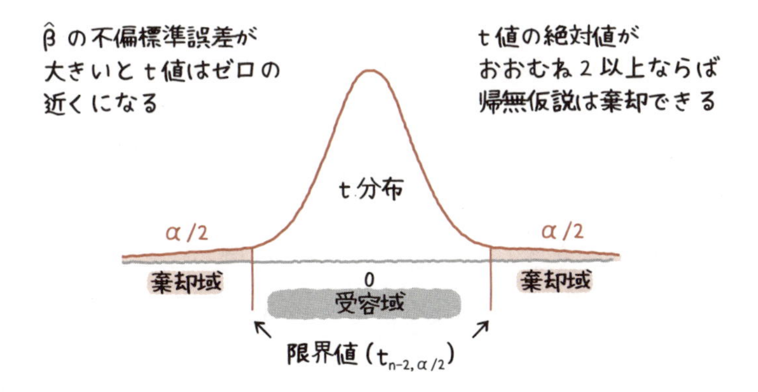

F検定（回帰分析）（F-test）･･･重回帰分析で、回帰式そのものが統計的に意味があるかどうかを知りたい場合がある。そのようなときは、切片を除く全ての偏回帰係数が0であるという帰無仮説のもとでのF検定を行う。

回帰係数（$\hat{\beta}$）の分散

確率変数xの平均値は「期待値」といい、E(x) と書きます。平均値といっても、算術平均（総和をデータ数で割ったもの）でなく、加重平均（各変量の“重み”を考慮した平均のこと）に似ています。つまりxの期待値は、xのとりうる値にそれぞれの確率を重み（ウエイト）として与え、それらを足し合わせて計算します。例えば、サイコロを投げて出る目の数の期待値は、$E(x) = \frac{1}{6} \cdot 1 + \frac{1}{6} \cdot 2 + \frac{1}{6} \cdot 3 + \frac{1}{6} \cdot 4 + \frac{1}{6} \cdot 5 + \frac{1}{6} \cdot 6 = 3.5$のように計算します。

さて、$\hat{\beta}$も確率変数ですので、その期待値は$E(\hat{\beta})$となります。$E(\hat{\beta})$の値を求める計算を簡単に行うため、xとyの平均を0に変換しておきます。$\hat{\beta}$の推定式（190ページ）を書き直すと、

$$\hat{\beta} = \frac{\Sigma x_i y_i - n\bar{x}\bar{y}}{\Sigma x_i^2 - n\bar{x}^2} = \frac{\Sigma x_i y_i}{\Sigma x_i^2} = \frac{\Sigma x_i(\beta x_i + u_i)}{\Sigma x_i^2} = \frac{\Sigma x_i(\beta x_i + u_i)}{\Sigma x_i^2} = \beta + \frac{\Sigma x_i u_i}{\Sigma x_i^2}$$

となり、$E(\hat{\beta}) = E\left(\beta + \frac{\Sigma x_i u_i}{\Sigma x_i}\right) = \beta + \frac{\Sigma x_i E(u_i)}{\Sigma x_i} = \beta$と計算されます。

最後の等式を得るには、誤差項の平均がゼロ（$E(u_i) = 0$）という関係を用いています。

$\hat{\beta}$の分散を期待値を用いて表すと、$V(\hat{\beta}) = E\left(\hat{\beta} - E(\hat{\beta})\right)^2$となります。

$$\begin{aligned}
V(\hat{\beta}) &= E\left(\hat{\beta} - E(\hat{\beta})\right)^2 = E(\hat{\beta} - \beta)^2 = E\left(\frac{\Sigma x_i u_i}{\Sigma x_i^2}\right)^2 \\
&= \frac{1}{(\Sigma x_i^2)^2} E(x_1u_1 + x_2u_2 + \cdots + x_nu_n)^2 \\
&= \frac{1}{(\Sigma x_i^2)^2} \{E(x_1u_1)^2 + E(x_2u_2)^2 + \cdots + E(x_nu_n)^2 + E(x_1u_1 \cdot x_2u_2) + \cdots\} \\
&= \frac{1}{(\Sigma x_i^2)^2} \{x_1^2E(u_1^2) + x_2^2E(u_2^2) + \cdots + x_n^2E(u_n^2) + x_1x_2E(u_1u_2) + \cdots\} \\
&= \frac{\Sigma x_i^2}{(\Sigma x_i^2)^2} \sigma^2 = \frac{\sigma^2}{\Sigma x_i^2}
\end{aligned}$$

最後の部分では、$E(u_1^2) = \sigma^2$、$E(u_iu_j) = 0$という関係を用いています。

ワルド検定（Wald-test）•••最尤法で推定した場合に用いられ、ｔ検定と同じく、偏回帰係数の統計的有意性を検定する。帰無仮説は、偏回帰係数＝０。

分析の適切さを検討する

～残差分析～

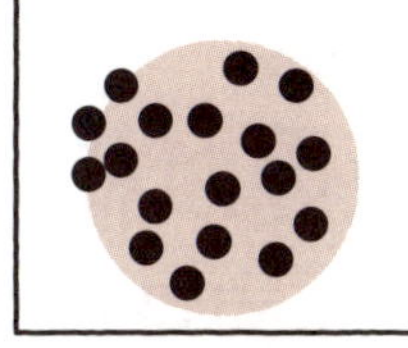

残差（û）と予測値（ŷ）の散布図（残差プロット）を描くことで、データの問題（外れ値が含まれている）やモデルの問題（回帰式が不適切）を見つけることができます。

▶▶▶残差プロット

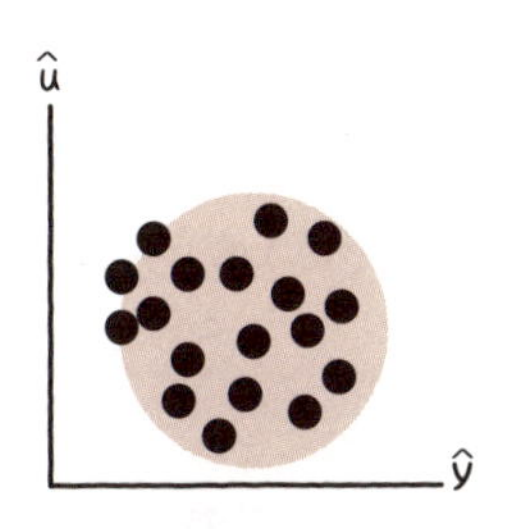

予測値と残差に明確なパターンがない場合（無相関）は分析は適切に行われている

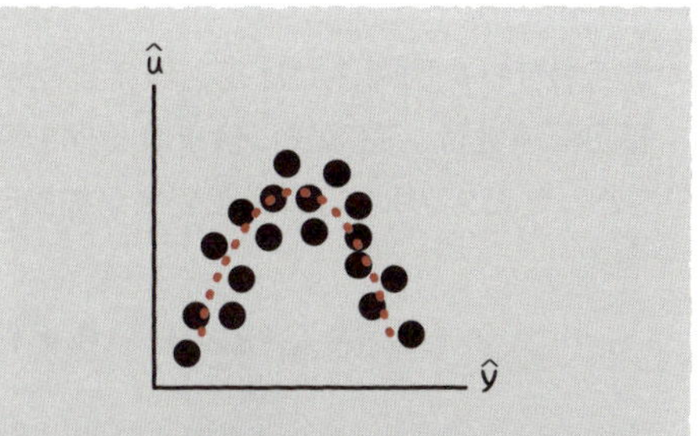

線形の回帰式（$y=\alpha+\beta x+u$）ではなく２次関数（$y=\alpha+\beta_1 x+\beta_2 x^2+u$）を用いた方がよいことが分かる

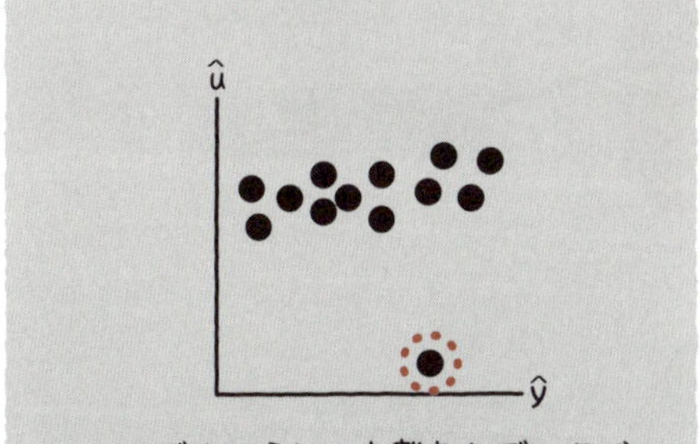

モデルからとても離れたデータがあることが分かる（外れ値）

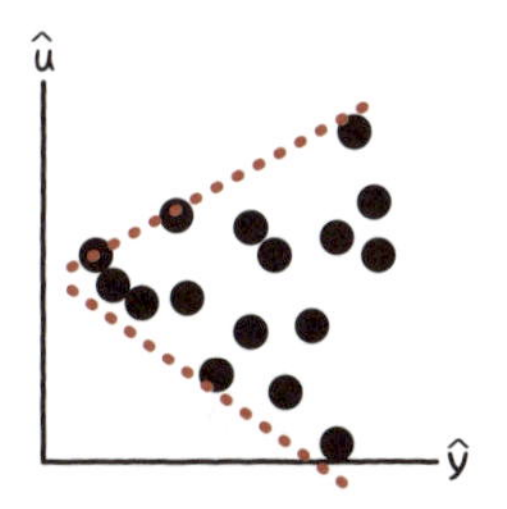

このようなケースは不均一分散と呼ばれる、被説明変数を対数変換（ŷ→ log ŷ）すると傾向が和らぐ

▶▶▶一時的ダミー

- 外れ値があった場合、まず、データの入力ミスがないか確認してください。
- 入力ミスがない場合、外れ値のデータを除外するか、一時的ダミー変数（外れ値のデータが1、その他はすべて0）を用いて回帰式への影響を抑えます。

残差の正規性（normality of residuals）･･･残差が持つべき性質の１つ。正規性が満たされないと、ｔ検定などが正しく行えない。また、残差の分散は一定（均一分散）であることが望ましい。

原因が複数あるときの回帰分析

～重回帰分析～

説明変数（x）が複数ある場合は、重回帰分析を用います。
説明変数の数が異なる回帰式のあてはまりを比較する場合は、自由度調整済み決定係数（$\bar{R}^2$）を用います。

▶▶▶ 偏回帰係数

- 重回帰分析の回帰係数は偏回帰係数と呼ばれます。
- 偏回帰係数は、回帰式に含まれる他の変数の影響をとり除いた後の（他の変数を一定としたときの）、当該説明変数が被説明変数に与える影響を表しています。

$$y = \alpha + \beta_1 x_1 + \beta_2 x_2 + \cdots + \beta_n x_n + u$$

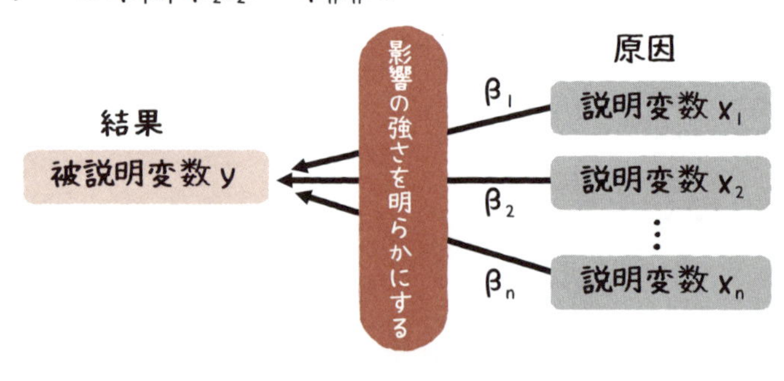

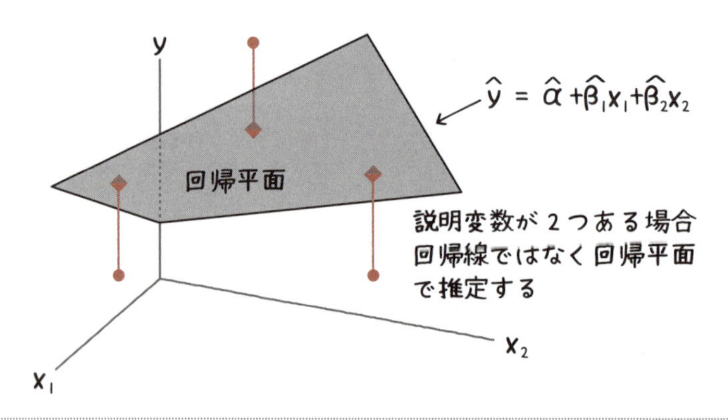

重回帰分析（multiple regression analysis）･･･説明変数が２つ以上ある回帰分析。１つの場合は単回帰分析という。
偏回帰係数（partial regression coefficient）･･･重回帰分析における回帰係数のこと。単に回帰係数と呼ぶこともある。

▶▶▶ 標準偏回帰係数（β^*）

- 全ての変数（説明変数、被説明変数）を標準化して重回帰分析を行ったときの回帰係数です。

$$\frac{y-\bar{y}}{S_y} = \beta_1^* \frac{x_1-\bar{x}_1}{S_{x_1}} + \beta_2^* \frac{x_2-\bar{x}_2}{S_{x_2}} + \cdots + \beta_n^* \frac{x_n-\bar{x}_n}{S_{x_n}} + u$$

←標準化

- 単位が異なる説明変数間で、回帰係数の大きさを比較する場合に用います。
- 被説明変数の平均値はゼロですので、切片αもゼロです。

▶▶▶ 自由度調整済み決定係数

- 決定係数は、説明変数を増やすと値が上昇するという欠点があります。
- そこで、変数が追加されても決定係数の値が上昇しないように工夫した指標が、自由度調整済み決定係数です。
- 説明変数の数が異なる回帰式（被説明変数は同じ）の当てはまりを比較するときに使います。
- 自由度調整済み決定係数は、ほとんどの統計分析用ソフトウェアで出力されますが、決定係数からも簡単に計算できます。

$$\bar{R}^2 = 1-(1-R^2)\frac{n-1}{n-k-1}$$ （nは標本サイズ、kは説明変数の数）

事例

回帰式①

$$\hat{y} = 170 + 0.36x_1 + 5.56x_2 + 0.06x_3 + 3.07x_4 - 2.54x_5$$

$R^2 = 0.497$、$\bar{R}^2 = 0.388$

回帰式②

$$\hat{y} = 297 + 0.34x_1 + 4.18x_2$$

$R^2 = 0.434$、$\bar{R}^2 = 0.391$

決定係数の高い回帰式①の方が
良いモデルかな？

自由度調整済み決定係数は
①は0.388、②は0.391…そうともいえないね

自由度調整済み決定係数（adjusted coefficient of determination）･･･説明変数が異なる回帰式の中から、もっとも当てはまりの良いものを選ぶときに用いる指標。自由度修正済み決定係数とも呼ぶ。

9 | 7

説明変数間の問題
～多重共線性～

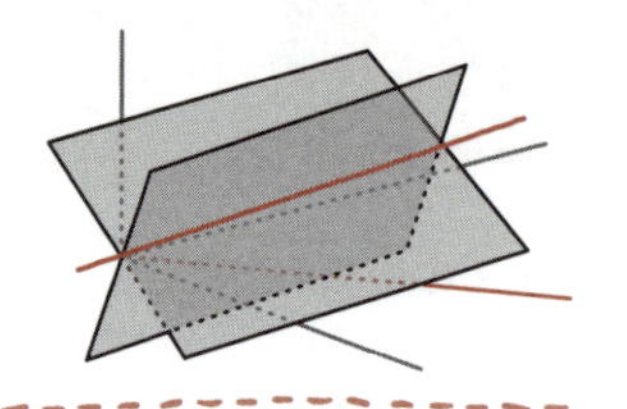

説明変数間に高い関連性（多重共線性）がある場合は、回帰係数が期待通りの符号にならないなど、結果の解釈がとても難しくなることがあります。
多重共線性を発見するには、VIFやトレランスという指標を用います。

▶▶▶説明変数間の関連

- 説明変数間に強い関連性があるとき、多重共線性（マルチコ）があるといいます。マルチコは、Multi-collinearityの略です。
- 特に、変数x_1と変数x_2の間に完全な相関関係（相関係数＝1）があるとき、例えば$x_2 = 8x_1$という関係が見られる場合、完全多重共線性が生じているといいます。この場合は、推定ができません。（どちらかの変数を回帰式から外してください。）
- 説明変数間に、$x_2 = 8x_1 + x_3 - 2x_4$といった関係がある（ある変数が他の変数の関数になっている）場合も同様です。

①うまくばらついている場合

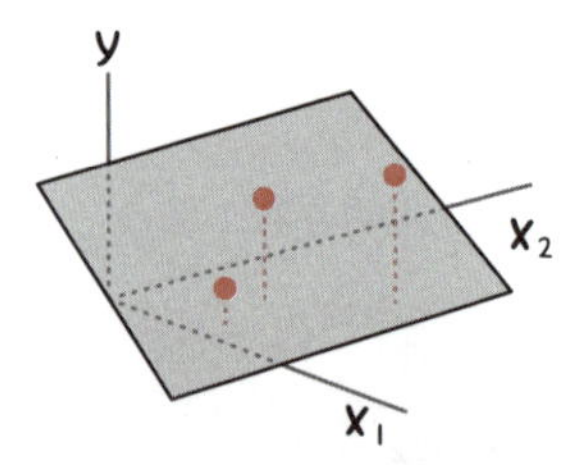

② 完全多重共線性がある場合

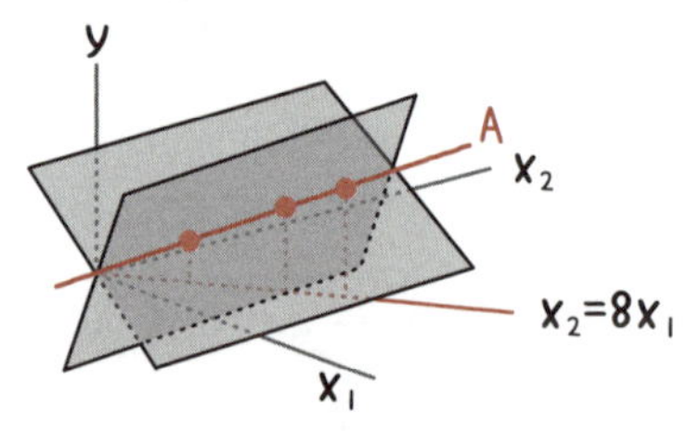

①の場合、回帰平面は1つに定まる…
②の場合、データが直線状に並んでしまう
直線（A）を通る回帰平面はいくつもあるので
回帰平面を1つに定めることができない

- （不完全な）多重共線性のケースでは、推定値を求めることはできます。しかし、ある変数の変動が他の変数の変動に強く影響するため、偏回帰係数の標準誤差が大きくなり、推定値の信頼性は低くなります。

トレランス（許容度）（tolerance）…説明変数間の多重共線性の強さを測る指標。VIF（分散拡大要因）の逆数。値が小さい（0.1以下）場合は、その変数を分析から除いた方がよい。

▶▶▶VIF（分散拡大要因）

- 多重共線性を発見するための指標で、回帰係数の分散（標準誤差）がどの程度大きくなるかを表しています。

Variance Inflation Factor

$$VIF_i = \frac{1}{1-R_i^2}$$

R_i^2 ：x_i を、x_i 以外の説明変数に回帰させたときの決定係数

トレランス（許容度）

★多くの統計ソフトはVIFを出力するので10を超えないかチェック
★VIFが10より大きいときは変数を除外したり、合成するなどの対応が必要
★トレランスを用いるときは、0.1以上で問題なし

コラム 出力結果の見方（まとめ）

偏回帰係数。他の変数の影響を除去した後の、当該変数の影響力を表しています。

偏回帰係数の標準偏差の推定値です。

変数間で影響力の大きさを比較するための指標です。

多重共線性を測る指標です。この例では、何れの値も10より小さく、問題はありません。

	A	B	C	D	E	F	G
2		係数	標準誤差	t	P-値	標準偏回帰係数	VIF
3	切片	62.1	46.8	1.33	0.21		
4	広告費	2.75	0.99	2.77	0.02	0.50	1.62
5	営業員数	6.81	6.45	1.06	0.31	0.18	1.47
6	展示会回数	18.8	9.22	2.04	0.07	0.36	1.54
7							

※ 標準偏回帰係数とVIFは、Excelの分析ツールでは出力されません。

偏回帰係数がゼロと有意な差があるかを検定するための統計量です。絶対値で2以上あるかが目安です。

帰無仮説を棄却する確率（有意確率）です。これと有意水準を比較します。有意水準を5%とした場合、広告費のp値がこの水準を下回っていることがわかります（広告費の偏回帰係数のみが統計的に有意です）。

9 | 8

有効な説明変数を選ぶ

～変数選択法～

どの説明変数を回帰式に含めるかを決める方法です。
多くの統計ソフトでは、自動的に変数選択を行うことができます。
回帰式から変数を削除する基準、回帰式に変数を含める基準には、ｔ値を２乗したＦ値（＝2.0）や、そのｐ値（＝0.1～0.2）が良く用いられます。

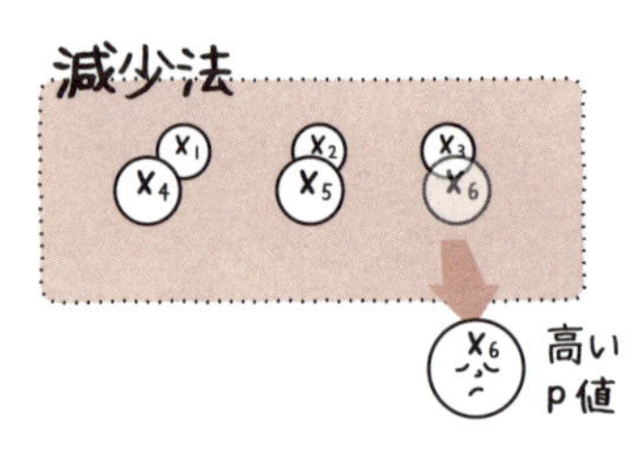

全ての変数を入れた状態から
基準に満たなく
p値が最も高い変数を取り除く

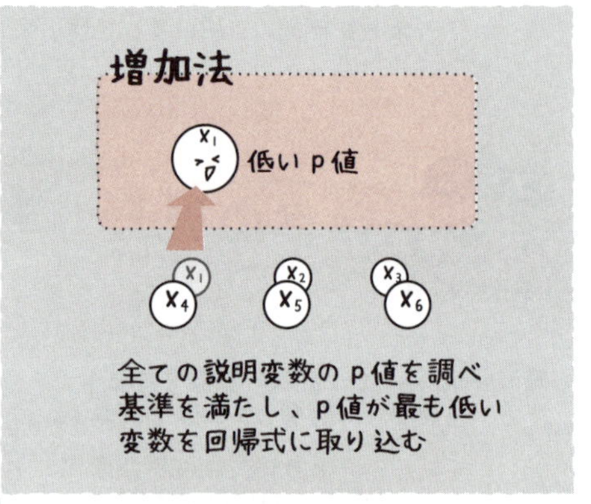

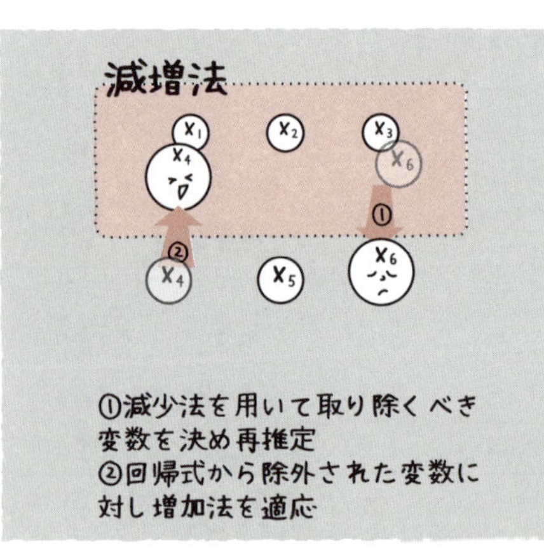

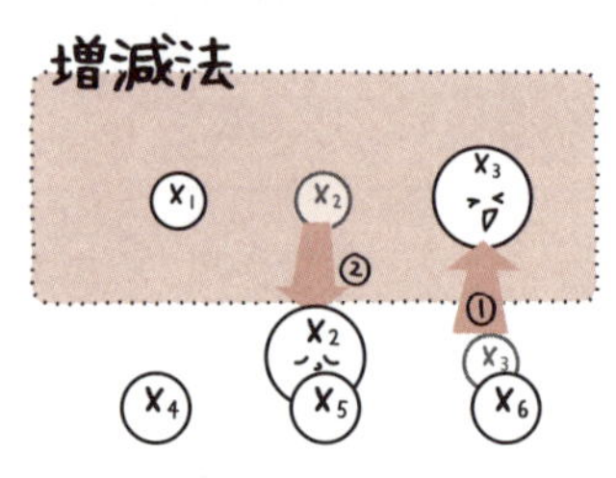

①増加法により回帰式に取り
込む変数を決め再推定
②回帰式に取り込まれている
変数に対し減少法を適応

※ 回帰式に含まれるすべての変数が基準を満たすことで
変数選択のプロセスは終了する

変数選択（variable selection）･･･説明力の低い説明変数を分析から除外すること。特定の説明変数を除外することで、多重共線性の問題を回避できるなどのメリットがある。

9 | 9

質の違いを説明する変数①

～切片ダミー～

ダミー変数は、１と０の値をとる変数です。
男性・女性、管理職・平社員、都市部に住んでいる・農村部に住んでいるといったグループ間の違いを表現しています。
ダミー変数を用いると、グループ間の違いを検定することができます。

切片ダミーを用いた回帰式

切片ダミー

$$y = \alpha + \beta_1 x + \beta_2 D + u$$

係数（β_2）が統計的に有意であるとき
回帰線の切片がグループ間で異なる

A社の所得と勤続年数の関係

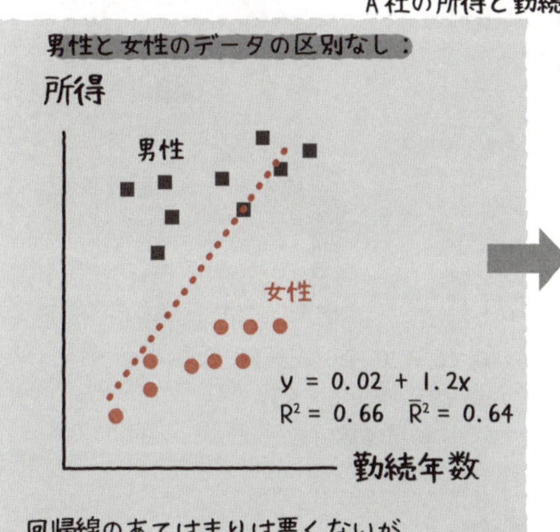

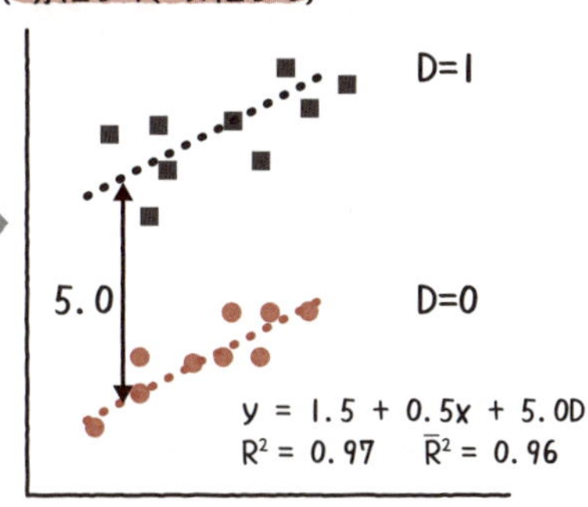

回帰線のあてはまりは悪くないが
一部のデータが回帰線から外れている

回帰線のあてはまりが向上し
傾き（β_1）の推定値も大きく変化した

切片ダミー（intercept dummy）…性別差などの質的違いを説明するために用いるダミー変数（０と１の値をとる変数）。回帰線の切片を変化（上下）させる働きがある。定数項ダミーとも呼ぶ。

質の違いを説明する変数②

～傾きダミー～

切片に加えて、傾きにもグループ間で差が見られる場合があります。その場合は、傾き（係数）ダミーを用います。

傾きダミーは、ダミー変数と説明変数をかけて作ります。

傾きダミーを加えた回帰式

切片ダミー（前ページ）　傾きダミー

$$y = \alpha + \beta_1 x + \beta_2 D + \beta_3 Dx + u$$

係数（β_3）が統計的に有意であるとき回帰線の傾きがグループ間で異なる

切片に差がないときは、傾きダミーだけでも OK

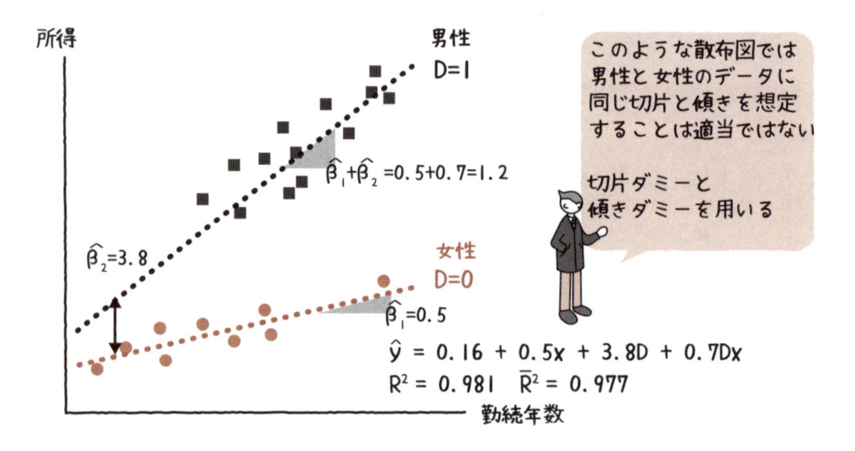

- ダミー変数はの作り方は 203 ページの通り
- グループ（カテゴリー）が 4 つあるときは 3 つのダミー変数を作り回帰に用いる。4 つ全てを回帰式に含めると完全多重共線性（198 ページ）の問題が発生し計算できない
- 回帰式に含めなかったグループは、基準（ベース）と呼ぶ

傾きダミー（slope dummy）･･･質的違いが回帰線の傾きに表れる場合に用いるダミー変数。傾きダミー単独でも用いられるが、切片ダミーとともに用いられることが多い。

例：家計の消費支出額

年	四半期	消費（x）	第1（D_1）	第2（D_2）	第3（D_3）	D_1x	D_2x	D_3x
2013	第1	400	1	0	0	400	0	0
	第2	430	0	1	0	0	430	0
	第3	410	0	0	1	0	0	430
	第4	430	0	0	0	0	0	0
2014	第1	420	1	0	0	420	0	0
	第2	420	0	1	0	0	420	0
	第3	400	0	0	1	0	0	400
	第4	430	0	0	0	0	0	0

「0、0、0」は第4四半期のデータであることを表します。

コラム 見せかけの関係

重回帰分析は、複数の説明変数を用いて因果関係を明らかにするための分析ツールですが、統計的な基準のみに従って変数選択することは好ましくありません。特に注意しなくてはならないのは、「見せかけの関係」を因果関係としてとらえてしまうことです。

見せかけの関係は、第3の変数の影響を受けて、別の2変数間に因果関係が生じているように見える関係です。

例えば、喫煙者はコーヒーをよく飲むという習慣（相関関係）があった場合、コーヒーの摂取が肺がんを引き起こすといった関係（見せかけの関係）を因果関係として見出してしまうかもしれません（下図）。

統計的な基準にだけ依存するのではなく、過去の研究や資料を十分にあたり、“常識”をフルに使って見せかけの因果関係を見抜くようにしてください。

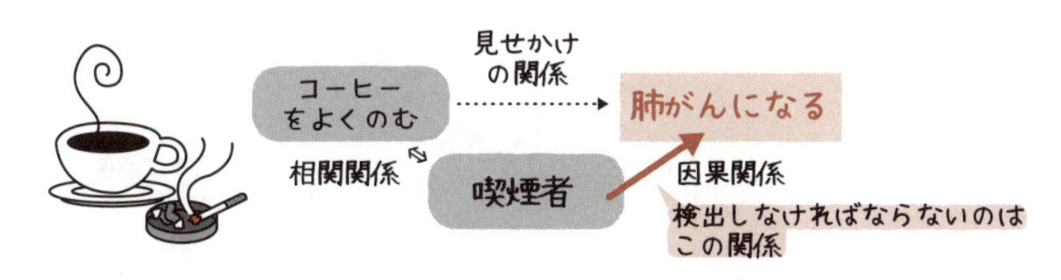

くさいとよむ

2値変数の回帰分析 ξ

まきがいや くさいアレ ではない

～プロビット分析～

被説明変数が2値変数（ダミー変数）の場合に用いる分析方法です。

▶▶▶選択確率

- 下の図は、車の購買（z＝1：購入した、z＝0：購入しない）と購入者の所得との関係をグラフにしたものです。
- 被説明変数が2値変数でも、最小2乗法（OLS）により回帰線は得られます。しかし、予測値が0と1の範囲外になることがありますし、誤差項の分散も均一（一定）ではないので、OLSを用いた分析は望ましくありません。

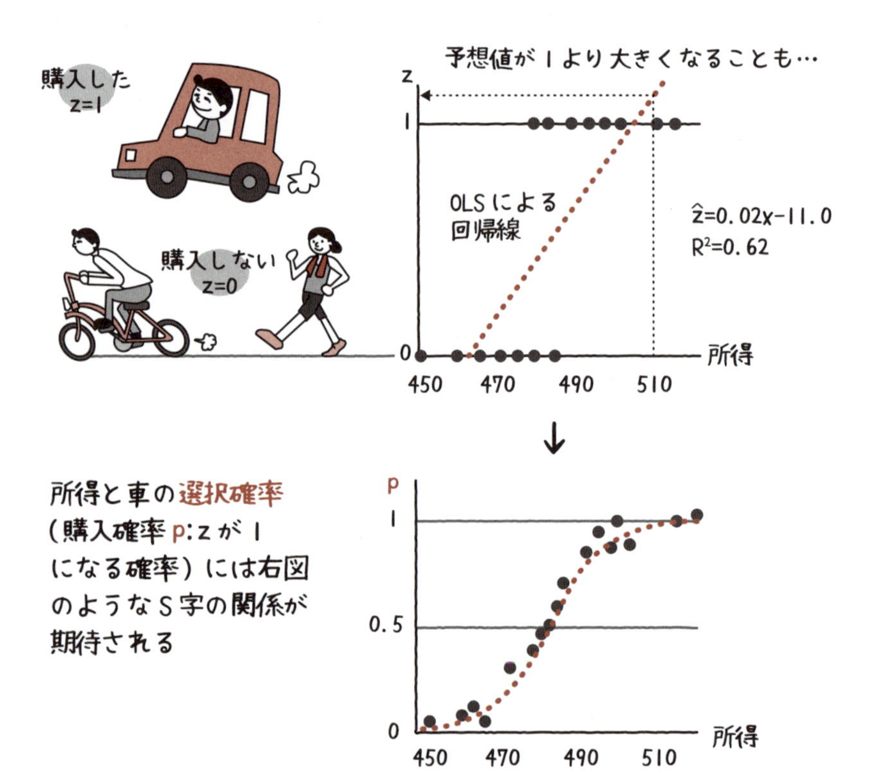

所得と車の選択確率（購入確率 p：z が1になる確率）には右図のようなS字の関係が期待される

プロビット分析（probit analysis）…2値変数（ダミー変数）を被説明変数とする回帰分析。観測データの背後に潜在的な変数を想定するのが、この手法の特徴。類似の手法にロジット（logit）分析がある。

▶▶▶ プロビットモデル

- S字曲線を得るためには所得水準ごとに車の購入確率の計算が必要になります。所得水準ごとに購入確率のデータを得ることは難しいので、以下の方法を用います。
- まず、購入確率（p）が累積正規分布に従うものと仮定します。累積分布とは、確率変数が、ある値以下になる確率を表しています。
- この累積分布が、潜在変数Yの関数であると定義します（分布関数F）。潜在変数とは、モデルの中で想定する変数で、実際には観測できません。車購入の例では、購入したいという欲求の程度や購入できる能力（経済力）の大きさを表す変数です。

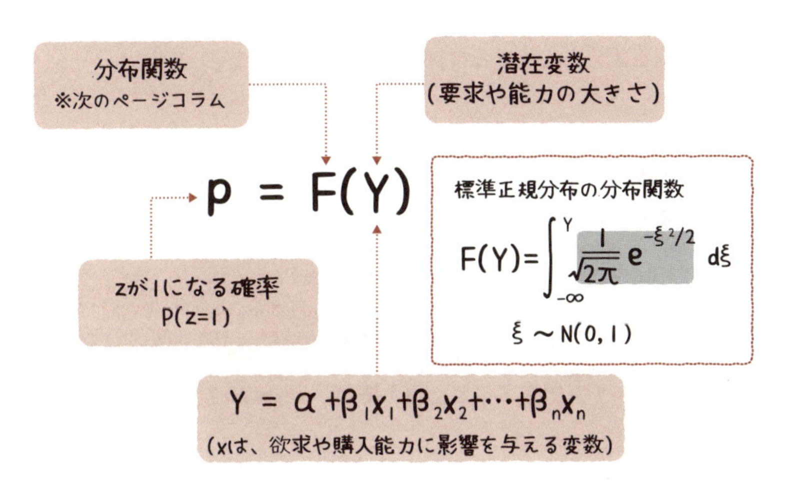

- 回帰係数（β_i）や切片（α）の推定は、最尤法（190ページ）で行います。

尤度関数　$L = p_1 \cdot p_2 \cdots\cdots p_m \cdot (1-p_{m+1}) \cdot (1-p_{m+2}) \cdots\cdots (1-p_n)$

z = 1のデータ　　　z = 0のデータ

→ここでp_iは、i番目のデータが z＝1 になる確率を、$1-p_i$はz＝0になる確率を表します。計算が難しそうですが、統計分析ソフトで手軽にできますので、心配はいりません。

分布関数（distribution function）…確率変数と、その確率変数がある値以下の値をとる確率との関係を表したもの。単に、累積分布関数とも呼ぶ。

限界効果

- 回帰係数 β（205ページ）は、変数 x の潜在変数 Y に対する影響の大きさを表しています。選択確率 p に対する影響ではありません。
- 選択確率 p に対する変数 x の影響は、変数 x の限界効果と呼ばれます。回帰係数と限界効果の符号は同じです。
- 限界効果MEは、以下の式で求めます。

$$ME_{x_i} = \frac{dF}{dX_i} = f(Y) \cdot \beta_i$$

ここで、f(Y) は正規分布の確率密度関数（25ページ）です。

- 高級車の購入の例について、Y = −109 + 0.226x という関係が推定されたとします。ここで、x は所得（万円）を表します。x の値を特定しないと f(Y) の値が求められないので、通常は平均値（$\bar{x} = 483$）での Y の値を求めます。

$$ME_x = f(-109+0.226\times483)\times0.226 = f(0.158)\times0.226 = 0.394\times0.226 = 0.089$$

※f(0.158)の値は、Excel関数NORM.S.DIST(0.158, false)で計算します。

この数字は、所得が1万円増えると、購入確率が9%増加することを表しています。

ダミー変数の限界効果

- ダミー変数は0と1の値しかとりません。上の限界効果の式は、変数 x のわずかな変化に対する確率 p の変化をみるものですので、ダミー変数について用いるのは適当ではありません。
- ダミー変数の限界効果は、以下の式で求めます。

$$ME_{x_d} = P(z=1 : x_d=1) - P(z=1 : x_d=0)$$

ここで、x_d は性別を表すダミー変数（男性＝1）、$P(z = 1 : x_d = 1)$ は $x_d = 1$ のときの購入確率を表します。

限界効果（プロビット分析）（marginal effect）…説明変数が変化した時に、確率（ある事柄が起きる確率、選択確率など）がどの程度変化するかを表したもの。

▶▶▶適合度

- プロビット分析では、通常の決定係数R^2を計算することはできませんので、対数尤度(log L)を用いて疑似的な決定係数を計算します。
- 代表的な**疑似決定係数**は、マクファーデン(McFadden)のR^2です。

↓説明変数xを含めたことによる対数尤度の改善度

$$\text{マクファーデンの}R^2=\frac{\log L_0-\log L_\beta}{\log L_0}=1-\frac{\log L_\beta}{\log L_0}$$

ここで、L_βは推定したモデルの尤度、L_0は切片のみのモデルの尤度を表しています。当てはまりが良いほど1に近くなります。

- もう1つの適合度指標は、**的中率**です。100%に近いほど、予測が的中精度が高くなります。

↓観測値zと予測値zの値が一致している観測値の数

$$\text{的中率}(\%)=\frac{\text{正しく予測された数}}{\text{観測値の総数(標本サイズ)}}\times100 \qquad ※\hat{z}=\begin{cases}1 & (Y\geqq0.5)\\0 & (Y<0.5)\end{cases}$$

プロビット分析では、分布関数に正規分布を用いました。OLSなどと同じく、誤差項に正規分布を仮定するのは自然な流れです。しかし、計算が複雑になるため、計算が容易なロジット分析も多く用いられます。

ロジット分析では、分布関数にロジスティック分布($1/\{1+\exp(-Y)\}$、$Y=\alpha+\beta_1x_1+\cdots+\beta_nx_n$)を用います。正規分布とロジスティック分布の分布関数は、確率が0と1の付近で異なります。どちらのモデルが良くあてはまるかは、実際に推定してみないと分かりませんが、分析結果(どの変数が有意になるか)は非常に似ています。なお、ロジット分析で得られた推定値($\hat{\beta}$)の大きさは、プロビット分析のそれと単純な比較はできません。

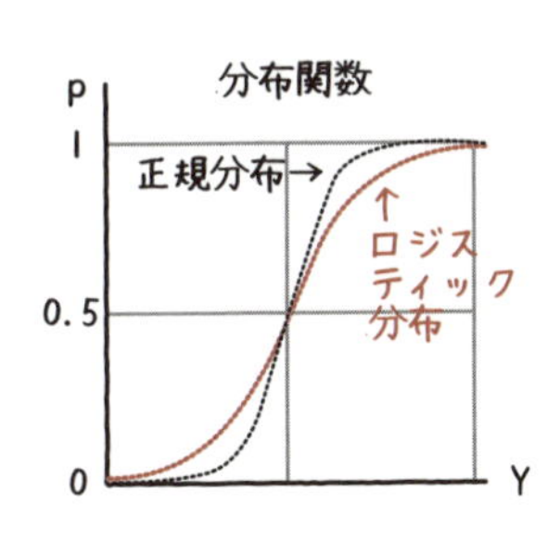

イベント発生までの時間を分析する①
～生存曲線～

イベント発生までの時間と生存確率との関係を表したのが生在曲線です。
イベント発生までの時間とは、死亡するまでの期間、病気が再発するまでの期間、機械が故障するまでの期間などを指します。

打ち切りデータ

- 解析時点でイベント（死亡・故障など）が発生していないデータのことです。
- 途中から有効なデータが得られなくなったケース（追跡不能）も、打ち切りデータとして扱えます。

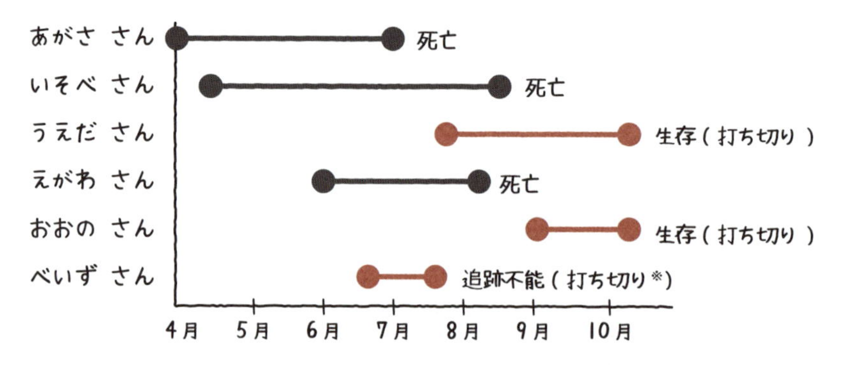

※打ち切りの理由がイベントの発生に影響を与えるケース（より良い治療を求めて転院するなどの理由）は、分析から除外してください。

生存曲線

- 生存曲線とは、時点（ t ）と生存確率（$S(t) = P(T \geq t)$）との関係をグラフ化したものです。Tはtの特定の値（時点）を表します。
- 生存確率（生存率）は、 t 時点でまだ生きている確率のことです。
- 生存曲線を推定する方法はいくつかありますが、カプラン・マイヤー法が有名です。

生存曲線（survival curve）…ある時間を超えて生存している（機能している）確率と、時間との関係を表したもの。生存関数とも呼ぶ。

カプラン・マイヤー法

● 以下の式を使って、生存確率 $\widehat{S(t_j)}$ を推定する方法です。

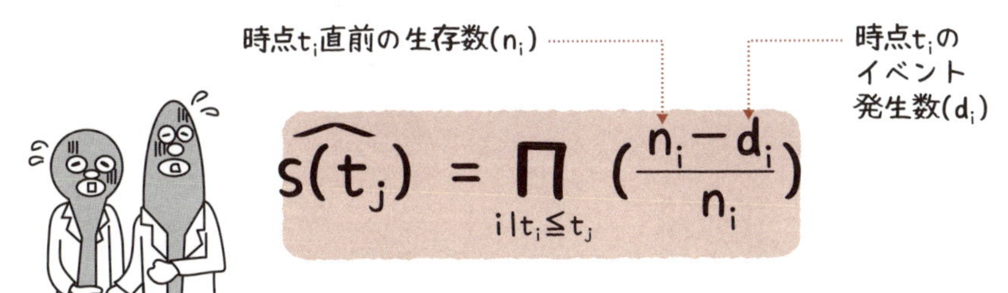

$$\widehat{S(t_j)} = \prod_{i|t_i \leqq t_j} \left(\frac{n_i - d_i}{n_i} \right)$$

Πは総乗記号という、時点(t_i)が(t_j)より小さいデータについて（　）内の変数の積を求める

元データ

患者ID	時点t_i（経過日数）	イベント（1:発生）
A	130	1
B	128	1
C	75	0
D	79	1
E	45	0
F	20	0
G	16	0
H	29	1
I	29	1
J	40	1
⋮	⋮	⋮

分析用データ

経過日数 t_i	イベント d_i	打ち切り w_i	生存数 n_i	$\frac{n_i - d_i}{n_i}$	生存確率 $\widehat{S(t_j)}$
16	1	1	26	0.962	0.962
20	0	1	24	1.000	0.962
22	0	1	23	1.000	0.962
29	3	0	22	0.864	0.830
30	0	1	18	1.000	0.830
31	1	0	18	0.944	0.784
33	0	1	17	1.000	0.784
36	0	1	16	1.000	0.784
37	1	0	15	0.933	0.732
40	1	1	15	0.929	0.680
⋮	⋮	⋮	⋮	⋮	⋮

①経過日数ごとに集計

②日数の短い順に並び替える

※$n_i = n_{i-1} - d_{i-1} - w_{i-1}$

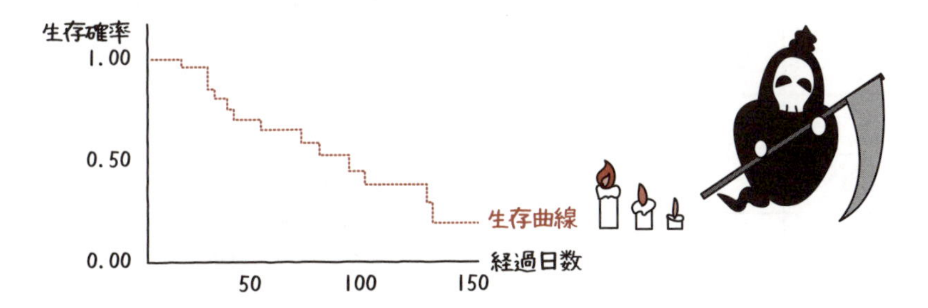

カプラン・マイヤー法（Kaplan-Meier method）･･･打ち切りデータ（イベントがまだ発生していないデータ）を考慮した生存率の算出方法。カプランとマイヤーによって1958年に考案された。

9 13

イベント発生までの時間を分析する②

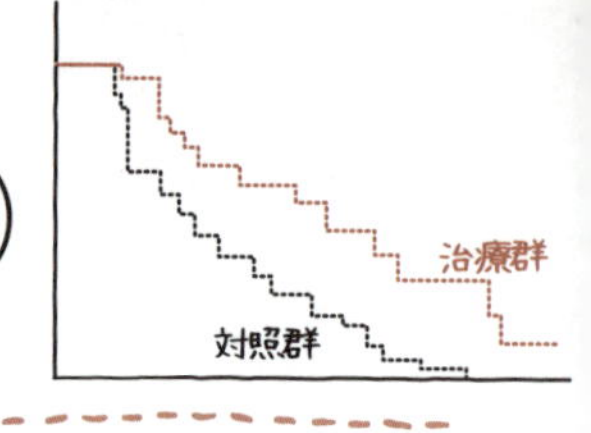

～生存曲線の比較～

複数グループの生存曲線を比較するには、ログランク検定や一般化Wilcoxon検定を用います。

2群の生存曲線の比較

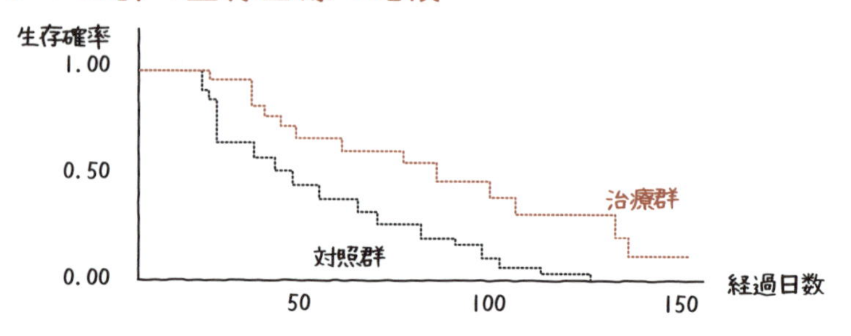

帰無仮説 $H_0 : S^1(t) = S^2(t)$

$S^1(t)$：第1グループ（治療群）の生存関数

$S^2(t)$：第2グループ（対照群）の生存関数

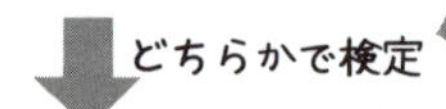

ログランク検定

各時点のイベント数に重みを付けない（平等に扱う）

一般化Wilcoxon検定

時点ごとに重みを変更
初期の結果の方が信頼性が高い場合に用いる

※ 何れの検定統計量も自由度1の χ^2 分布に従う

事例：治療群と対照群の生存曲線が等しいかどうかを検定した結果

	ログランク	Wilcoxon
χ^2値	8.42	6.73
自由度	1	1
P 値	0.004	0.010

両検定のP値は1％よりも小さいので帰無仮説は棄却される
→治療の効果あり

生存曲線の比較（comparison of survival curves）･･･カプラン・マイヤー法により生存曲線を描けば、生存曲線の違いを目視することができる。統計的に検定したい場合は、ログランク検定や一般化ウィルコクソン検定を用いる。

イベント発生までの時間を分析する③
～Cox比例ハザード回帰～

生存時間に影響を与える要因を分析するには、Cox比例ハザード回帰を用います。

▶▶▶ Cox（コックス）比例ハザード回帰

- ハザートとは、時点 t まで生存しているものの、その直後（次の瞬間）に死んでしまう確率（瞬間死亡率）のことです。
- Cox比例ハザート回帰は、変数 $x = (x_1, x_2, \cdots, x_n)$ がハザード関数に与える影響を分析するための手法です。
- ハザード関数は、時点 t と変数 x の関数として、次式のように定義されます。

$$h(t,x) = h_0(t)\exp(\beta_1 x_1 + \beta_2 x_2 + \cdots + \beta_n x_n)$$

↑ 基準ハザード（すべてのXの値が0のときのハザード）

▶▶▶ ハザード比

- ハザード比とは、ある x_i が1（その他は0）のときのハザードと基準ハザード（$h_0(t)$）の比のことを指します。

$$\frac{h(t,x_i)}{h_0(t)} = \frac{h_0(t)\exp(\beta_1 \cdot 0 + \beta_2 \cdot 0 + \cdots + \beta_i \cdot 1 + \cdots + \beta_n \cdot 0)}{h_0(t)} = \exp(\beta_i)$$

- このハザード比が1より大きい場合は、x_i の上昇がイベントの発生確率を上昇させます（1より小さい場合はその逆です）。

▶▶▶ 比例ハザード性

- ハザード比が時間の経過とともに変化しない（一定である）という性質です。
- Cox比例ハザード回帰では、この性質が満たされなくてはなりません。

コックス比例ハザード回帰（Cox proportional hazards model）･･･生存時間データのための重回帰分析。ハザード（瞬間死亡率）に影響を与えそうな変数（説明変数）を見つけ、影響の大きさを測るために用いる。

- 統計ソフトR（アール）を用いて、Cox比例ハザード回帰を行ってみます。Rについては、巻末の付録Aを見てください。
- 心筋梗塞で病院にかかった人が再度心筋梗塞を発症するまでの期間（time）を、最初に病院にかかった時の年齢（age）と糖尿病の病歴の有無（diabetes）で回帰します。なお、R演習用のデータは、http://www.ohmsha.co.jp/data/link/bs01.htm からダウンロードできます。

Rコマンド　Cox比例ハザード回帰

Cox比例ハザード回帰ツールが入っている、パッケージを読み込みます。初めて使う方は、このsurvivalというパッケージをインストールしてください。

```
> library(survival)
> (out.cox<-coxph(Surv(time, event)~ age + diabetes, data = sdata, method = "breslow"))
```

（event）打ち切りでないケースを1、打ち切りのケースを0とした変数

※本文では1を打ち切りと表記。何を1とするかはソフトによって異なります。

R出力

	coef	exp(coef)	se(coef)	z	p
age	0.0723	1.08	0.0256	2.82	0.0047
diabetes	1.0345	2.81	0.4581	2.26	0.0240

（exp(coef)）ハザード比、両変数ともに1より大きいので、高齢で糖尿病の病歴があるほど再発率が上がることが分かります。

（p）p値が5%より小さいので、両変数の回帰係数は統計的に有意（0と異なる）ことが分かります。

Rコマンド　比例ハザード性の検定

```
(cox.zph(out.cox))
```

R出力

	rho	chisq	p
age	−0.1864	2.049	0.152
diabetes	0.0978	0.352	0.553
GLOBAL	NA	2.174	0.337

（p）p値が5%より大きいので、帰無仮説（比例ハザード性が満たされている）は、棄却されません。

※GLOBALはモデル全体についての検定です

比例ハザード性（property of proportional hazards）･･･2群間のハザード比が時間とともに変化しない（一定である）という性質。Cox比例ハザードモデルを用いる場合は、比例ハザード性が成立しているかを確認する必要がある。

コラム

色々な統計分析ソフト

このテキストでは「R」を用いていますが、他にも使い勝手の良いソフトが多く開発されていますので、ここで簡単に紹介します。

ソフト名	制作・販売会社	特徴
Excel の分析ツール	Microsoft (アドイン)	基本的な統計分析 (平均値の差の検定, 分散分析, 重回帰など) ができる。多変量解析はできない。【無料】
エクセル統計	社会情報サービス	使いやすく、コストパフォーマンスが良い。多くの分析手法が収録されている。海外での知名度は低い。【4万円、4年間の使用契約】
SPSS	IBM	社会科学の分野ではとても普及している。マウス操作だけ使用できる。【30万円程度、高度な分析には別途オプションが必要。】
SPSS AMOS	IBM	共分散構造分析 (SEM) のモデル構築と評価を、マウスの操作だけで行うことができる。【19万円程度。】
JMP	SAS Institute Inc.	SASとの連携が可能。実験計画のツールが充実している。メニュー操作が独特で慣れるまで時間が必要。【27万円程度】
STATA	StataCorp LLC	計量経済学の分野では有名なソフト。高度な分析が可能。コマンド入力が基本なので慣れるまで時間が必要。【13万〜18万円程度】
R	R Foundation	利用者が多い。パッケージを導入することによって、多彩な分析が可能。コマンド入力が基本。【無料】
R コマンダー	John Fox 氏 (Rのパッケージ)	Rのグラフィカルインターフェイス。マウスだけで操作できる。標準で組み込まれている分析手法は少ない。【無料】
EZR	神田善伸氏 (Rのパッケージ)	Rのグラフィカルインターフェイス。Rコマンダーより収録されている分析手法が多い (特に、医療統計関連)。【無料】

このように、たくさんのソフトがありますが、実際にもっとも普及しているのはどれでしょうか。ロバート・ミュンヘンという方が、2016年に発表された世界中の全学術論文を調べたところ、もっとも多く使用されていたのはSPSSでした[1]。しかもSPSSを使用した論文数は8万件を超えており、第2位のRの4万件を大きく引き離していました。ミュンヘン氏は、SPSSが圧倒的な理由として、解析力と使いやすさのバランスがとれていることをあげています。ちなみに第3位はSAS、第4位はSTATAで、それぞれ3万件前後でした。なお、上の表でも取り上げているJMPは約1万件で13位でした(論文数はいずれもミュンヘン氏が作成したグラフから栗原が読み取った値です)。

1) The Popularity of Data Science Software by Robert A. Muenchen (http://r4stats.com/articles/popularity/) 2017年7月確認

Belonging.

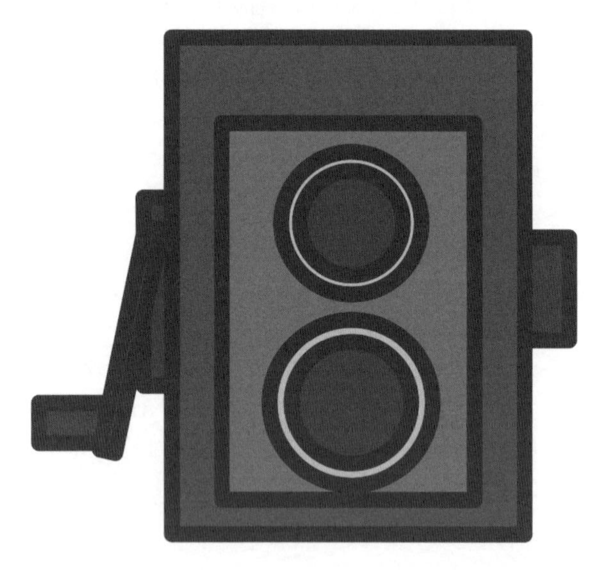

第10章　多変量解析

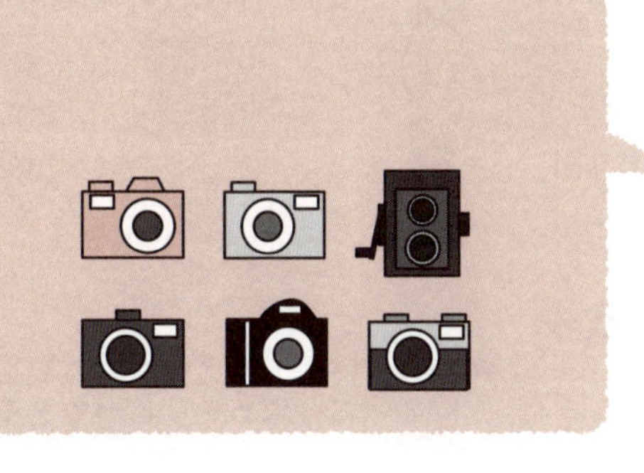

10 | 1

情報を集約する
～主成分分析～

多くの変数に含まれている情報を、少数の変数で表したい（総合的な指標を作りたい）ときに用いる方法です。

▶▶▶ 主成分

主成分（z）は、データの分散が最大になる方向を示すように生成された変数のことです。主成分の分散（固有値）の大きさは、情報量の多さを表しています。

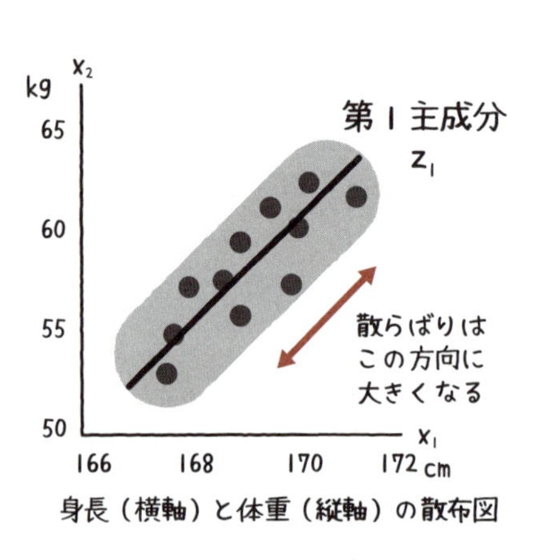

身長（横軸）と体重（縦軸）の散布図

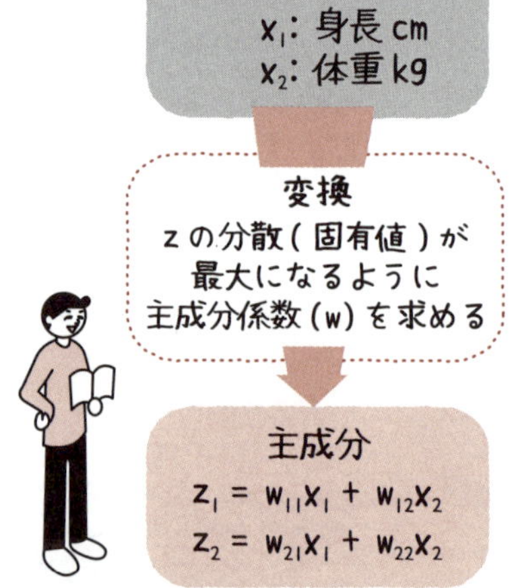

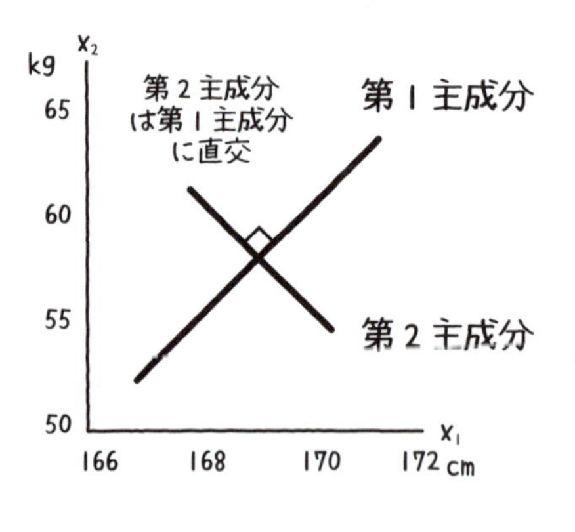

★ 主成分は元データの変数の数と同じ数だけ求めることができる

★ 主成分の分散の大きいものから第1、第2、第3…主成分と呼ぶ

★ 主成分係数（w_1, w_2）は $w_1^2 + w_2^2 = 1$ を制約条件とした最適化問題（分散最大化）の解

主成分分析（principal component analysis）••• k個の変数の変動を、k個より少ない互いに直交する変数で表すための方法。
固有値（主成分分析）（eigenvalue）••• 主成分スコアの分散を表す。この値が大きいほど、元の変数の特徴をよく表している。

- 10人の学生（1～10）の国語（Japanese）・数学（Math）・英語（English）・理科（Science）・社会（Social studies）の得点データを用いて、統計分析ソフトRで主成分分析を行ってみます。

Rコマンド

```
> pc_res <- princomp (sdata, cor=TRUE)
```

変数間でデータの単位が揃っていないとき、分散が大きく異なるときはTRUE（相関行列から計算）を指定し、その他の場合はFALSE（分散共分散行列から計算）を指定します。
分散共分散行列を標準化したものが相関行列です。

```
> summary (pc_res)
```

R出力

Importance of components:

	Comp.1	Comp.2	Comp.3	Comp.4	Comp.5
①Standard deviation	1.8571903	1.1538612	0.4313438	0.158206713	0.091441658
②Proportion of Variance	0.6898312	0.2662791	0.0372115	0.005005873	0.001672315
③Cumulative Proportion	0.6898312	0.9561103	0.9933218	0.998327685	1.000000000

①：標準偏差データ（変数）の分散共分散行列の固有値は、各主成分の分散になっています。その平方根が、標準偏差です。

②：寄与率
各主成分により元データの情報の何パーセントが説明されるかを表しています。
寄与率＝各固有値／固有値の総和

③：累積寄与率
①、②も寄与率を第1主成分から順に累積したものです。

- 累積寄与率80％を目途として、主成分を選択します。
- この例では、第2主成分までで96％が説明されており、第3主成分以下の主成分は、あまり寄与していないことが分かります。
- 相関係数から計算した場合は、1以上の固有値をもつ主成分を採用するという基準も用いられます。

寄与率（主成分分析）（contribution ratio）…各主成分により集約される情報（分散）の割合。各主成分の固有値をその総和で割ったもの。累積寄与率は、寄与率を、その大きい順から足していったもの。

因子負荷量と固有ベクトル

固有ベクトルから計算される因子負荷量は、元の変数と主成分の関連性の強さ（相関係数）を表しています。主成分負荷量ともいいます。

Rコマンド

```
> t(t(pc_res$loadings)*pc_res$sdev)
```

因子負荷量を出力させるためのコマンドです。pc_res$loadingsだけだと、固有ベクトル（主成分係数w）が表示されます。

主成分の解釈

因子負荷量の大きさと符号を見ながら、各主成分にどのような情報が強く反映しているかを判断し、主成分の意味付け（ネーミング）を行います。

R出力

Loadings:

	Comp.1（第1主成分）	Comp.2（第2主成分）	Comp.3	Comp.4	Comp.5
Japanese	-0.905	-0.374	-0.190		
Math	-0.689	0.692	0.199		
English	-0.866	-0.412	0.272		
Science	-0.703	0.684	-0.174		
Social studies	-0.954	-0.274			

※値（絶対値）が0.1より小さいときは表示されません。

全ての科目（変数）の因子負荷量が負で同じような値をとっています。

↓

総合得点が高ければ、第1主成分は負に大きな値とります。

↓

従って、第1主成分は「総合力を測る主成分（軸）」と解釈できます。

国語・英語・社会が負の値で、数学・理科が正の値をとっています。

文系科目の得点が理系科目より高ければ、第2主成分は大きな負の値とります。

従って、「理系傾向が強い（正）か文系傾向が強い（負）かを測る主成分（軸）」と解釈できます。

因子負荷量（主成分分析）（factor loading）…主成分と元の変数との関連性（相関）の程度を表したもの。主成分負荷量とも呼ぶ。

主成分得点と主成分得点プロット

個体（ケース、オブザベーション、被験者）ごとに算出される各主成分の値です。

R コマンド

```
> pc_res$scores
```

← 主成分得点出力させるためのコマンドです。

R 出力

```
      Comp.1       Comp.2       Comp.3     Comp.4       Comp.5
1  -2.58995190 -0.780563285  0.3489215 -0.20018725 -0.082756784
2  -2.70802625  0.949712815  0.5565135 -0.02900749 -0.005893198
        ⋮            ⋮           ⋮           ⋮            ⋮
```

R コマンド

```
> plot (pc_res$scores[,1], pc_res$scores[,2], type="n")
> text (pc_res$scores[,1], pc_res$scores[,2])
```

← 第1主成分と第2主成分の主成分得点をプロットするためのコマンドです。

R 出力

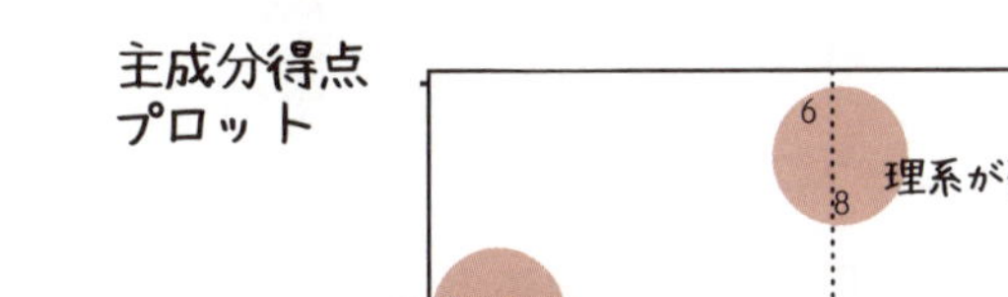
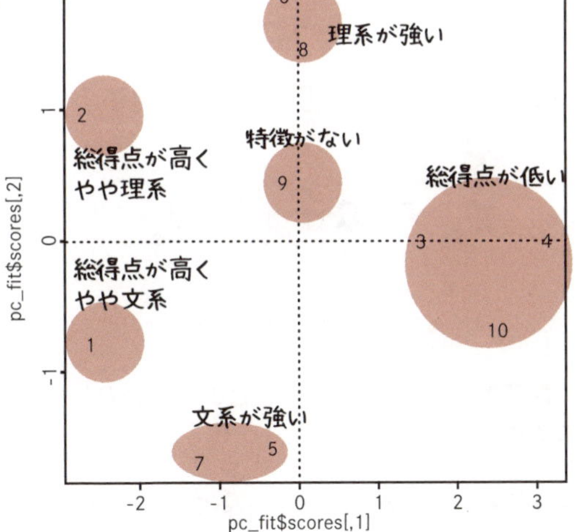

主成分得点 (principal component score) ••• 個々のデータ（個体）について計算される各主成分の値。

10 2

潜在的な要因を発見する

～因子分析～

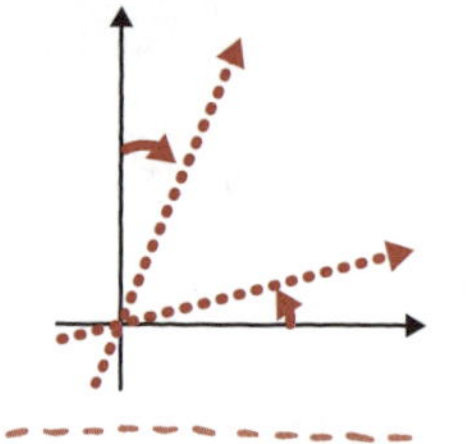

社会科学分野の現象を測定した変数には複雑な関連性があり、相互関係を理解するのは難しいものです。因子分析を用いると、変数の背後に共通して存在する概念（共通因子）を抽出して、変数間の関連性を理解できます。

共通因子

- 観測された変数に共通して含まれている要因のことです。
- 主成分分析と似ている点が多いですが、下図のように基本的な考え方（矢印の向き）が正反対ですので注意してください。

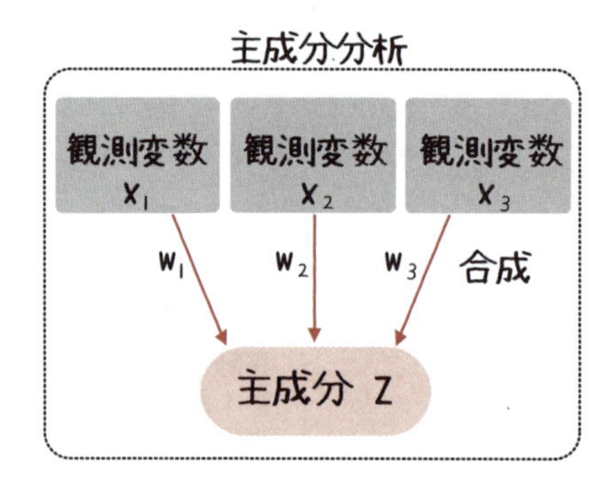

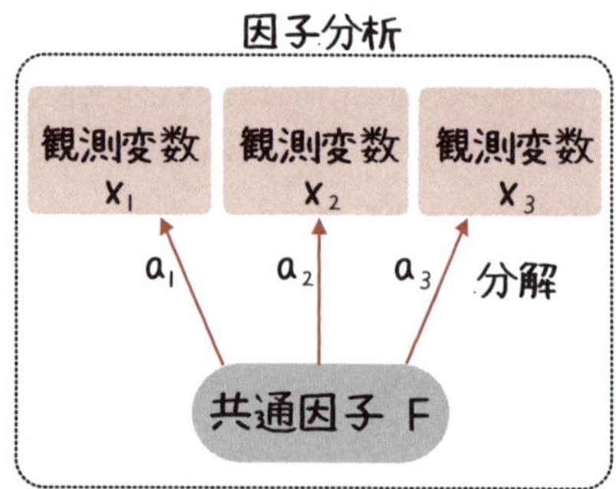

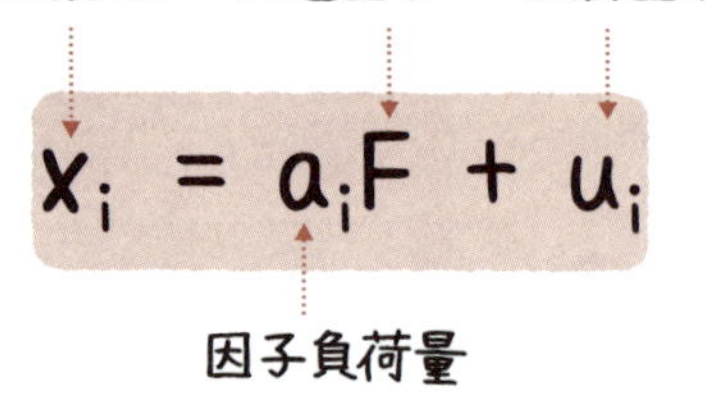

★因子負荷量（a_i）を求めるのが因子分析の目的
最尤法や主因子法がよく用いられる

★因子負荷量の 2 乗和 $(a_i)^2$ は共通性と呼ばれる

因子分析（factor analysis）…複数の変数の背後に存在する概念（因子）を抽出するための方法。消費者意識やブランドイメージ、価値観の分析などに用いられることが多い。

演習 20人の被験者に自分の性格を5段階（1：当てはまらない〜5：当てはまる）で評価したデータを用いて因子分析を行ってみます。変数は、以下の9つです。

x1：自分の人生に責任を持って生きたいと思う
x2：どうすれば人生をよりよく送れるかを良く考える
x3：充実した人生を送れるかは自分の行動次第である
x4：環境変化にストレスを感じないほうである
x5：気持ちの切り替えは早いほうだ
x6：迷ったらまず行動してみるほうだ
x7：充実した人生を送るには経済的安定が最も重要である
x8：安定した会社で着実に成果を上げたいと思う
x9：身の丈に合った生活を送りたい

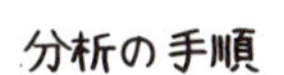

①	②	③	④
因子数の決定（固有値の計算）	分析（計算）の実行	軸の回転	軸の解釈 因子得点

- 因子分析では、まず抽出する因子の数を決めます。事前に共通因子の数が想定できている場合を除き、以下のように固有値を計算し、その値が1以上の固有値の数を採用します。

R コマンド

```
> evres <- eigen (cor (sdata))
> evres$value
```

固有値を計算するためのコマンドです。（← eigen (cor (sdata))）

計算した固有値を表示させます。（← evres$value）

R 出力

```
[1] 5.24008550 1.82695018 0.67948411 0.41521519 0.35485288 0.20184232
[7] 0.12992206 0.09525016 0.05639759
```

変数が9つ（x1〜x9）ありますので、固有値も9つ計算されます。
1以上の大きさを持つのは2つですので、因子数は2とします。

共通因子（common factor）･･･ 2つ以上の変数に影響を与える因子。すべての変数に影響を与える因子を「一般因子」として区別することがある。

R コマンド

```
> library (psych)
```
← 標準で組み込まれている"factanal"という関数でも分析できますが、機能が限られています。ここでは、psychというパッケージを使います。

```
> library (GPArotation)
> fac_res <- fa (sdata, nfactors=2, fm="ml", rotate="oblimin")
```
因子数を指定（nfactors=2）

軸の回転方法を指定（223、225ページ）

因子の抽出方法を指定：最尤法（ml）のほか主因子法（pa）が良く用いられます（225ページ）。

```
> print (fac_res,digit=3)
```
← 結果を出力します。

R 出力

```
Factor Analysis using method = ml
Call: fa (r = sdata, nfactors = 2, rotate = "oblimin", fm = "ml")
Standardized loadings (pattern matrix) based upon correlation matrix
```

	ML1	ML2	h2	u2	com
x1	0.971	0.053	0.990	0.0105	1.01
x2	0.748	0.211	0.737	0.2627	1.16
x3	0.829	0.086	0.754	0.2455	1.02
x4	-0.905	0.101	0.753	0.2472	1.02
x5	-0.760	0.090	0.528	0.4719	1.03
x6	-0.817	0.091	0.612	0.3875	1.02
x7	0.012	0.825	0.690	0.3104	1.00
x8	-0.018	0.935	0.861	0.1389	1.00
x9	0.060	0.748	0.601	0.3985	1.01

共通性（commonality）
各変数の持っている情報が因子モデルに反映されているかを表しています。
共通性が小さい変数は、モデルから削除し再推定したほうが良いでしょう。

因子負荷量が出力されています。第1因子（ML1）にはx1～x6の情報が、第2因子にはx7～x9の情報が強く反映されています。

	ML1	ML2	
SS loadings	4.294	2.233	← 因子負荷量の2乗和（列方向）
Proportion Var	0.477	0.248	← 寄与率
Cumulative Var	0.477	0.725	← 累積寄与率
Proportion Explained	0.658	0.342	← 説明率（寄与率／寄与率の合訂）
Cumulative Proportion	0.658	1.000	← 累積説明率

▶▶▶軸のネーミングと回転

- 因子負荷量を用いて軸のネーミングを行う方法は、主成分分析と同じです。
- 因子負荷量の値に目立った傾向がなく、ネーミングが難しい場合は、軸の回転を行います。回転には「直交回転」と「斜交回転」があります。
- 共通因子間に相関が仮定できない場合は直交回転、相関が仮定できる場合は斜交回転を行います。
- 左ページの例では、斜交回転の“oblimin”（Rのデフォルト）を用いています。

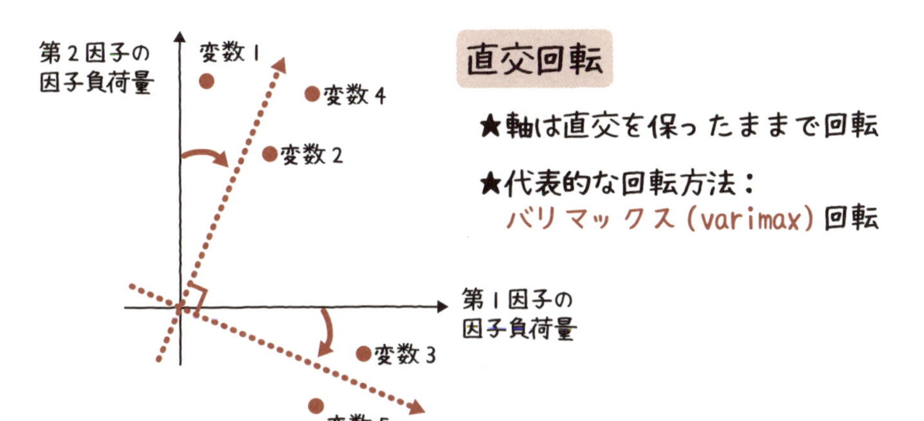

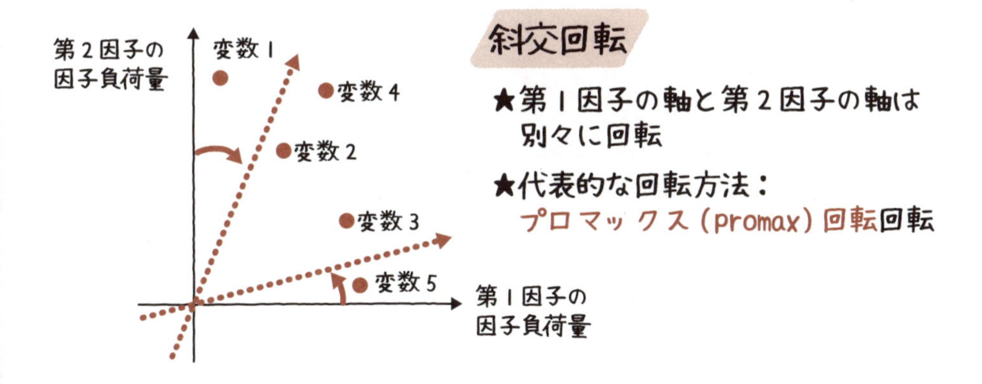

回転（因子分析）（rotation）･･･分析結果をより解釈しやすい（軸のネーミングをしやすい）ように、因子軸を回転させること。因子間の相関を仮定しない直交回転と、相関を仮定する斜交回転がある。

▶▶▶バイプロット

2つまたは3つの因子について、各変数が因子に与える影響のベクトルの図（因子負荷プロット）と、因子得点プロット（219ページの主成分得点プロットと同種の図）を1つの図にしたものです。

Rコマンド

```
> biplot (fac_res$scores, fac_res$loadings)
```

↑ バイプロットを描くコマンドです。

R出力

因子負荷プロットと各質問の内容から、軸のネーミングを行います。

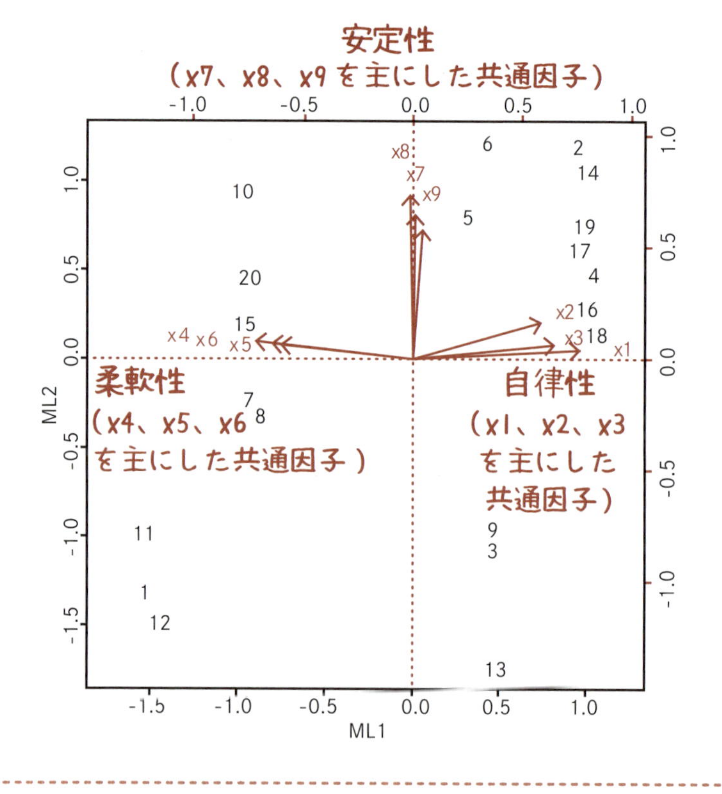

バイプロット（biplot）…個々のデータ（個体）についての散布図に、変数に関する情報をベクトル（矢印）などで書き入れたもの。因子分析では、因子得点と因子負荷量から作成する。

faコマンドで指定できるオプション

① 因子抽出方法 (fm=【手法名】)

最小残差法	【minres】残差を最小にするように解（因子負荷量）を求めます。因子負荷量のパターンは、主因子法より最尤法に近い傾向があります。<デフォルト>（注）
加重最小２乗法	【wls】独自因子で残差行列に重みを付けて解を求めます。
一般化最小２乗法	【gls】WLSと基本的に同じですが、重みの求め方が異なります。
主因子法	【pa】因子の寄与を最大にするように解を求めます。
最尤法	【ml】多変量正規分布を用いた最尤推定により解を求めます。まずはこの方法を用いるのが良いでしょう。

注：<デフォルト>オプションを指定しないときに用いられる手法です。

② 回転方法 (rotation=【手法名】)

回転無し	【none】
直交回転	【varimax】,【quartimax】,【bentlerT】,【equamax】,【varimin】,【geominT】,【bifactor】
斜交回転	【promax】,【oblimin<デフォルト>】,【simplimax】,【bentlerQ】,【geominQ】,【biquartimin】,【cluster】まずはpromaxを用いるのが良いでしょう。

③ 反復計算の最大回数

【max.iter=100】のように指定します（デフォルトは50回）。計算が収束しない（計算が終わらない）とき、値を大きくしてみてください。

④ 因子得点の計算方法

デフォルトは【scores= “regression”】です。その他、“Thurstone”, “tenBerge”, “Anderson”, “Bartlett” が指定できます。通常はデフォルトでOKです。

⑤ 共通性の初期値

重相関係数の２乗を用いる場合は【SMC=TRUE〈デフォルト〉】とします（通常はこちら）。【SMC=FALSE】とすると１が初期値に用いられます。

因子分析のソフトウェア･･･SPSSのような社会科学が発祥のソフトでは、因子分析に主成分分析が含まれており、JMPのような工学・実験計画学が発祥のソフトでは、主成分分析に因子分析が含まれているので注意を要する。

因果構造を記述する

～構造方程式モデリング(SEM)～

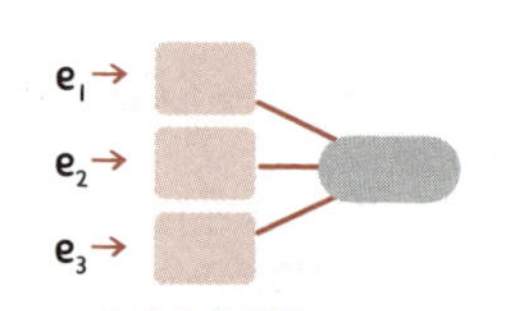

原因と結果の間にある関係を想定し、その仮説をデータにより検証するための方法です。

因子分析と重回帰分析を組み合わせた手法で、因果構造に潜在変数を組み込むことができます。

SEMは、Structural Equation Modeling の略称です。共分散構造分析（CSA: Covariance Structure Analysis）とも呼ばれます。

パス図

- 変数間のつながり（因果構造）を矢印（パス）を用いて表したものです。下の図は、潜在因子間に因果関係があるタイプ（多重指標モデル）のパス図です。

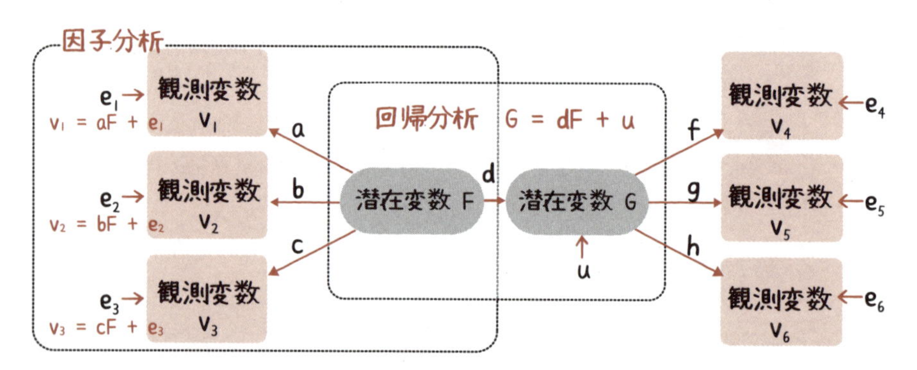

観測変数（v_1～v_6）：身長や体重、アンケートの回答など、データとして収集することのできる変数です。パス図では、通常、四角で囲みます。

潜在変数（F, G）：観測変数から構成される「概念」を表す変数で、因子分析での共通因子にあたります。パス図では、通常、楕円で囲みます。

誤差変数（e_1～e_6, u）：モデルに含めることのできなかった変数をひとまとめにしたものです。「誤差」や「残差」と呼ばれることもあります。

パス係数（a～h）：回帰分析の回帰係数や因子分析の因子負荷量のようなもので、変数間の影響の大きさを表します。

構造方程式モデリング（共分散構造分析）（Structural Equation Modeling, SEM）･･･複雑な因果構造を、潜在変数を導入したパス図で表す手法。

パス図（path-diagram）･･･観測変数と潜在変数の因果構造を矢印で結んで描いた図。

▶▶▶総合効果

- 原因変数が結果変数に与える効果の全量のことで、直接効果と間接効果の和として表されます。
- 原因・介在・結果変数は、潜在変数でも観測変数でも構いません。

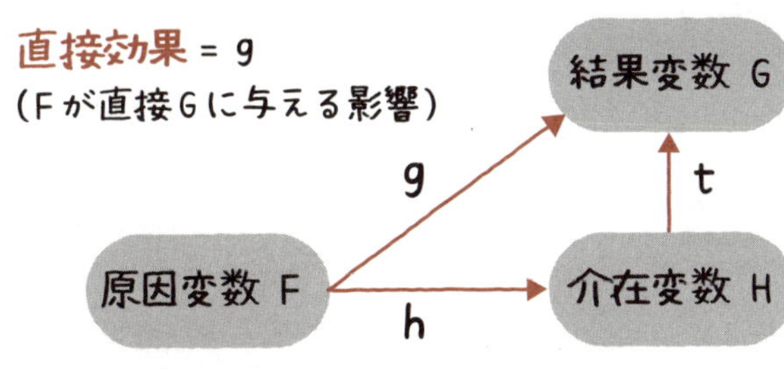

▶▶▶適合度指標

- 推定されたモデルが観測データをどの程度説明しているか（当てはまっているか）を評価するための指標です。

X^2統計量：「モデルが正しい」が帰無仮説ですので、棄却されないことが望ましい指標です。標本サイズが大きくなると帰無仮説は棄却されやすくなりますので、とても大きな標本ではあまり意味がありません。

RMSEA (Root Mean Square Error of Approximation)：X^2値に基づく統計量ですが、標本サイズ（自由度）で修正されています（従って、大標本から小標本まで使えます）。0.05以下は良好、0.1以上は好ましくないとされます。

GFI (Goodness of Fit Index)：重回帰モデルの決定係数に相当する指標です。観測変数の数が増えると増加する傾向があるので、その問題を修正したAGFI（Adjusted GFI）が通常用いられます。0.9以上のモデルが良いとされます。

CFI (Comparative Fit Index)：推定したモデルが、飽和モデル（すべての変数が関連付られており、パス係数の有意性が判断できないモデル）と独立モデル（パスが一切ないモデル）の間で、どのあたりに位置しているかを示す指標。0.9以上のモデルが良いとされます。

AIC (Akaike Information Criteria)：複数の推定されたモデルからひとつモデルを選ぶとき（相対的な評価をしたいとき）に用います。値の小さい方が適合度が高くなります。

総合効果（total effect）･･･直接効果（ある変数から別の変数への直接的な影響）に間接効果（第3の変数を経由した影響）を加えたもの。
適合度（SEM）（Goodness of Fit）･･･推定されたモデルが観測データをどの程度説明するかを表す。色々な指標がある。

▶▶▶ 色々なモデル

多重指標モデルが基本ですが、その他、以下のようなモデルもよく用いられます。

① 2因子モデル：two-factor model

観測変数（v_1-v_3）の共通因子（潜在変数F）と観測変数（v_4-v_6）の共通因子（G）に相関があるタイプ

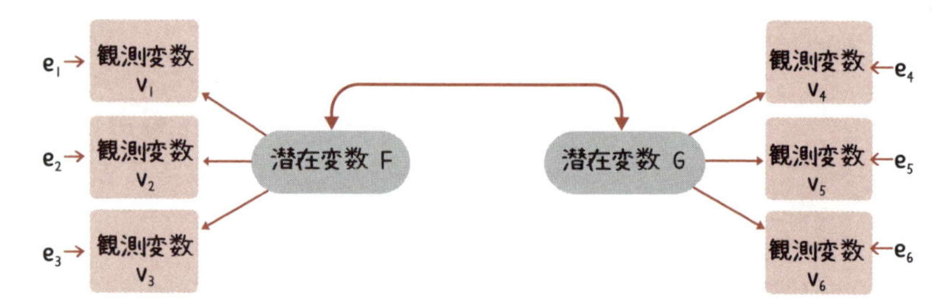

② MIMIC：Multiple Indicator MultIple Cause

観測変数（v_4-v_6）の共通因子Gが、その他の観測変数（v_1-v_3）で説明されるタイプ

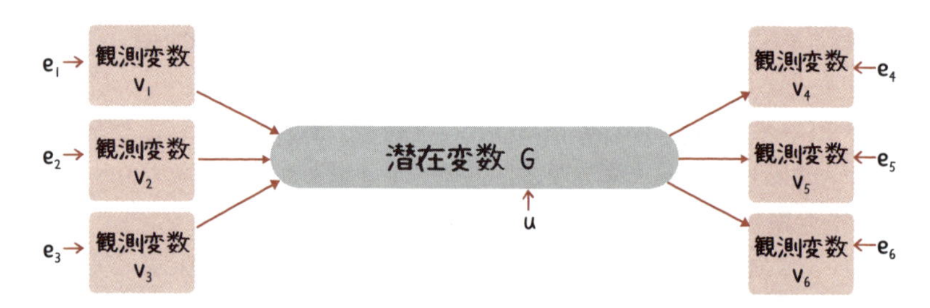

③ PLSモデル：Partial Least Square

観測変数（v_1-v_3）が1つの指標Fを作り、それが共通因子Gを説明するタイプ

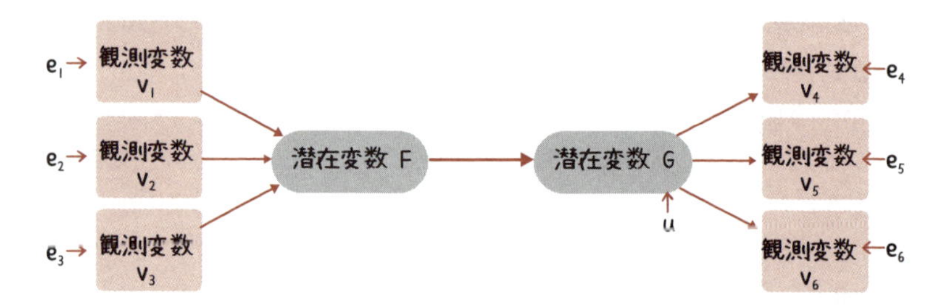

多重指標モデル（multiple indicator model）・・・共通因子（潜在変数間）に因果関係があるモデル。
2因子モデル（two-factor model）・・・共通因子（潜在変数）の間に相関関係があるモデル。

演習 Rでは、"lavaan"、"sem"、"OpenMx"という3種類のパッケージでSEM分析を行うことができます。計算の方法や出力できる指標などに違いがあります。ここでは、"lavaan"を用いて、下記のパス図に基づくSEM分析を行ってみます。

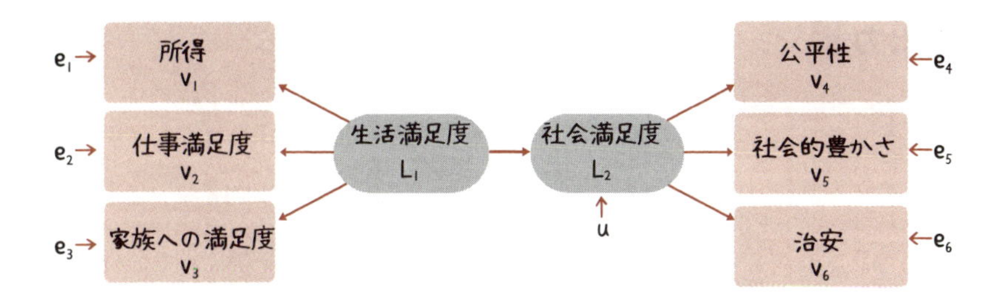

Rコマンド

```
> library (lavaan)  ← パッケージを読み込みます。

> model <- "  ← 因果モデルの記述を始めます。
+ L1 =~ v1 + v2 + v3  ← 潜在変数は =~ を使って表します。
+ L2 =~ v4 + v5 + v6
+ L2 ~ L1  ← 因果関係(→)は ~ を使って表します。
+ v1 ~~ v1  ← 各変数の分散は ~~ を使って表します。
+ v2 ~~ v2     v1 と v2 との間に相関関係(↔)を設定し
+ v3 ~~ v3     たい場合も、~~ を使って、v1 ~~ v2 のよ
+ v4 ~~ v4     うに表します。
+ v5 ~~ v5
+ v6 ~~ v6
+ L1 ~~ L1
+ L2 ~~ L2
+ "  ← ここでモデルの記述が終わりです。
```


MIMIC･･･ある観測変数の共通因子(潜在変数)が、同時に、他の観測変数の結果になっているモデル。
PLS･･･共通因子と合成変数(ともに潜在変数)との間に因果関係があるモデル。

R コマンド

```
> res <- sem (model, data=sdata)
> parameterEstimates (res)
```

← モデルの推計

← 推計結果の出力

R 出力

	lhs	op	rhs	est	se	z	pvalue	ci.lower	ci.upper
1	L1	=~	v1	1.000	0.000	NA	NA	1.000	1.000
2	L1	=~	v2	0.713	0.114	6.243	0.000	0.489	0.937
3	L1	=~	v3	0.968	0.125	7.714	0.000	0.722	1.214
4	L2	=~	v4	1.000	0.000	NA	NA	1.000	1.000
5	L2	=~	v5	0.723	0.092	7.823	0.000	0.542	0.905
6	L2	=~	v6	0.642	0.093	6.922	0.000	0.461	0.824
7	L2	~	L1	0.958	0.114	8.383	0.000	0.734	1.183
8	v1	~~	v1	0.446	0.215	2.074	0.038	0.024	0.867
9	v2	~~	v2	1.453	0.320	4.543	0.000	0.826	2.080
10	v3	~~	v3	1.487	0.360	4.127	0.000	0.781	2.193
11	v4	~~	v4	0.246	0.216	1.138	0.255	-0.178	0.669
12	v5	~~	v5	1.130	0.257	4.395	0.000	0.626	1.634
13	v6	~~	v6	1.221	0.266	4.594	0.000	0.700	1.742
14	L1	~~	L1	3.017	0.714	4.225	0.000	1.617	4.416
15	L2	~~	L2	0.845	0.327	2.585	0.010	0.204	1.486

標準誤差

パラメータの推定値

p値

複数の観測変数から共通因子を抽出する場合、1つのパス係数は1に固定します。固定しないと、推定値が得られません。lavaan では、左辺の最初に書いた変数（L1 =~ v1 + v2 + v3 の場合は v1）の係数が1に固定されます。

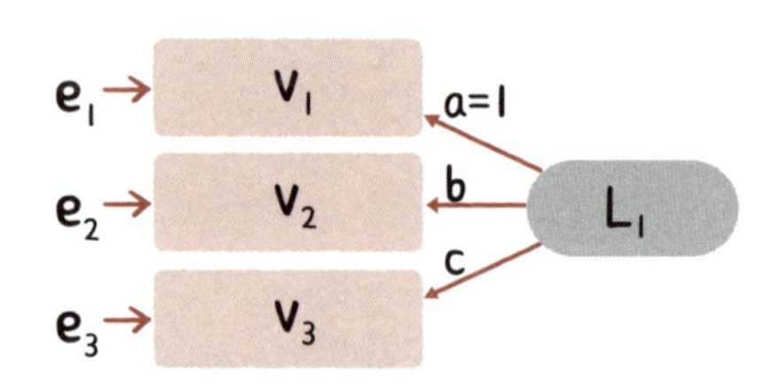

lhs (left-hand side) ･･･方程式の左辺のこと。

rhs (right-hand side) ･･･方程式の右辺のこと。

R コマンド

```
> standardizedSolution (res)
```

標準化係数（すべての変数の分散を 1 に固定して算出された値）を出力するコマンドです。パスの係数の大きさを比較したいときで、観測変数の分散が大きく異なったり、観測変数の単位が異なったりするときは、こちらを用いてください。

R 出力

```
    lhs  op   rhs   est.std    se      z      pvalue
1   L1   =~   v1    0.933      NA      NA     NA
2   L1   =~   v2    0.717    0.115   6.243   0.000
3   L1   =~   v3    0.809    0.105   7.714   0.000
.   .    .    .     .        .       .       .
.   .    .    .     .        .       .       .
.   .    .    .     .        .       .       .
```

R 出力

```
> fitMeasures (res, "chisq")
  chisq
   8.44
> fitMeasures (res, "pvalue")
  pvalue
   0.392
> fitMeasures (res, "rmsea")
  rmsea
  0.033
> fitMeasures (res, "gfi")
     gfi
  0.954
> fitMeasures (res, "agfi")
    agfi
  0.879
> fitMeasures (res, "cfi")
     cfi
  0.998
> fitMeasures (res, "aic")
         aic
  1032.648
```

chisq ← X^2統計量

pvalue ← X^2統計量のp値

- fitMeasuresは、適合度指標を出力させるコマンドです。
- fitMeasures(res)と入力すると、lavaanパッケージで出力できるすべての指標を見ることができます。

標準化係数（SEM）（standardized coefficient）･･･すべての変数の分散を 1 に固定して計算されたパス係数。影響の強さを比較するときに用いる。

順序変数を含んだSEM分析

アンケート調査では、「満足」、「やや満足」、「やや不満」、「不満」といった選択肢が回答になることがあります。これらの変数は順序変数（順序尺度で測られた変数、135ページ）ですので、SEMで分析する場合は注意が必要です。

選択肢の数が7つ（7段階）以上のものは連続変数として扱うこともありますが、それより少ない場合は特別な計算を行う必要があります。

順序変数が含まれるデータを lavaan で分析する場合は、データセットのどの列（変数）が順序変数か指定してください。

```
xdata [,c (1:6)] <- lapply (sdata [,c (1:6)], ordered)
```

↑ 1列目から6列目が順序データ

もし、相関行列を計算したい場合は、polycorパッケージに含まれているコマンドを利用してください。順序変数の相関係数は“polychor”コマンド（ポリコリック相関係数：Polychoric Correlation Coefficient）で、順序尺度と連続尺度の相関係数は“polyserial”コマンド（ポリシリアル相関係数：Polyserial Correlation Coefficient）で求められます。

市販ソフトによるSEM分析

Rでも十分な分析ができますが、モデルを式の形で記述しなくてはならなく、その点に戸惑いを感じる方も多いと思います。AMOSやSPSSといった市販ソフトはやや高価ですが、自由にパス図を描くことができるので、ユーザーは式を記述することなく分析できます。また、推定方法の変更なども簡単にできるという利点もあります。

AMOSの画面

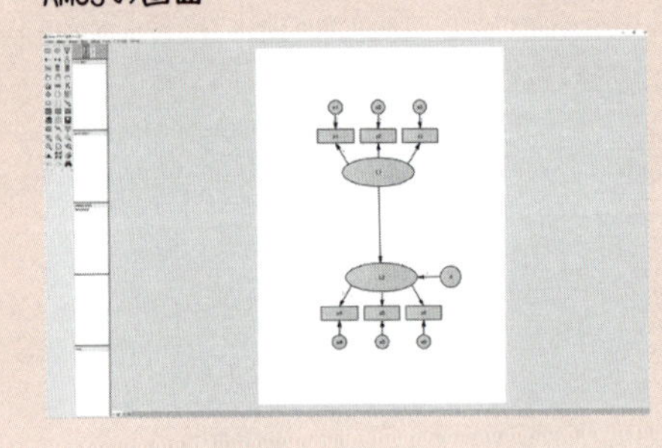

STATAの画面

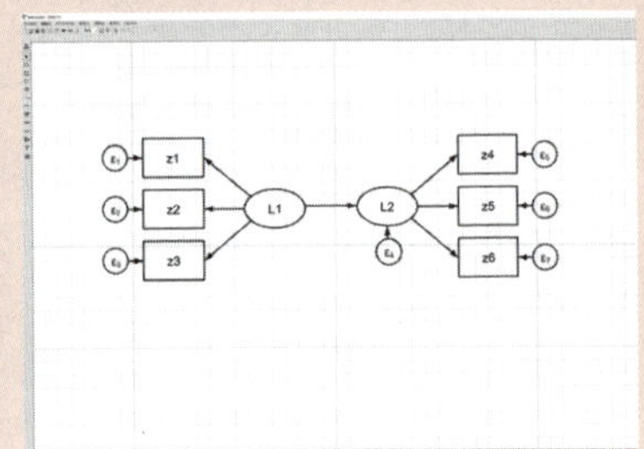

ポリコリック相関係数（polychoric correlation）･･･ 3段階や5段階の順序尺度で測った変数について、通常の相関係数を計算することは適当ではない。ポリコリック相関係数やポリシリアル相関係数を用いる。

コラム

どの分析方法を用いるべきか

この本では、色々な統計的分析手法を扱っていますが、どの様に使い分けてよいか、迷われる方も多いと思います。下の表を参考にして、適切な手法を選んでください。

手法	目的	説明
分散分析（第6章）	因果関係の解明	・実験計画に基づき収集されたデータの分析に用いられることが多い手法です。
回帰分析（第9章）	因果関係の解明	・説明変数に質的変数を用いたいときは、ダミー変数に変換します（201ページ）。 ・従属変数に質的変数（2カテゴリー）を用いたい場合は、プロビット分析を用います（204ページ）。 ・この本では扱っていませんが、順序プロビット分析や多項プロビット分析などの手法を用いると、3カテゴリー以上の従属変数を分析できます。
主成分分析（第10章）	情報の集約	・量的変数を用いるのが基本です。 ・合成変数（指数）を作るイメージです。
因子分析（第10章）	共通要因の把握	・量的変数を用いるのが基本です。 ・共通要因とは、観測変数の背後にある要因のことです。
構造方程式モデリング（SEM）（第10章）	因果関係の解明（潜在変数を想定）	・量的変数を用いるのが基本です。 ・パス図（因果構造）を描いて因果関係を検証します。パス図に潜在変数（共通要因など）が含まれることが特徴です。
クラスター分析（第10章）	個体や変数の分類	・量的変数を用いるのが基本です。 ・サンプルの個体や変数を分類して、比較的同質なグループに分けることができます。
コレスポンデンス分析（第10章）	ポジショニングの検討	・クロス集計表で示された変数間の関係性を、視覚化することができます。 ・この本では扱っていませんが、3カテゴリー以上の質的変数を扱うこともできます（多重コレスポンデンス分析）。

本書では、図表中心の直感的なわかりやすさを優先しましたので、理論についてはあまり詳しく解説できませんでした。興味を持たれた方には次のような本をおすすめします。

まず、回帰分析の入門書としては、本書と同じオーム社から出ている『マンガでわかる統計学［回帰分析編］』が良いでしょう。高橋信による人気の「マンガでわかる」シリーズの1つです。多変量解析については、大村平の『改訂版 多変量解析のはなし―複雑さから本質を探る―』（日科技連）と永田靖・棟近雅彦共著の『多変量解析法入門』（サイエンス社）がおすすめです。どちらも数式が出てきてやや中級向けですが、基本的な手法が網羅されています。また、やはりオーム社から出ている『Rによるやさしい統計学』（山田剛史ほか）も、SEM、因子分析まで扱っていて実践向きです。現場への応用という意味では、照井伸彦・佐藤忠彦による『現代マーケティング・リサーチ―市場を読み解くデータ分析―』（有斐閣）もおすすめです。市場調査の実践的課題に対する解析法をマスターできます。

10 | 4

個体を分類する
～クラスター分析～

たくさんの個体から似たものをグルーピングして、クラスター（集団）を作るための手法です。
ビジネスの分野では、商品や顧客を分類するなどし、マーケティングに役立つ情報を得ることができます。

▶▶▶階層クラスターと非階層クラスター

たくさんあるカメラ、どのように分類して、展示しようか？

分類方法は２つあります。

- １つは、階層クラスター分析です。右のようなデンドログラム（樹形図）が作成されます。
  データ（分類したい個体の数）が少ないときに適しています。
- もう１つは、非階層クラスター分析です。代表的なのは、K-means（平均）法と呼ばれる方法です。最初に何個のクラスターに分けるかを決めておき、個体を分類します。個体数が多い場合、階層型は煩雑になりますので、こちらの方が適しています。

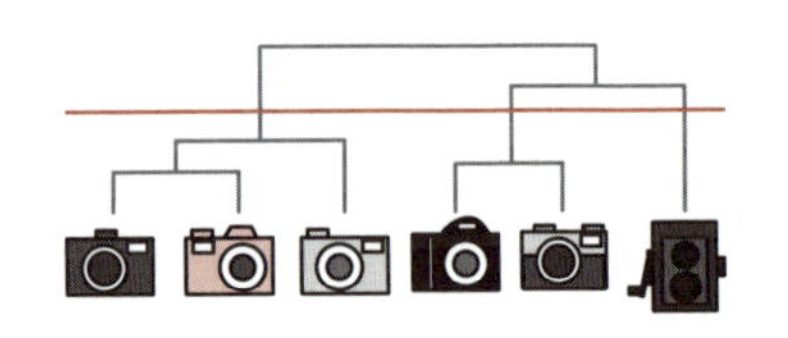

マニア向け

入門者向け

ハイアマチュア向け

階層クラスター分析（hierarchical cluster analysis）･･･階層構造で個体を分類する方法。
非階層クラスター分析（non-hierarchical cluster analysis）･･･階層構造を作らず、個体の分類のみを行う方法。

▶▶▶デンドログラム［階層クラスター分析］

- デンドログラム（樹形図）とは、個体やクラスターの結合過程を表した図のことです。階層クラスター分析の目的は、この図を描くことです。
- クラスターの作成は、デンドログラム（右図）を水平方向（横）に切ることによって行います。例えば、①の位置で切断すると、クラスターは2つ（A・B・C・DとE・F・G・H）になります。
- 樹形図の切断は、垂直方向の線分（枝の縦部分）の長さ（距離）がなるべく長いところで行います。
- 図の★のところの距離はとても短い（A・B・CとDのクラスターが似ている）ので、②の位置で切ることは適当とはいえません。

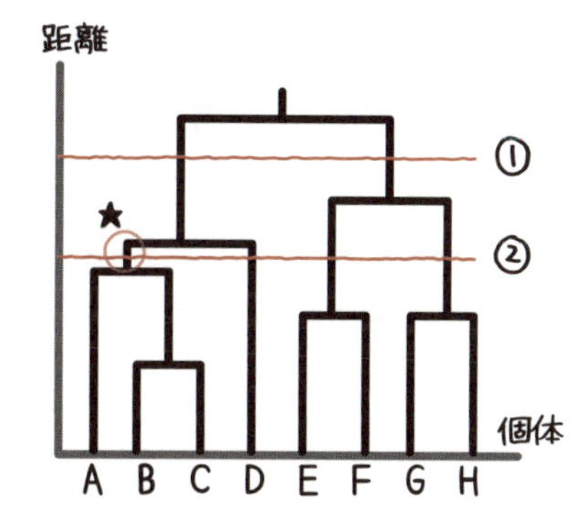
距離
①
②
★
個体
A B C D E F G H

▶▶▶鎖連鎖

- 鎖連鎖は、下図のように、既存のクラスターに一ずつ個体が結合されていく状態のことです。分類が上手くできていない分析結果の典型的な形とされています。

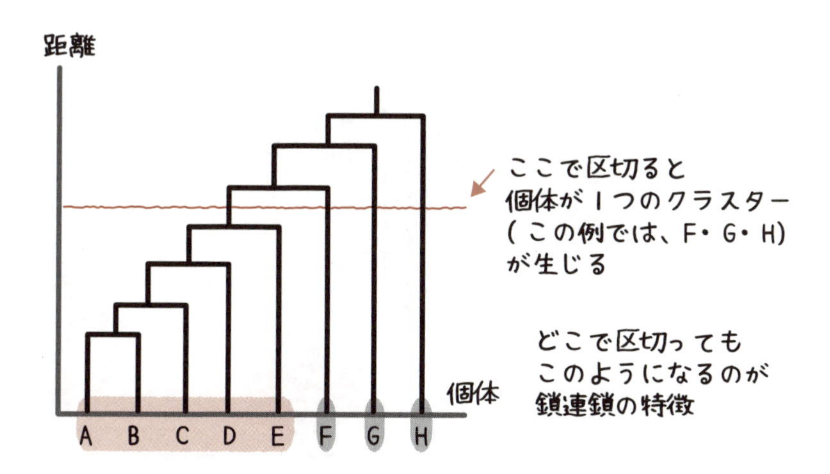
距離
ここで区切ると
個体が1つのクラスター
（この例では、F・G・H）
が生じる
どこで区切っても
このようになるのが
鎖連鎖の特徴
個体
A B C D E F G H

デンドログラム（樹形図）（dendrogram）…階層クラスター分析において、クラスターや個体の結合過程を表した樹形（枝分かれ）の図。横軸に個体、縦軸に結合時の距離（非類似性）をとることが多い。

▶▶▶クラスターの作成①（距離の測り方）

- 個体間の類似性は、距離によって測ります。つまり、距離が短ければ類似性は高く、距離が長ければ類似性は低いと考えます。
- 代表的な距離計算方法は、ユークリッド距離です。例えば、点（個体）A=(x_a, y_a)と点B=(x_b, y_b)との距離dは、次の式で求めます。

$$d=\sqrt{(x_a-x_b)^2+(y_a-y_b)^2}$$

- グループと個体、グループ間の距離を測るためには、グループの中心（重心など）の座標を用います。

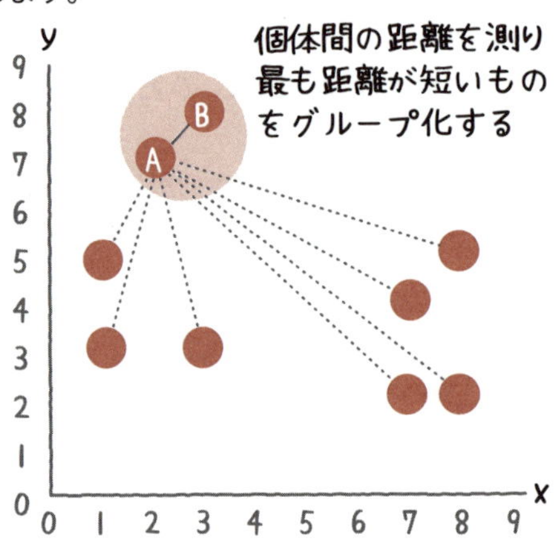
個体間の距離を測り
最も距離が短いもの
をグループ化する
y
x
A
B

▶▶▶クラスターの作成②（結合方法）

- 個体をクラスターに結合させる方法はいくつかありますが、重心法とウォード法が代表的です。
- 重心法では、各クラスターの重心を求め、重心との距離を算出し、距離が短いものを結合します。
- 3点A、B、Cの重心(x_g, y_g)は、次のように計算します。

$$\begin{cases} x_g=(x_a+x_b+x_c)/3 \\ y_g=(y_a+y_b+y_c)/3 \end{cases}$$

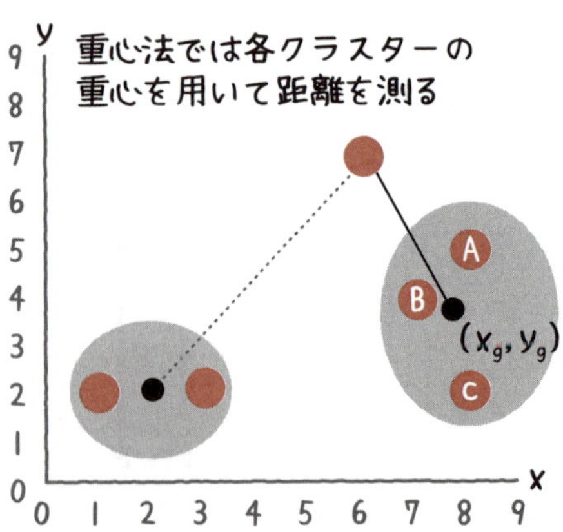
重心法では各クラスターの
重心を用いて距離を測る
y
x
A
B
C
(x_g, y_g)

ユークリッド距離（Euclidean distance）…もっとも一般的な距離測度。２点の座標の差の２乗和の平方根。
重心法（centroid method）…クラスターの代表点を重心として、重心間の距離をクラスター間の距離とする。

● ウォード法では、クラスター内の変動（偏差平方和）の増加が最小になるように、クラスターを統合します。経験的に鎖連鎖（235ページ）が起きにくいといわれており、最も良く用いられます。

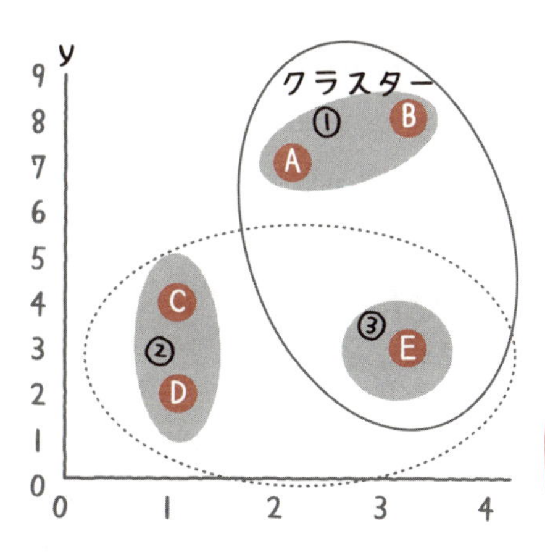

10
多変量解析 個体を分類する

演習 ウォード法の例

データ

変数	個体A	個体B	個体C	個体D	個体E
x	2	3	1	1	3
y	7	8	4	2	3

個体A・B・Eの平均値

x	y
2.667	6

個体C・D・Fの平均値

x	y
1.667	3

クラスター①とクラスター③を結合する場合のクラスター内変動

$(2-2.667)^2+(3-2.667)^2+(3-2.667)^2+(7-6)^2+(8-6)^2+(3-6)^2=14.667$

クラスター①とクラスター③を結合する場合のクラスター内変動

$(1-1.667)^2+(1-1.667)^2+(3-1.667)^2+(4-3)^2+(2-3)^2+(3-3)^2=4.667$

となります。また、クラスター①の偏差平方和は1、クラスター②の偏差平方和は2ですので、変動の増加を最小にするためには、クラスター②とクラスター③を結合することになります。

ウォード法（Ward's method）…適切に分類できる（良いデンドログラムが描ける）ことが多いクラスターの結合基準（距離の測り方）。最小分散法とも呼ばれている。

▶▶▶K-means法［非階層クラスター分析］

非階層クラスター分析の手法で最もよく使われている K-means（平均）法の考え方について、簡単に説明します。

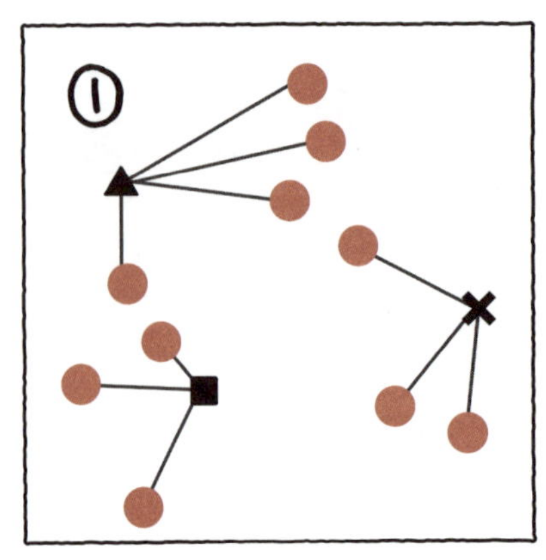

まずランダムに基点が配置される（▲・■・×）。そして基点から各個体までの距離を計算して基点から最も近い個体をクラスター化する

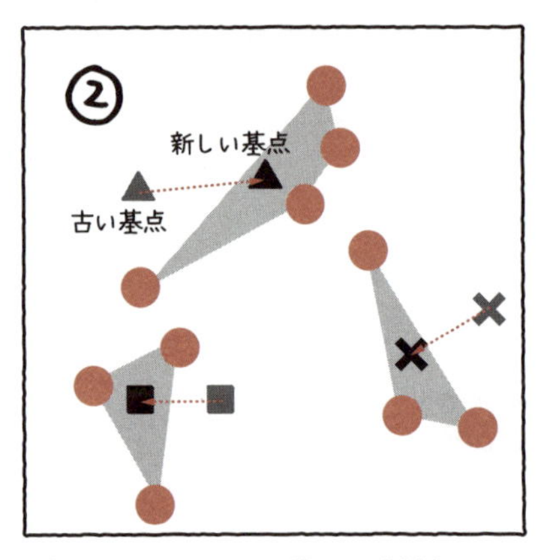

各クラスターの重心を計算しそこを新しい基点にする（▲・■・×）

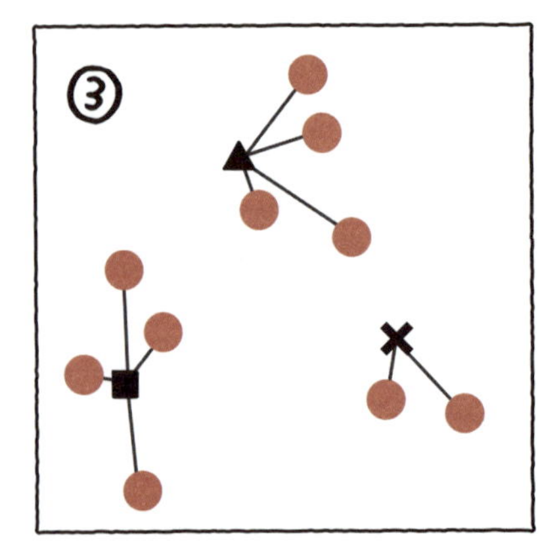

新しい基点からの距離を計算し①と同様にクラスター化する

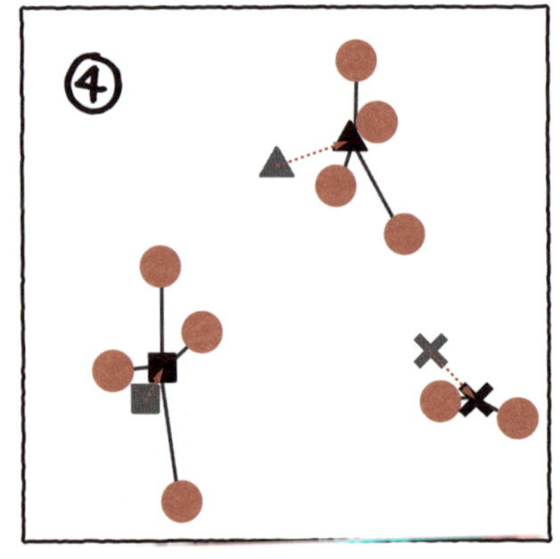

クラスターの重心を再計算する。分類結果に変更がなければ計算を終了。異なる場合は②～④のステップを繰り返す

K平均法（K-means clustering）…非階層クラスター分析の代表的手法。基点をランダムに配置し、良い分類ができるまで基点と個体の割り当てを繰り返す。

演習　10機種のカメラを、利用者に5段階で評価してもらったデータを用いてクラスター分析を行ってみます。評価の項目は、価格（Price）、デザイン（Design）、画質（Quality）、携帯性（Portability）、機能性（Functionality）の5つです。

Rコマンド　階層クラスター分析

```
> d<-dist (sdata, method = "euclidean")
```

↑ 個体間の距離を計算するためのコマンドです。

※methodには、ユークリッド距離（"euclidean"、デフォルト）の他に、最長距離 "maximum"、マンハッタン距離 "manhattan"、キャンベラ距離 "canberra"、バイナリー距離 "binary"、ミンコフスキー距離 "minkowski"、などが指定できます。通常はユーグリッド距離でOKです。

↓ ウォード法、メディアン法、重心法のときはd^2、その他の方法ではdとします。

```
> res<-hclust (d^2,method= "ward")
```

↑ 階層的クラスター分析を行うためのコマンドです。

※デフォルトの方法は最長距離法 "complete"、ですが、ウォード法 "ward"、が良く用いられます。

※その他、最短距離法 "single"、群平均法 "average"、McQuitty法 "mcquitty"、メディアン法 "median"、重心法 "centroid"、などが指定できます。

※最長距離法には空間拡散（過剰に分割される傾向）、最短距離法には鎖連鎖、メディアン法と重心法にはクラスター間の距離の逆転（デンドログラムの枝が逆向きに伸び解釈が難しい）が起きやすいといわれていますので注意してください。

```
> plot (res,hang= − 1)
```

↑ デンドログラムを表示させるコマンドです。

クラスター分析の欠点･･･①分類結果の妥当性を評価する指標がないこと、②距離の測定方法がいろいろあるため望む結果が出るまでいろいろと試せてしまうこと（恣意性の高さ）がある。

R出力　階層クラスター分析

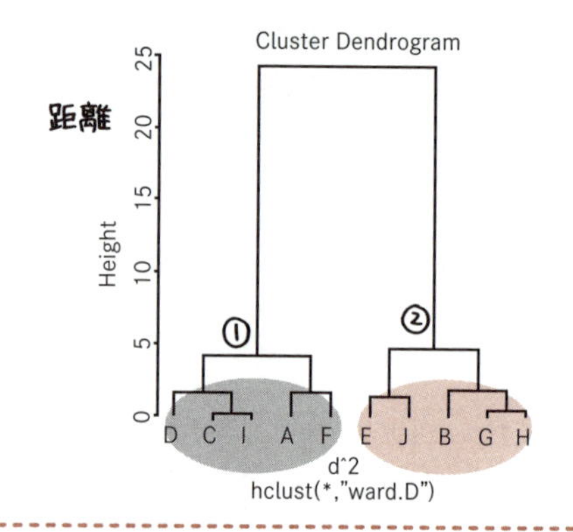
Cluster Dendrogram
距離
Height
0
5
10
15
20
25
①
②
D C I A F E J B G H
d^2
hclust(*,"ward.D")

大きく２つのクラスターがあることがわかる（①と②）

結合の仕方を見ると
(C・I)、(G・H)がとても似ていてその次に(D・C・I)、(A・F)、(E・J)、(B・G・H)のクラスターができることが分かる

Rコマンド　非階層クラスター分析

k-means（平均）法を行うためのコマンドです。

```
> res2<-kmeans (sdata, 2, iter.max=10, nstart=5)
```

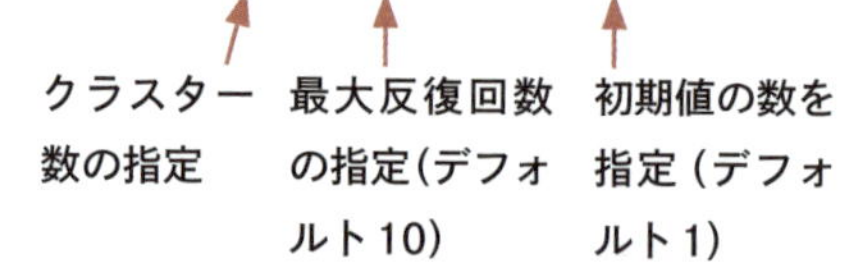
クラスター数の指定
最大反復回数の指定（デフォルト10）
初期値の数を指定（デフォルト1）

※初期値の数は、多いほど結果が安定します。しかし、サンプルが大きいときは計算に時間がかかる場合があります。

```
> (sdata<-data.frame (sdata, res2$cluster))
```

クラスター分析の結果をデータセットに出力するコマンドです。

R出力　非階層クラスター分析

	Price	Design	Quality	Portability	Functionality	res2.cluster
A	2	4.75	4.94	3.26	3.73	1
B	5	4.84	4.94	4.33	4.75	2
C	2	4.70	4.68	4.62	4.69	1
.	.	.	.	.	.	.
.	.	.	.	.	.	.
.	.	.	.	.	.	.

同じ数字の製品は、同じクラスターに分類されることを示しています。
1と2が逆に表示されることもあります。

K平均法の注意点・・・最初にランダムに配置される基点によって結果が異なったり、最初に与えるクラスタ数が必ずしも最適とは限らないため、いろいろな改良版が考案されている。

本章では、個体を分類する方法としてクラスター分析を紹介しました。しかし、その考え方を応用すれば、変数を分類（グルーピング）するための方法としても使うことができます。

個体を分類するときと異なる点は、変数間の距離の計測に、ユークリッド距離ではなく、相関係数を使うことです。

Rには、“CulstOfVar” という変数クラスタ分析に特化したパッケージが提供されており、“hclustvar” というコマンドを用いれば階層クラスター（デンドログラム）が作成でき、“kmeansvar” というコマンドを用いればk-means法に基づいた方法で変数を分類することができます。

ここでは、家計調査（総務省が全国約9千世帯を対象として，家計の収入・支出，貯蓄・負債などを調査したもの）のデータを用いて、米（rice）、パン（bread）、めん類（noodle）、生鮮魚介（fish）、生鮮肉（meet）、牛乳（milk）、生鮮野菜（vege）、生鮮果物（fruit）という8つの変数（支出額）の関連性を、hclustvarを用いて分析してみます。

Rコマンド

```
library (ClustOfVar)
res <- hclustvar (sdata)
plot (res)
```

↑ データフレーム名（sdata）

R出力

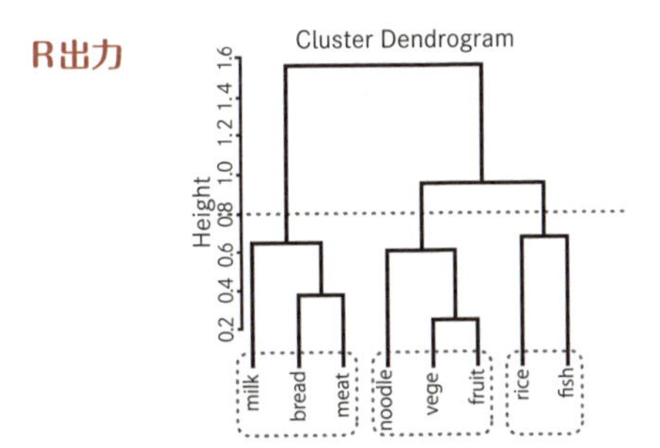

分析結果をみると、パン・肉・牛乳の相関が強い、即ち、消費傾向が似ていること（1番左側のクラスター）、また、米と魚介の消費傾向が似ていること（1番右側のクラスター）が分かります。さらに、真ん中のクラスター（めん類・野菜・果物）は米・魚介のグループと近く、和食系の消費傾向を持っていることがわかります。

変数の関連性は因子分析などでもわかりますが、（階層）クラスター分析を用いると視覚的に関連性を理解できるので便利です。

質的データの関連性を分析する

～コレスポンデンス分析～

クロス集計表を元に、表側項目と表頭項目の関連性を視覚化して把握するための手法です。
ブランドや商品のポジショニング、消費者行動の特徴を知るために用いられます。

表頭と表側の対応関係

- 質的データ（特に名義尺度のデータ）を量的データとして主成分分析などに用いるのは適切ではありません。
- このようなデータについては、クロス表（分割表）を作成して、コレスポンデンス分析を行うのが良いでしょう。

女性の好むブランド（職業別、単位：人数）

	ブランドA	ブランドB	ブランドC
女子大学生	10	25	30
女性会社員	35	25	15
主婦	10	35	10

- プロファイルの情報は、χ^2距離（重み付きのユークリッド距離）が計算できるように変換され、主成分分析と同じ方法により集約されます。
- コレスポンデンス分析は、行あるいは列の比率のパターンを考える分析方法です。比率のパターンはプロファイル（プロフィール）といいます。

行プロファイル	ブランドA	ブランドB	ブランドC	行和
女子大学生	0.15	0.38	0.46	1.00
女性会社員	0.47	0.33	0.20	1.00
主婦	0.18	0.64	0.18	1.00

列プロファイル	ブランドA	ブランドB	ブランドC
女子大学生	0.18	0.29	0.55
女性会社員	0.64	0.29	0.27
主婦	0.18	0.41	0.18
列和	1.00	1.00	1.00

コレスポンデンス分析（correspondence analysis）･･･主成分分析の質的データ版で、対応分析とも呼ばれる。アンケートデータから作成されたクロス集計表を視覚化するために用いられる。

▶▶▶成分スコアとコレスポンデンスマップ

● 成分スコアを散布図（コレスポンデンスマップ）に表すことで視覚化され、項目間の関連性がわかりやすくなります。

成分スコア表

	第1成分	第2成分
女子大学生	-0.621	0.454
女性会社員	0.699	0.172
主婦	-0.220	-0.771
ブランドA	0.885	0.209
ブランドB	-0.204	-0.538
ブランドC	-0.569	0.623

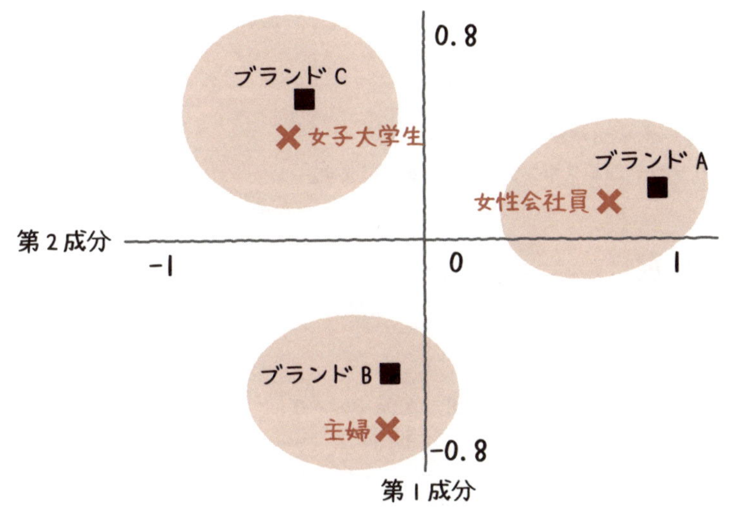

ブランドのコレスポンデンスマップ

→ブランドAは女性会社員に、ブランドBは主婦に、ブランドCは女子大生に好まれていることが分かります。

コレスポンデンスマップ（correspondence map）･･･クロス集計表の表側のカテゴリ（たとえば消費者属性）と表頭のカテゴリ（たとえばブランドなど）を配置させた図で、図中の距離の近さが関連性の高さを表す。

演習 消費者を、男子学生（M_Student）、女子学生（F_Student）、男性会社員（M_Woker）、女性会社員（F_Worker）、主婦（Housewife）の5つの区分に分け、その消費者区分と消費者が好む商品（ブランドA～ブランドE）との関係を表したクロス集計表を用いて、コレスポンデンス分析を行ってみます。

データ

	Brand A	Brand B	Brand C	Brand D	Brand E
M_Student	36	15	13	39	16
F_Student	56	23	22	56	26
M_Woker	20	8	10	21	10
F_Worker	13	6	5	13	6
Housewife	26	11	10	26	12

※今回は、クロス集計表、そのものをデータとして読み込ませます。

Rコマンド

```
> library (ca)
> ca (sdata)
```

> library (ca) ← caパッケージを用います。
> ca (sdata) ← コレスポンデンス分析を行います。

R出力

Principal inertias (eigenvalues) :

	1	2	3	4
Value	0.001302	0.000328	6.5e-05	0
Percentage	76.81%	19.35%	3.83%	0%

← 成分（固有値）の数は、クロス表の行数と列数の少ない方から1を引いた数になります。

第2成分までで、96％が説明されています。

Rows:

	A	B	C	D	E
Mass	0.238477	0.366733	0.138277	0.086172	0.170341
ChiDist	0.046803	0.011503	0.082027	0.041877	0.015764
Inertia	0.000522	0.000049	0.000930	0.000151	0.000042
Dim. 1	1.100280	-0.076491	-2.224477	0.461087	0.196785
Dim. 2	1.359811	-0.434832	0.882456	-1.805330	-0.770629

行の項目（消費者区分）について、第1成分のスコア（Dim. 1）と第2に成分のスコア（Dim. 2）が出力されています。

双対尺度法（dual scaling）…コレスポンデンス分析と同様の多変量解析に、西里静彦による双対尺度法がある。最適重みベクトルからマップが描かれるが、その位置関係はコレスポンデンスマップと同じである。

R出力つづき

```
Columns:
        Relaxation  Shopping      Food    Nature  Experience
Mass      0.302605  0.126253  0.120240  0.310621   0.140281
ChiDist   0.017664  0.044617  0.089422  0.031014   0.025153
Inertia   0.000094  0.000251  0.000961  0.000299   0.000089
Dim. 1    0.357481  0.827196 -2.471664  0.540724  -0.594361
Dim. 2   -0.458706 -1.624888  0.186751  1.321408  -0.634153
```

列の項目(ブランド)について、第1成分のスコア(Dim. 1)と第2に成分のスコア(Dim. 2)が出力されています。

Rコマンド

```
> plot(ca(sdata))
```

成分スコアの散布図(コレスポンデンスマップ)を出力するためのコマンドです。

R出力

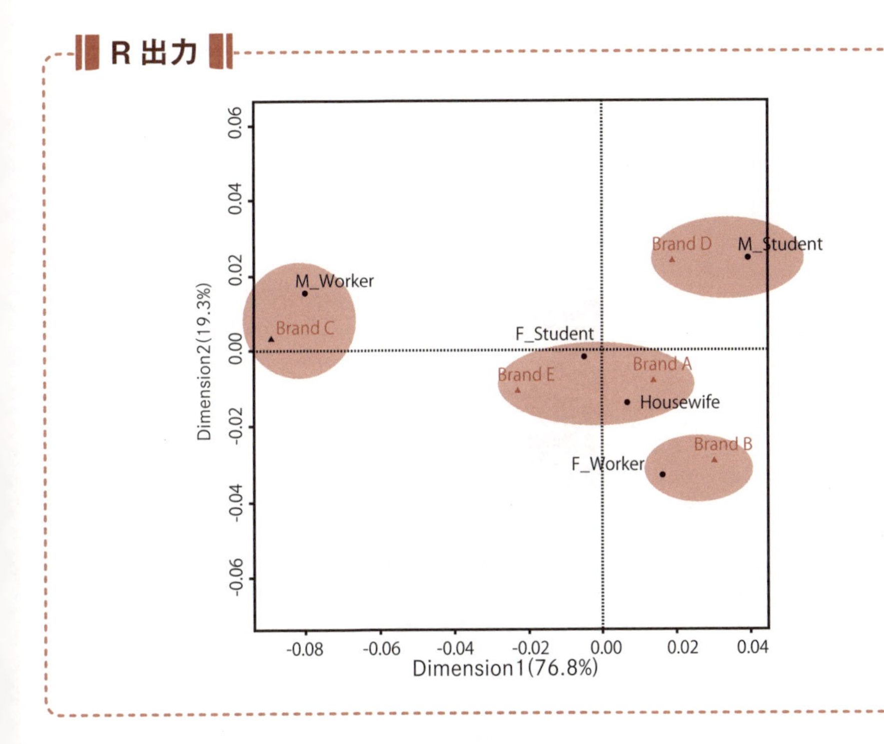

数量化III類(Hayashi's quantification method III)…コレスポンデンス分析と同じ目的で使用できる多変量解析として、林知己夫による数量化III類がある。集計前のローデータが必要となる代わりにサンプルスコアを算出できる。

More
than
Human

第11章　ベイズ統計学とビッグデータ

知識や経験を活かせる統計学
～ベイズ統計学～

知識や経験、新しいデータを柔軟に取り込んで、より正確な分析を目指す統計学です。従来の統計学と同じ目的で使えますが、コンピュータとの相性がよいのでビッグデータの解析で活躍が見込まれてます。

▶▶▶従来の統計学（検定の場合）

- 帰無仮説が正しいとした下で、手元のデータが観測される確率を求めます。
- 次に、その確率が小さければ、帰無仮説は間違いと判断します。

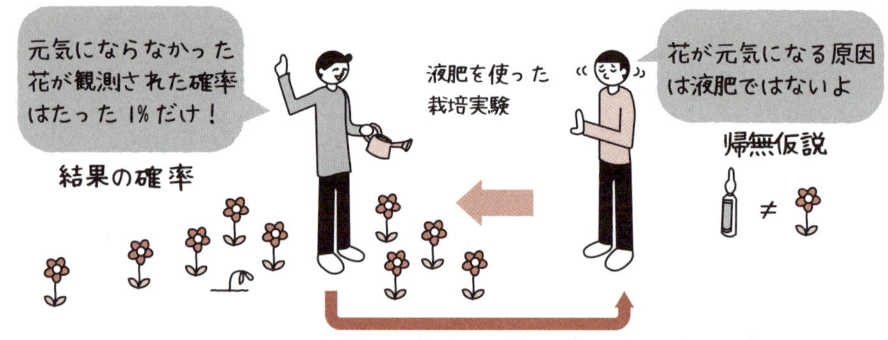

▶▶▶ベイズ統計学

- データを観測する前に、知識や経験、関連情報を使って、仮説が正しい確率を予想しておきます（事前確率）。
- 次に、観測されたデータを使って、事前に予想された確率を更新します（事後確率）。

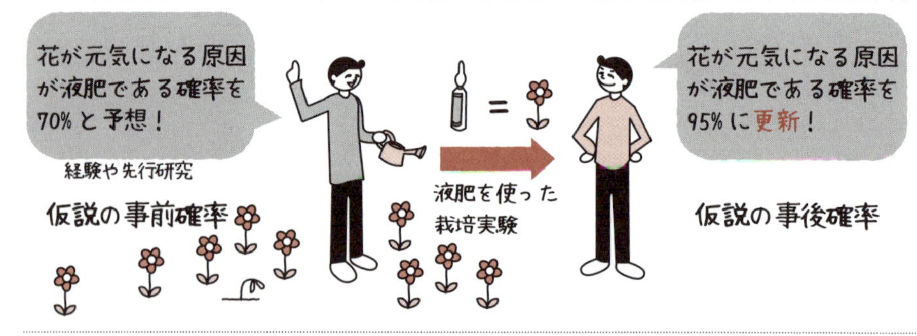

頻度論（Frequentist）…本書で解説してきた従来の古典的統計学の考え方。手元のデータはたくさん実験したうちの１つであり、事前に立てた仮説が正しいとした場合、そのデータが観測される確率が何%なのかを考える。

ベイズ統計学の長所と短所

- 分析の解釈が自然である
- 柔軟性が高い（複雑な問題にも適用できる）
- 新データの逐次利用で精度を上げられる

帰無仮説中心の
従来の統計学より
わかりやすい！
今のデータでは、あなたが
病気の確率はズバリ
▲▲％です

活躍が期待される分野

- スピードや効率性が求められる分野
- （恣意的でも良いから）分析結果が全ての分野
- 実験や観測を繰り返すことが想定し難い分野

具体的には…

マーケティング、天文学、物理学、遺伝学、ロボット工学、社会調査、心理統計学、ゲーム理論、人工知能、機械翻訳、画像解析…など

注：「分析者の裁量が大きく、再現性が低い」という欠点もあるため、薬効の検証など「間違いが許されない」分野や、「客観性」や「公平性」が重視される科学論文などでは、従来の頻度論的統計学が向いているといえるでしょう。

ベイズ統計学用ソフトウェア…ベイズ統計学用のソフトとしては、Rの上から動かせるStanがもっとも一般的である（無料）。また、SPSSや計量経済学用ソフトSTATAでも扱えるようになった。

万能の式
～ベイズの定理～

Bayesian

$$P(A|B)=\frac{P(B|A)\cdot P(A)}{P(B)}$$

ベイズ統計学の基礎となる「ベイズの定理」は、２つの乗法定理を１つの条件付き確率の式に整理したものです。とても大切な定理なので、簡単な確率の問題を使って導き出しておきましょう。

▶▶▶ 同時確率

赤玉５つと白玉１つの計６つの玉に１から６までの番号を振り、袋の中に入れました。この状態で、右のような玉を引く確率を考えると・・・

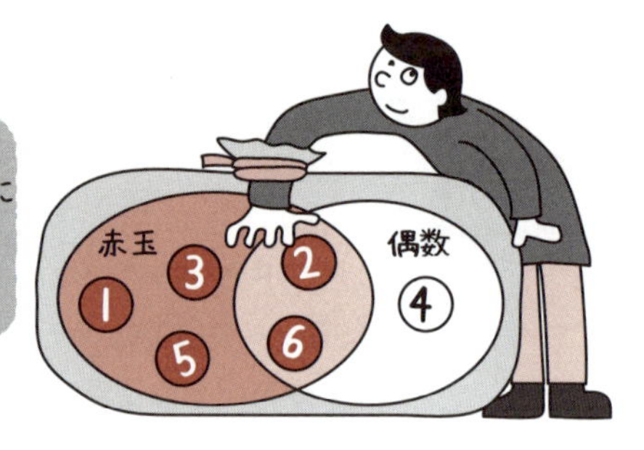

赤玉（①②③⑤⑥）を引く確率　$P(赤玉)=\frac{5}{6}$　← 赤玉の数　← 玉の総数

確率（Probability）を表す記号

同じように
偶数（②④⑥）を引く確率は　$P(偶数)=\frac{3}{6}$

これら２つのことが同時に起きることを考えると、偶数の赤玉（②⑥）を引く確率は、

同時確率 $P(赤玉\cap偶数)=\frac{2}{6}$

同時確率を表す記号（キャップと読みます）

同時確率（joint probability）・・・事象Ａと事象Ｂが同時に起こる確率のこと。
条件付き確率（conditional probability）・・・事象Ａが起こったとわかっている状況で、事象Ｂが起こる確率のこと。

▶▶▶ 条件付き確率

●次に、色だけ最初に見ることができたとき（赤玉が条件）、偶数の確率は、赤玉（①②③⑤⑥）を引いたときに、その玉の番号が偶数（②⑥）である確率です。

$$P(偶数 \mid 赤玉)=\frac{P(赤玉 \cap 偶数)}{P(赤玉)}=\frac{2/6}{5/6}=\frac{2}{5}$$

↑ 条件付き確率を表す記号（ギブンと読みます）

▶▶▶ 乗法定理

●条件付き確率の式を同時確率の式に変形する（右辺の分子を左辺に持ってくる）と、

$$P(赤玉 \cap 偶数)=P(偶数 \mid 赤玉)P(赤玉)=\frac{2}{5}\times\frac{5}{6}=\frac{2}{6}$$

↑ もともとの乗法定理は左右逆のP(赤玉)P(偶数｜赤玉)です

●もちろん、この乗法定理は偶数と赤玉を逆にしても成り立ちます。

$$P(偶数 \cap 赤玉)=P(赤玉 \mid 偶数)P(偶数)=\frac{2}{3}\times\frac{3}{6}=\frac{2}{6}$$

●どちらの乗法定理の同時確率も同じ（②⑥を引く確率）なので、一つにまとめると、

$$P(偶数 \mid 赤玉)=\frac{P(赤玉 \mid 偶数)P(偶数)}{P(赤玉)}=\frac{2/3\times 3/6}{5/6}=\frac{2}{5}$$

→これをAとBを使って汎用的な式に書き直しておきます。

▶▶▶ ベイズの定理

$$P(A|B)=\frac{P(B|A)\cdot P(A)}{P(B)}$$

トーマス・ベイズが発見した
この何の変哲もない式がまさに！ **万能の式**

乗法定理（multiplication theorem）•••条件付き確率の式両辺に事象Aの確率を乗ずることで、同時確率の式が得られること。
ベイズの定理（Bayes' theorem）•••条件付き確率と乗法の定理から$P(A|B)=\{P(B|A)P(A)\}/P(B)$が得られること。

結果から遡って原因を探る

～事後確率～

ベイズ統計学では、観測されたデータから、時間を遡ってそれを引き起こした原因の確率を推定するところに特徴があります。

▶▶▶ 事後確率

- ベイズ統計学では、ベイズの定理を使って、結果（データ）から原因（仮説）の確率を求めますが、式のそれぞれの確率には決まった呼び名があるので、１つずつ紹介しましょう。なお、ここではベイズの定理のＡを原因、Ｂを結果と考えます。

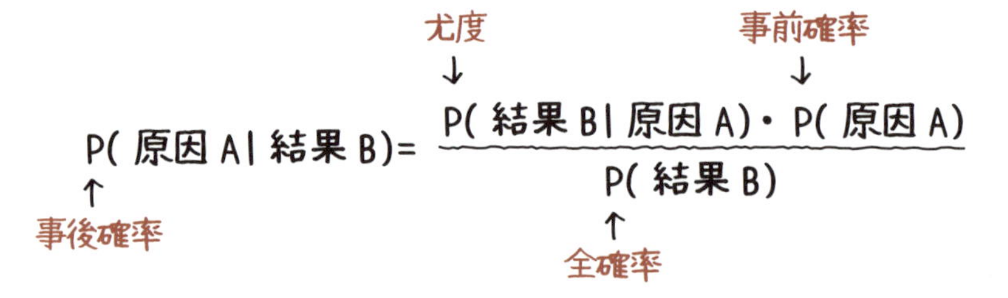

- ベイズの定理の左辺であるＰ(原因Ａ|結果Ｂ)は、「結果としてＢが観測されたとき、原因がＡである確率」で、事後確率と呼ばれます（時間の流れと逆なので、逆確率とも）。
- この事後確率を推定することがベイズ統計学の目的となります。

P(原因A|結果B)

⟵　時間の流れと逆！

▶▶▶ 事前確率

- Ｐ（原因Ａ）は事前確率と呼ばれ、「結果Ｂがまだ観測されていない段階で、原因がＡであるという確信の度合い」を確率で表したもの（主観確率）です。
- ここに知識や経験など、様々な関連情報を取り込むことができるのです。

P(原因A)

事後確率（posterior probability）･･･結果としてＢが観測されたとき、原因がＡである確率で、ベイズの定理の左辺のこと。
事前確率（prior probability）･･･結果Ｂがまだ観測されていない段階で、原因がＡであるという確信の度合いの確率。

▶▶▶ 尤度（ゆうど）

- P（結果B｜原因A）は、「原因がAのとき、結果としてBというデータを観測することの確信度」を示す主観確率です。
- ただし、すでに結果は出ていますので、確率ではなく、結果Bの原因はAであると考えることの尤（もっと）もらしさという意味で尤度という言葉を用います。

P（結果B｜原因A）

▶▶▶ 全確率

- P（結果B）は全確率と呼ばれ、「結果としてBというデータが観測される確率」です。
- 注意しなければならないのは、原因が複数ある場合、それぞれの確率の和となることです。

例：原因が A_1 と A_2 の2つの場合

病気のケースなら
A_1：病気
A_2：病気でない
とか

$$P(B) = P(B|A_1) \cdot P(A_1) + P(B|A_2) \cdot P(A_2)$$

A_1 と A_2 それぞれの原因のもとでBが観測される確率

▶▶▶ 分布に関するベイズの定理（応用編）

- データが連続した値の場合には、ベイズの定理も確率分布で表すことになります。
- パラメータ（母数）を θ、観測されたデータを x とすると下記のようになります。
- 従来の頻度論的統計学と異なり、パラメータが分布している点に注意が必要です。

尤度 ↓　事前分布 ↓

$$f(\theta|x) = \frac{f(x|\theta) \cdot f(\theta)}{f(x)} \propto 尤度 \cdot 事前分布$$

↑ 事後分布　↑ 正規化定数

分母の面積は1であることが保証されているので簡略化できる（∝は比例するという意味）

尤度（ベイズ統計学）（likelihood）…原因がAのとき、結果としてBを観測することの尤もらしさ。
全確率（total probability）…結果としてBというデータが観測される確率。原因が複数の場合は各確率の和。

演習

ある40歳代のアメリカ人女性がマンモグラフィ（乳房X線撮影）の定期検診を受けたところ1週間後に「要再検査」の手紙が届いた。この女性が乳がんに罹っている確率はどれくらい？

解き方

これは、とても有名なベイズ統計学の分析事例です。
以下、『異端の統計学 ベイズ / シャロン・バーチュ・マグレイン著』（草思社）から推定に必要なデータを紹介します。それをベイズの定理の式に入れれば、事後確率（陽性という結果が乳がんという原因から生まれた確率）を推定できます。

ベイズ推定の式

$$\text{事後確率} = \frac{\text{尤度} \cdot \text{事前確率}}{\text{全確率}}$$

↗ 検診で陽性となった女性が乳がんである確率（未知）

ベイズ推定を知らないとこの大きさに目をとられる

尤度（乳がん患者がマンモグラフィで陽性になる確率）：80%
事前確率（全受診者のうち、乳がん患者である確率）：0.4%
陽性になる全確率（実際に乳がん患者で陽性になる確率 0.32%
＋実は乳がんでないのに陽性になる確率注 9.96%）

これまでの調査でわかっている

注：「乳がんでない」こと（偽陽性）も原因の1つ

答え：$\dfrac{0.8 \times 0.004}{0.0032 + 0.0996} = 0.031$

つまり、定期検診で陽性と出ても
本当に乳がんである確率（事後確率）はたった **3.1%**

だからって再検査を受けなくてもよいってわけではありません

偽陽性（false positive）…本来は陰性なのに誤って陽性と判定されることで、ベイズ推定では全確率に含まれる。

コラム

乳がん検診論争

2009年11月、米国予防医学専門委員会（US Preventive Services Task Force, USPSTF）が「40歳代の女性に対しては、マンモグラフィ（乳房X線撮影）を用いた定期的な乳がん検診を行うことを“推奨しない（グレードC）”」という勧告を発表し、関係機関に大きな衝撃を与えました。その理由として、偽陽性率の高さ（9.96%）に起因する不必要な再検査や治療にかかるコストが、乳がん死亡率減少効果よりも相対的に大きいことをあげたのです。しかし、当然ながら、これまで定期検診を推し進めてきた米国がん協会などは「そんな勧告に従ったら乳がん死が増えてしまう！」と猛反発し、現在も論争は続いています（その後、2015年にUSPSTFは勧告文の内容を穏やかな表現に修正しましたが、判断は“グレードC”のままでした…）。

なお、日本では、欧米人に比べて閉経前の乳がんリスクが高いこともあり、現在でも40歳以上の女性には2年に1回の検診が推奨されています。ただし、日本乳癌検診学会では、USPSTFの勧告を「科学的根拠に基づいた概ね適切なものである」と認めており、今後の調査研究次第では日本での推奨度の変更もあり得るという見解を発表しています。

また、これと同様の問題が、人間ドックのオプション（大抵は別料金）として有名な各種の腫瘍マーカーにおいても議論されています。確かに、「要再検査」と書かれた手紙が届いたら、「異常なし」の結果が出るまでは、誰だって最悪の事態しか考えませんから、精神的なダメージは大変大きいものとなります。とはいえ、早期発見に有効であることは間違いないのですから、本章で学んだこと、つまり「要再検査となっても実際に疾患している可能性はかなり低い」ことを知ったうえで、検診は受けておいた方が良いでしょう。

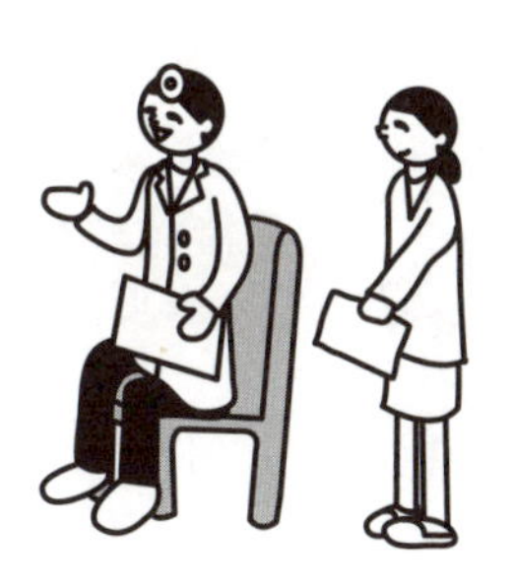

11 | 4

新たなデータでより正確に

～ベイズ更新～

ベイズ統計学のもう１つの特徴として、新しいデータが観測されるたびに、それを逐次、取り込んで推定し直し、より正確な事後確率を求める「ベイズ更新」があります。

▶▶▶ベイズ更新のしくみ

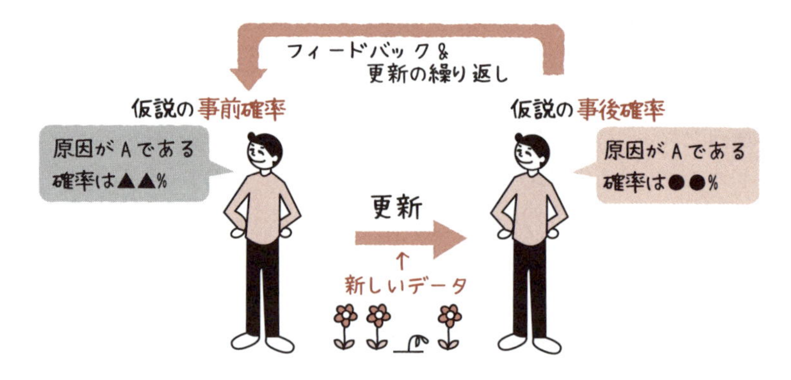

● ベイズ更新とは、新しいデータ（結果）が得られたら、推定した事後確率を新たな事前確率として再び推定することです。もちろん、新しいデータがなければそこまでの推定で終わりにします。

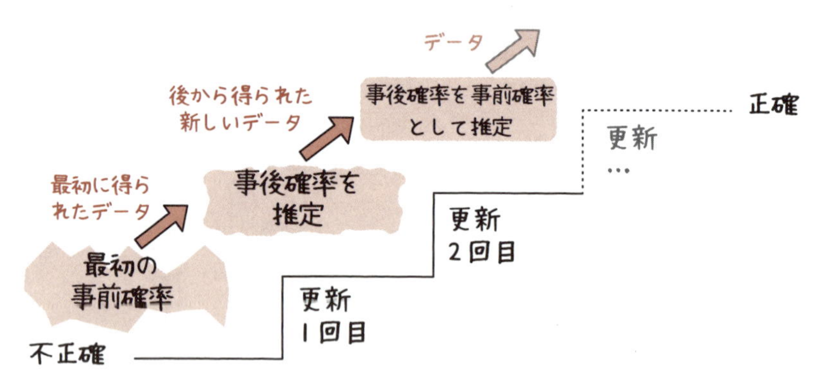

ベイズ更新（Bayesian update）…新しいデータを得る度に、それを逐次取り込んで推定し直し、事後確率の精度を増して行くこと。有名な応用例に迷惑メールの判定（ベイジアン・フィルタ）がある。

事例：迷惑メールの判定　ベイジアン・フィルタ

迷惑メールの判断にベイズ更新が応用されています。最初は、必要なメールが間違って迷惑メールのフォルダに入ることがあっても、使っているうちに間違いが少なくなりますよね。あれは、ベイズ更新を繰り返すことで、判断が正確になっているのです。

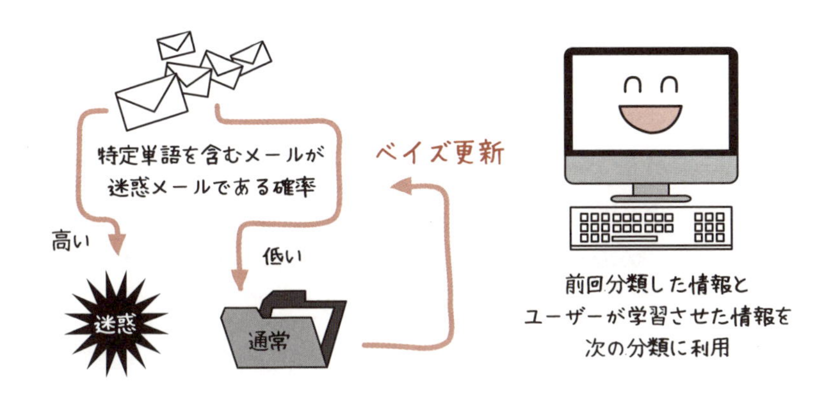

コラム
偉人伝⑧
HELLO I AM...
トーマス・ベイズ
Thomas Bayes (1702-1761)

ベイズの定理の生みの親、トーマス・ベイズはイギリスの長老派の牧師で、趣味で数学を学んでいました。あるとき、ある哲学者が投げかけた「我々の信念や習慣（結果）を創造したのは、神ではなく経験である（原因）」という、それまでのキリスト教の考え方を真っ向から否定する議論に出会い、衝撃を受けます。そこで、ベイズは、数学的に、結果から遡って原因の確率を明らかにできないかと、真剣に考えるようになったのです。そしてようやく1740年代の後半に、「とりあえず経験的な値を原因の確率とし、客観的な情報が得られた時点で、その値を修正すればよい」という、ベイズの定理の原型を思いついたのです。

ビッグデータの分析①

～ビッグデータ～

ビッグデータは、様々な情報源から収集される容量の大きなデータです。
機械的に収集され、随時更新されます。
データの形式も様々です（テキストや動画、画像など）。
３つの「V」（Volume：大容量、Velocity：即時性、Variety：多様性）が特徴です。

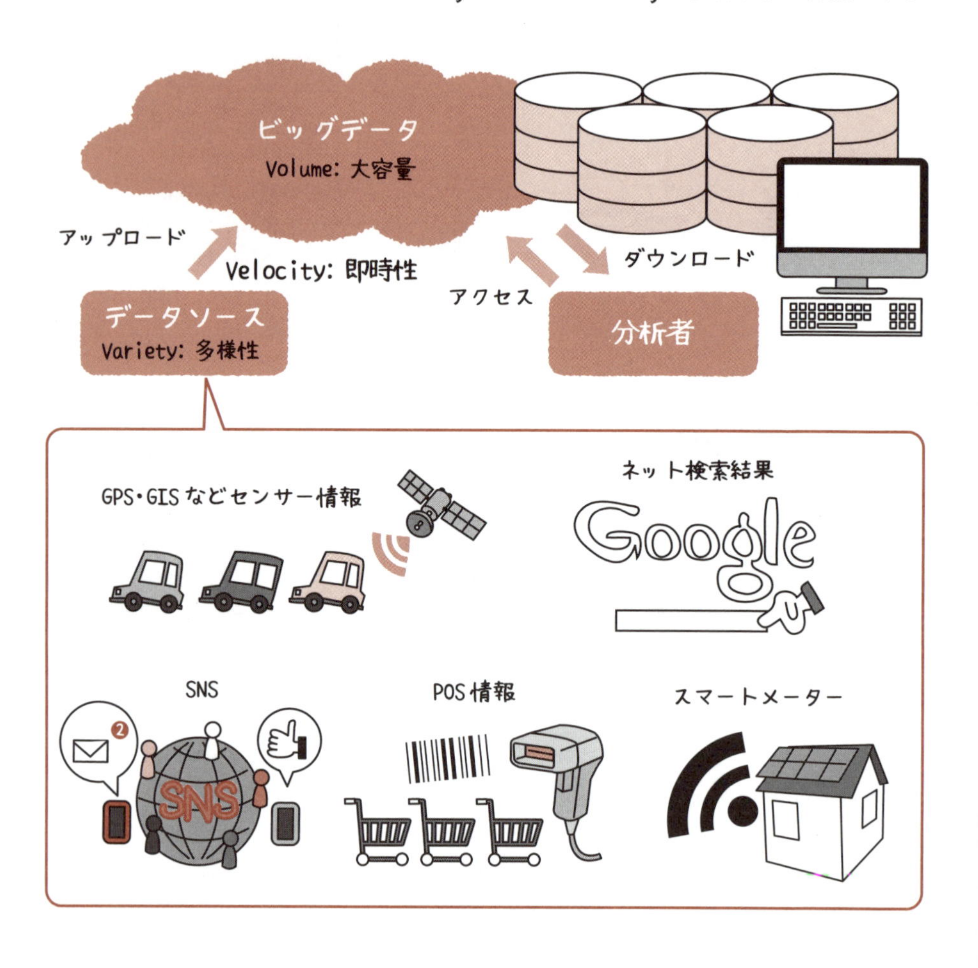

ビックデータ（big data）･･･インターネットやIT技術の発達によって生まれた巨大なデータ、仕組みのこと。容量の大きさだけでなく、データの更新速度が速いことや種類が多様なことも特徴である。

▶▶▶標本データとビッグデータ

- 公的統計やアンケート調査は、標本抽出されたデータです。
- 分析結果の確からしさは、回帰分析や仮説検定によって判断します。

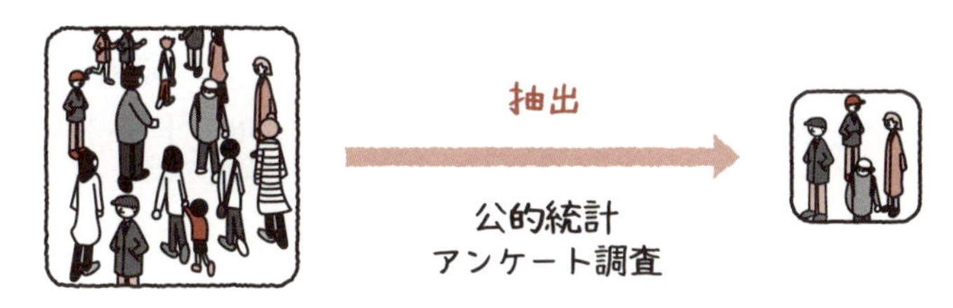

- ビッグデータは、すべての分析対象に関する情報を含んでいるのが普通です（全数調査）。例えば、ある店舗のPOSデータには、その店舗で扱われているすべての商品の販売履歴情報が含まれています。
- 全数調査のデータでは、仮説検定が不要です。

- ビッグデータは、データ量が豊富なので、分割して用いることができます。
  例えば、モデルの構築用と検証用の標本を作り、実際のデータを用いて予測精度の検証を行うことも容易にできます。

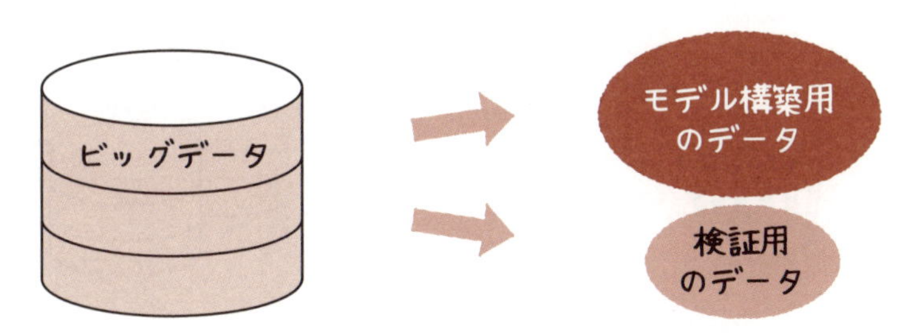

データの多様性（variety of data）…ビッグデータには、従来の構造化されたデータ（数値や文字など）だけではなく、音声や動画などの非構造化データや、XMLなどの半構造化データが含まれる。

11 | 6

ビッグデータの分析②

～アソシエーション分析～

ある事柄に続いてもう１つの事柄が起こるときのルール（規則）を抽出して、注目すべきものを探し出す方法です。大規模なデータセットの分析に適しています。

POSシステム（Point of Sale System）のデータ（トランザクションデータ）を用いれば、同時購入されやすい商品の組み合わせを知ることができます。

関連性（相関関係）を明らかにする手法ですので、因果関係まではわかりません。

明日から週末。売り上げを伸ばすためには、
どのような陳列方法がよいだろう？
購買履歴データの収集（POS）

アソシエーション分析（association analysis）･･･マーケティングのためのデータマイニング手法。一緒に買われる商品を見つけ、それらを近くに配置することで売上げアップを目指す。バスケット解析とも呼ばれる。

トランザクションデータの関連性

顧客　　購入商品

バスケットA

バスケットB

バスケットC

バスケットD

バスケットE

バスケットF

同時購入のルールを把握

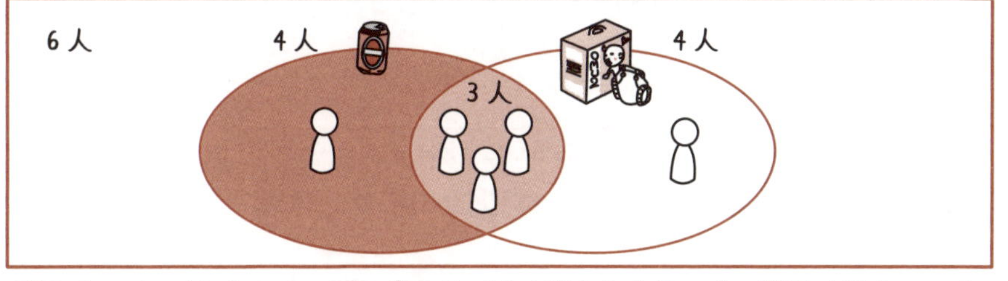

週末は、ビールとおむつの組み合わせが良く売れたようです。原因は明らかではありませんが、週末はお父さんが買い物に行くことが多く、それが影響しているのかもしれません。

トランザクションデータ（transaction data）･･･いつ、誰に、どの商品を何個売って代金はいくらだったのかという、顧客との取引（transaction）記録。POSデータが有名。

ビッグデータの分析③

～トレンド予測とSNS分析～

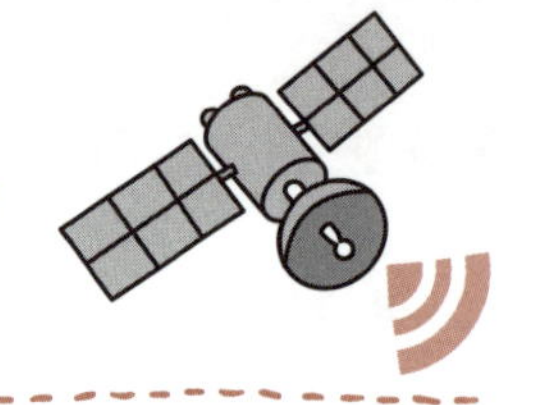

Yahoo!やGoogleなどの検索履歴やFacebookやTwitterなどのSNSのデータも、マーケティングにとって重要な情報です。
検索された言葉の数は、検索量（Search Volume）と呼ばれます。
一定期間の検索量を比較したり、検索量を国や地域ごとに集計したりすることで、最新トレンドの傾向を知ることができます。
検索量という情報を用いることで、売上高や旅行者数、住宅販売戸数や住宅価格などの予測精度が上がります。

▶▶▶現在のトレンドを予測に反映

- 従来の予測モデルは、過去のデータのみに依存して将来を予測します。そのため、急激な状況の変化には対応できません。
- 一方、インターネット検索量やSNSのデータなどのビックデータは現在のトレンドを敏感に反映しますので、予測モデルに取り込むことで予測精度を向上させることができます。

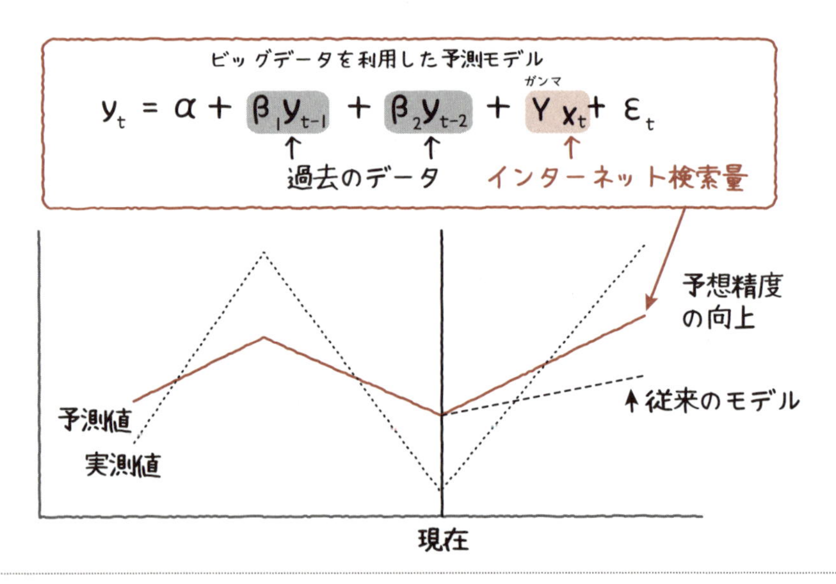

トレンド予測（trend prediction）･･･統計モデルによりトレンド（傾向）を予測すること。インターネットの検索やSNSのデータを利用して、より正確予測が可能となる。Googleによるインフルエンザ流行予測などがある。

SNSデータから流行をとらえる

- SNSの投稿文をテキストマイニング（テキストデータから、特長や傾向を明らかにする方法）を用いて分析すれば、話題の移り変わりや、分析対象の言葉がどのような文脈で用いられているかがわかります。

新製品Aについての話題の推移を分析

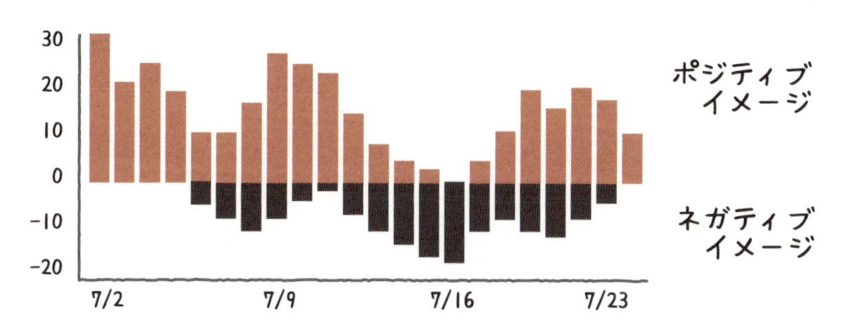

行動分析から被災地の特定まで

- SNSの情報に位置情報が付加することで、観光客の行動や嗜好性をつかんだり、災害の発生場所の特定したりすることができます。

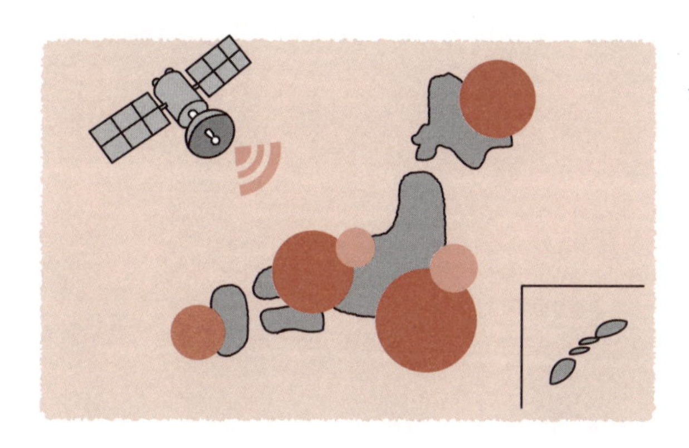

地理的な広がりを分析

圧倒的な情報量と即時性をもつSNSデータですが、万能ではありません。SNSユーザーが国民の代表ではありませんし、ノイズ（文意が明確でないコメント）の処理も難しい作業です。SNSデータの本質を見抜くには、データの特質を十分に理解し、高い分析能力を身につけることが必要です。

SNS分析（social media analytics）･･･SNSデータの分析では、従来のアンケート調査法のように質問内容が回答に強く影響してしまうこともなく、また聞きにくかった消費者の本音をとらえられる可能性がある。

$$\frac{|\hat{p}_1 - \hat{p}_2|}{\sqrt{\hat{p}(1-\hat{p})\left(\frac{1}{n_1}+\frac{1}{n_2}\right)}}$$

付録A

R（アール）のインストールと使い方

統計ソフトR

オークランド大学の研究者により作られた統計ソフトです。
無料で利用できるため世界中の研究者や学生に利用されています。
「パッケージ」とはRの関数をまとめたもので、必要に応じでRに読み込みます。
関連図書やWebサイトも多く、独学するのにも適しています。
しかし、コマンドを文字入力するスタイルですので、なれるまで時間がかかるかもしれません。

Rのダウンロード

1．Microsoft Edge, Internet Exploer, Fire Fox などのWEB ブラウザを起動させて、アドレスバーにhttps://cran.ism.ac.jp/ と入力してください。

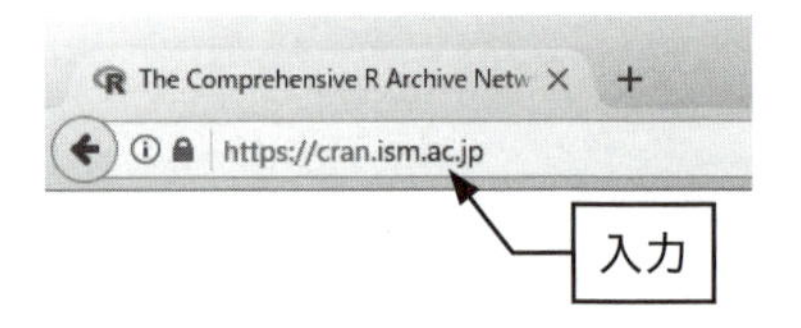

2．右のような画面から、使っているパソコンのOSに合ったところをクリックしてください。
（ここでは、”Download R for Windows”をクリックしたものとして進めます。）

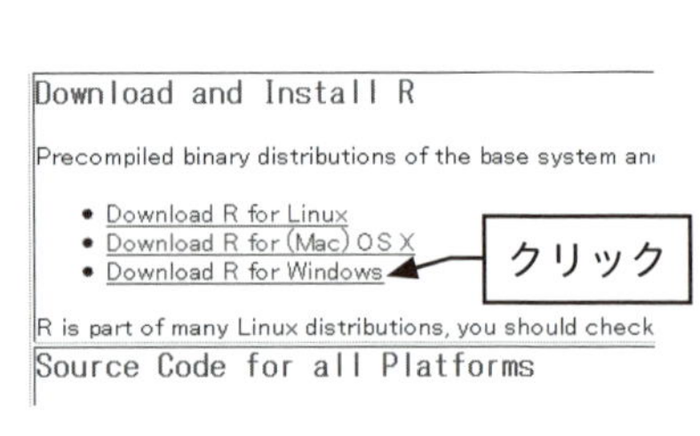

3．右のような画面が出ますので、“base”をクリックしてください。

4．更に、右のような画面が出ますので、“Download R*.*.* for windows” をクリックしてください。
（*.*.* の部分には、Rのバージョンが入ります。最新のものをダウンロードしてください。）

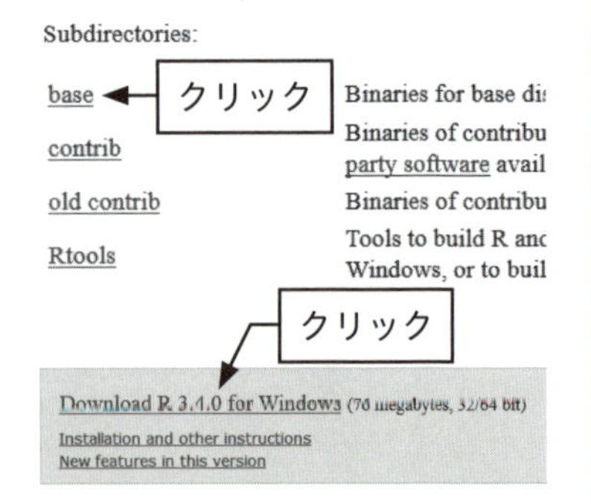

Rのインストール

1．R-*.*.*-win.exeというファイルがダウンロードされるので、そのファイルを実行（ダブルクリック）してください。（*.*.* の部分には、Rのバージョンが入ります。）

2．セットアップに使用する言語の選択を行うと、セットアップ（インストール）画面に移ります。
その後、「次へ」をクリックして、インストールを進めてください。

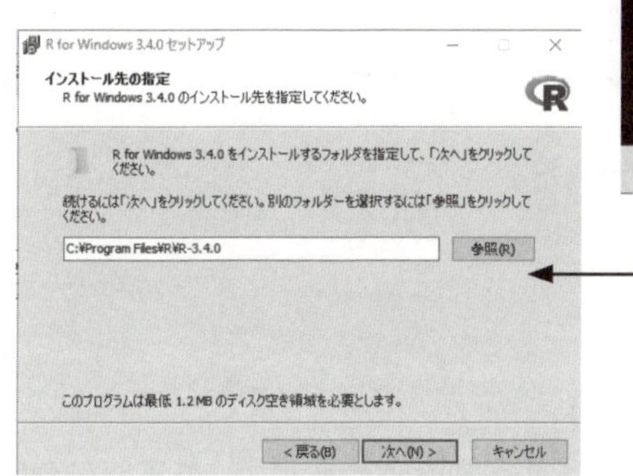

インストールする場所を変更したい場合は、このウィンドウで行います。

3．デフォルトの設定でインストールが終了すると、ディスクトップに左のようなアイコンが作成されます（OSが32bitの場合は左のみ、64bitの場合は両方）。
このアイコンをダブルクリックすると、Rが起動します。

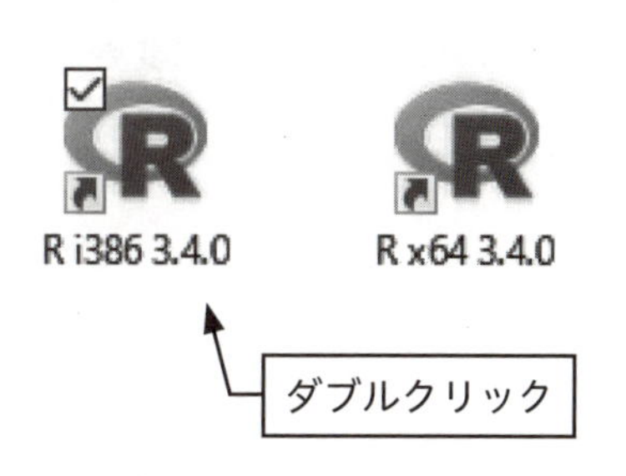

Rの起動

1．アイコンをダブルクリックすると、右のようなウィンドウが現れます。「R Console」ウィンドウと呼びます。

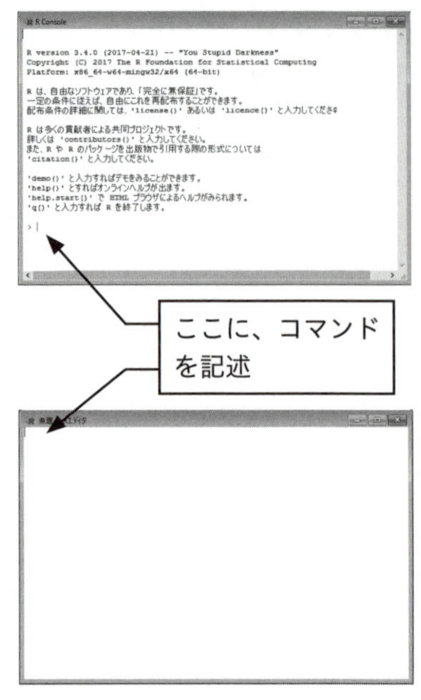

Rコマンドの入力

1．Rコマンドは、「R Console」ウィンドウの「＞」印の後に打ち込み「Enter」キーを押して実行させるか、「Rエディタ」を用いて一連のコマンドを書いてから、それを実行させます。

「Rエディタ」を起動するには、メニューの「ファイル」から「新しいスクリプト」を選択します。
スクリプト（Rコマンドが書かれたファイル）を保存しておくと、次に分析するときに便利です。

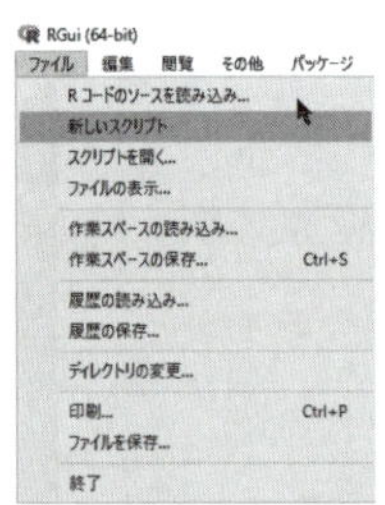

データファイルの作成（Excel）

1．Rでは様々な形式のデータファイルを読み込めますが、基本的なものはCSV形式のファイルです。CSVファイルは、Excelなどのソフトで、ファイルの種類をCSVに変更して保存することで作成できます。

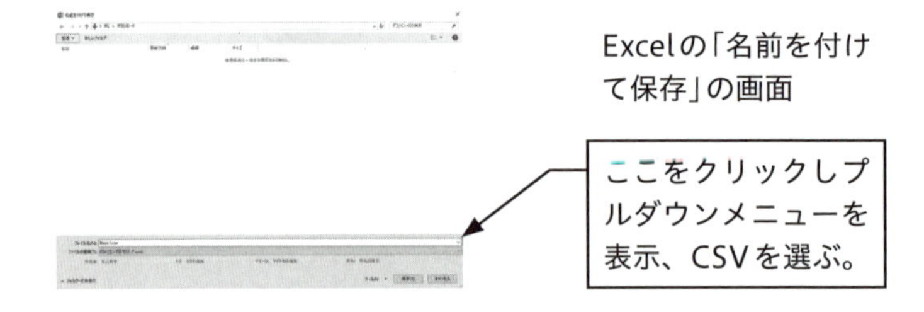

Excelの「名前を付けて保存」の画面
ここをクリックしプルダウンメニューを表示、CSVを選ぶ。

データファイルの読み込み

1. 「read.csv」というコマンドを持ちます。
   「Rエディタ」を用いる場合は、コマンドを入力してから、その行にカーソルを置く、「Ctrl」キーと「R」キーを同時に押してください。

データフレーム名。Rではデータフレームというところにデータを格納します。名称は自由につけてください。本文ではsdataなどとしています。

↓

```
> sdata <- read.csv("C:/******/******/data.csv"))
```

↑ Shift + <、ね キーと =ーほ キーで入力できます。

↑ データファイルが保存されている場所（パス）を記入します。

ファイルのパスを得るためには、エクスプローラーで読み込ませたいデータのファイル（CSV形式）を選択し、［ホーム］リボンの「パスのコピー」をクリックします。
パスがコピーされますので、コマンド行に貼り付けて利用してください。
また、\（バックスラッシュ）は/（スラッシュ）に変更してください。

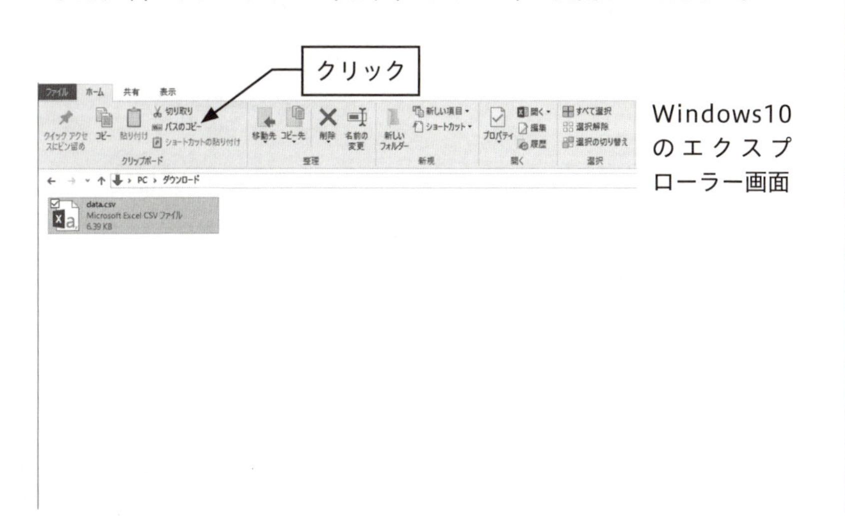

Windows10のエクスプローラー画面

パッケージのインストール

1．初めてのパッケージをRで使うためには、パッケージをダウンロードして、Rにインストールする必要があります。
ダウンロードするためには、まずダウンロード先のサイトを指定します。メニューの「パッケージ」から「CRANミラーサイトの設定」を選んでください。

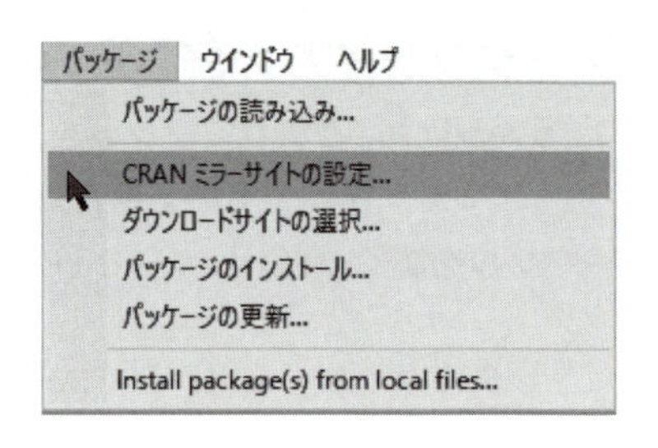

2．右のようなウィンドウが表示されたら、「Japan（Tokyo）」を選択してください。

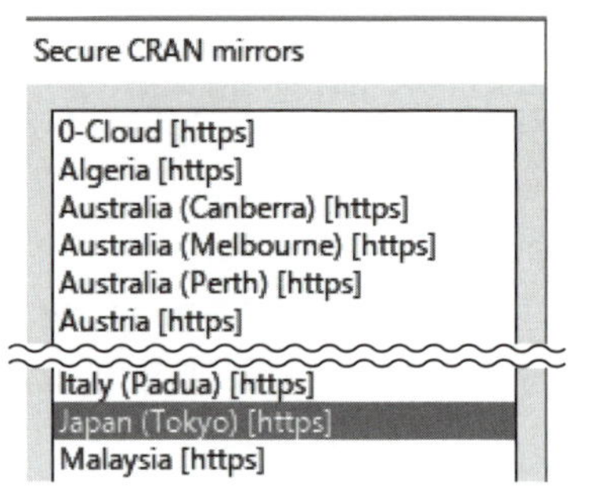

3．メニューの「パッケージ」から「パッケージのインストール」を選んでください。

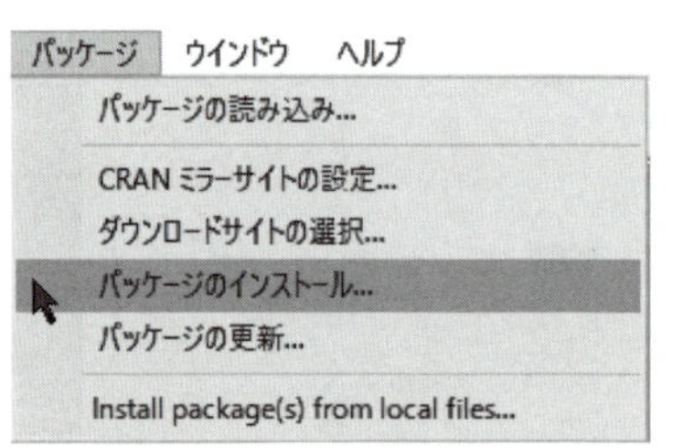

4．右のようなウィンドウが表示されたら、インストールしたいパッケージを選んでください。
インストールしたパッケージをRで使うには、Rコンソールで
> library(survival)
と入力か、Rエディタ（スクリプト）に記述します。

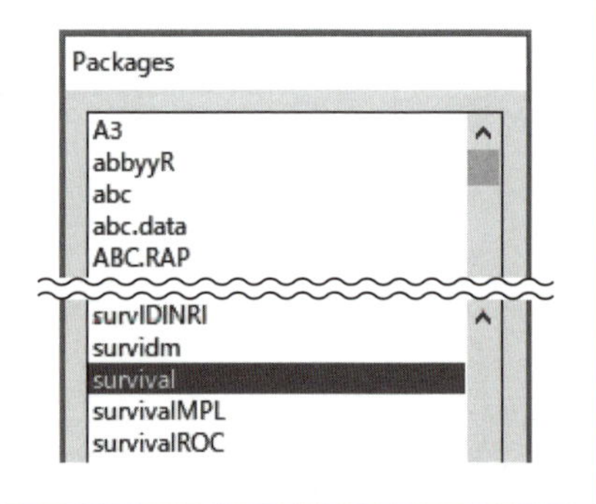

付録B

統計数値表（分布表）、直交表、ギリシャ文字

1　標準正規（z）分布表（上側確率）
2　t 分布表（上側確率）
3　χ^2 分布表（上側確率）
4－1　F 分布表（上側確率５％）
4－2　F 分布表（上側確率２．５％）
5　スチューデント化された範囲の q 分布表（上側確率５％）
6　マン・ホイットニーの U 検定表（両側確率５％と１％）
7　符号検定のための確率 1/2 の２項分布表（下側確率）
8　ウィルコクソンの符号付き順位検定表
9　クラスカル・ウォリス検定表（３群と４群）
10　フリードマン検定表（３群と４群）
11－1　直交表（２水準系）
11－2　直交表（３水準系）
11－3　直交表（混合系）
12　ギリシャ文字

1　標準正規（z）分布表（上側確率）

注：表中の値が標準正規分布の上側確率を表す。表側がｚ値の小数点第１位、表頭が第２位である。たとえばｚ値が1.96の上側（片側）確率は、1.9の行と0.06の列が交差する0.025（2.5%）となる（グレーが背景の値）。

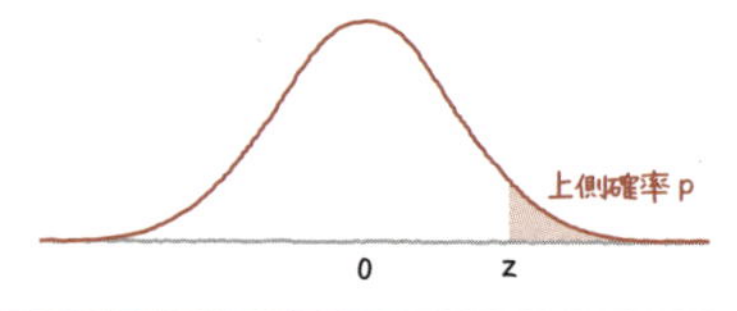

z	0.00	0.01	0.02	0.03	0.04	0.05	0.06	0.07	0.08	0.09
0.0	0.5000	0.4960	0.4920	0.4880	0.4840	0.4801	0.4761	0.4721	0.4681	0.4641
0.1	0.4602	0.4562	0.4522	0.4483	0.4443	0.4404	0.4364	0.4325	0.4286	0.4247
0.2	0.4207	0.4168	0.4129	0.4090	0.4052	0.4013	0.3974	0.3936	0.3897	0.3859
0.3	0.3821	0.3783	0.3745	0.3707	0.3669	0.3632	0.3594	0.3557	0.3520	0.3483
0.4	0.3446	0.3409	0.3372	0.3336	0.3300	0.3264	0.3228	0.3192	0.3156	0.3121
0.5	0.3085	0.3050	0.3015	0.2981	0.2946	0.2912	0.2877	0.2843	0.2810	0.2776
0.6	0.2743	0.2709	0.2676	0.2643	0.2611	0.2578	0.2546	0.2514	0.2483	0.2451
0.7	0.2420	0.2389	0.2358	0.2327	0.2296	0.2266	0.2236	0.2206	0.2177	0.2148
0.8	0.2119	0.2090	0.2061	0.2033	0.2005	0.1977	0.1949	0.1922	0.1894	0.1867
0.9	0.1841	0.1814	0.1788	0.1762	0.1736	0.1711	0.1685	0.1660	0.1635	0.1611
1.0	0.1587	0.1562	0.1539	0.1515	0.1492	0.1469	0.1446	0.1423	0.1401	0.1379
1.1	0.1357	0.1335	0.1314	0.1292	0.1271	0.1251	0.1230	0.1210	0.1190	0.1170
1.2	0.1151	0.1131	0.1112	0.1093	0.1075	0.1056	0.1038	0.1020	0.1003	0.0985
1.3	0.0968	0.0951	0.0934	0.0918	0.0901	0.0885	0.0869	0.0853	0.0838	0.0823
1.4	0.0808	0.0793	0.0778	0.0764	0.0749	0.0735	0.0721	0.0708	0.0694	0.0681
1.5	0.0668	0.0655	0.0643	0.0630	0.0618	0.0606	0.0594	0.0582	0.0571	0.0559
1.6	0.0548	0.0537	0.0526	0.0516	0.0505	0.0495	0.0485	0.0475	0.0465	0.0455
1.7	0.0446	0.0436	0.0427	0.0418	0.0409	0.0401	0.0392	0.0384	0.0375	0.0367
1.8	0.0359	0.0351	0.0344	0.0336	0.0329	0.0322	0.0314	0.0307	0.0301	0.0294
1.9	0.0287	0.0281	0.0274	0.0268	0.0262	0.0256	0.0250	0.0244	0.0239	0.0233
2.0	0.0228	0.0222	0.0217	0.0212	0.0207	0.0202	0.0197	0.0192	0.0188	0.0183
2.1	0.0179	0.0174	0.0170	0.0166	0.0162	0.0158	0.0154	0.0150	0.0146	0.0143
2.2	0.0139	0.0136	0.0132	0.0129	0.0125	0.0122	0.0119	0.0116	0.0113	0.0110
2.3	0.0107	0.0104	0.0102	0.0099	0.0096	0.0094	0.0091	0.0089	0.0087	0.0084
2.4	0.0082	0.0080	0.0078	0.0075	0.0073	0.0071	0.0069	0.0068	0.0066	0.0064
2.5	0.0062	0.0060	0.0059	0.0057	0.0055	0.0054	0.0052	0.0051	0.0049	0.0048
2.6	0.0047	0.0045	0.0044	0.0043	0.0041	0.0040	0.0039	0.0038	0.0037	0.0036
2.7	0.0035	0.0034	0.0033	0.0032	0.0031	0.0030	0.0029	0.0028	0.0027	0.0026
2.8	0.0026	0.0025	0.0024	0.0023	0.0023	0.0022	0.0021	0.0021	0.0020	0.0019
2.9	0.0019	0.0018	0.0018	0.0017	0.0016	0.0016	0.0015	0.0015	0.0014	0.0014
3.0	0.0013	0.0013	0.0013	0.0012	0.0012	0.0011	0.0011	0.0011	0.0010	0.0010
3.1	0.0010	0.0009	0.0009	0.0009	0.0008	0.0008	0.0008	0.0008	0.0007	0.0007
3.2	0.0007	0.0007	0.0006	0.0006	0.0006	0.0006	0.0006	0.0005	0.0005	0.0005
3.3	0.0005	0.0005	0.0005	0.0004	0.0004	0.0004	0.0004	0.0004	0.0004	0.0003
3.4	0.0003	0.0003	0.0003	0.0003	0.0003	0.0003	0.0003	0.0003	0.0003	0.0002
3.5	0.0002	0.0002	0.0002	0.0002	0.0002	0.0002	0.0002	0.0002	0.0002	0.0002
3.6	0.0002	0.0002	0.0001	0.0001	0.0001	0.0001	0.0001	0.0001	0.0001	0.0001
3.7	0.0001	0.0001	0.0001	0.0001	0.0001	0.0001	0.0001	0.0001	0.0001	0.0001
3.8	0.0001	0.0001	0.0001	0.0001	0.0001	0.0001	0.0001	0.0001	0.0001	0.0001
3.9	0.0000	0.0000	0.0000	0.0000	0.0000	0.0000	0.0000	0.0000	0.0000	0.0000

（著者作表）

2　t 分布表（上側確率）

注：標準正規分布表とは異なり、表中の値がt値になる。また、ν（ニュー）は自由度を表す。たとえば、上側確率2.5%（0.025）となるt値は自由度10の場合、2.228となる。もっとも用いられる両側5%の列をグレーの背景とした。

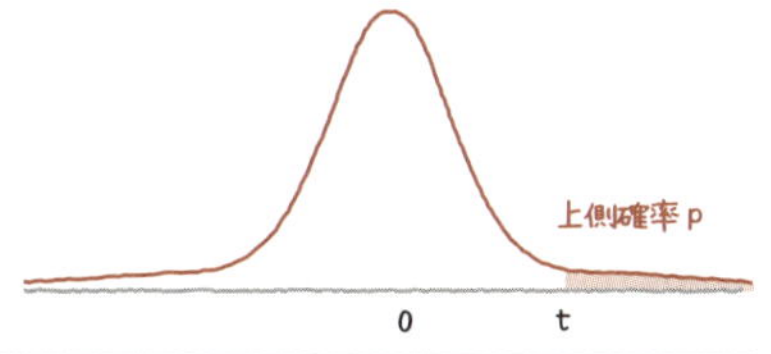

ν ＼ p	0.100	0.050	0.025	0.010	0.005	0.001
1	3.078	6.314	12.706	31.821	63.657	318.309
2	1.886	2.920	4.303	6.965	9.925	22.327
3	1.638	2.353	3.182	4.541	5.841	10.215
4	1.533	2.132	2.776	3.747	4.604	7.173
5	1.476	2.015	2.571	3.365	4.032	5.893
6	1.440	1.943	2.447	3.143	3.707	5.208
7	1.415	1.895	2.365	2.998	3.499	4.785
8	1.397	1.860	2.306	2.896	3.355	4.501
9	1.383	1.833	2.262	2.821	3.250	4.297
10	1.372	1.812	2.228	2.764	3.169	4.144
11	1.363	1.796	2.201	2.718	3.106	4.025
12	1.356	1.782	2.179	2.681	3.055	3.930
13	1.350	1.771	2.160	2.650	3.012	3.852
14	1.345	1.761	2.145	2.624	2.977	3.787
15	1.341	1.753	2.131	2.602	2.947	3.733
16	1.337	1.746	2.120	2.583	2.921	3.686
17	1.333	1.740	2.110	2.567	2.898	3.646
18	1.330	1.734	2.101	2.552	2.878	3.610
19	1.328	1.729	2.093	2.539	2.861	3.579
20	1.325	1.725	2.086	2.528	2.845	3.552
21	1.323	1.721	2.080	2.518	2.831	3.527
22	1.321	1.717	2.074	2.508	2.819	3.505
23	1.319	1.714	2.069	2.500	2.807	3.485
24	1.318	1.711	2.064	2.492	2.797	3.467
25	1.316	1.708	2.060	2.485	2.787	3.450
26	1.315	1.706	2.056	2.479	2.779	3.435
27	1.314	1.703	2.052	2.473	2.771	3.421
28	1.313	1.701	2.048	2.467	2.763	3.408
29	1.311	1.699	2.045	2.462	2.756	3.396
30	1.310	1.697	2.042	2.457	2.750	3.385
31	1.309	1.696	2.040	2.453	2.744	3.375
32	1.309	1.694	2.037	2.449	2.738	3.365
33	1.308	1.692	2.035	2.445	2.733	3.356
34	1.307	1.691	2.032	2.441	2.728	3.348
35	1.306	1.690	2.030	2.438	2.724	3.340
36	1.306	1.688	2.028	2.434	2.719	3.333
37	1.305	1.687	2.026	2.431	2.715	3.326
38	1.304	1.686	2.024	2.429	2.712	3.319
39	1.304	1.685	2.023	2.426	2.708	3.313
40	1.303	1.684	2.021	2.423	2.704	3.307

（著者作表）

3　χ^2分布表（上側確率）

注：ｔ分布と同様に、表中の値がχ^2値を、νが自由度を表す。
独立性の検定（４セル以外は上側検定）でよく用いられる上側５％の列と、母分散の区間推定（両側の確率を使用）でよく用いられる上側2.5％・97.5％の列の背景をグレーとした。

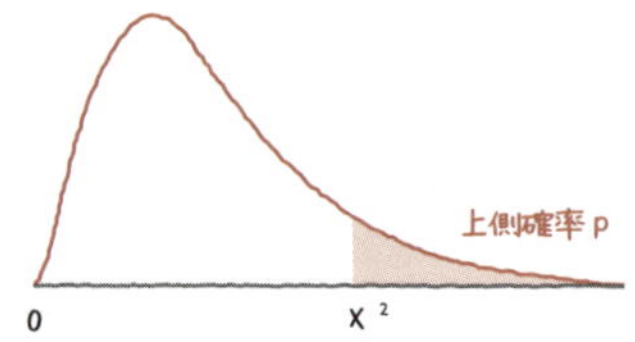

ν \ p	0.995	0.990	0.975	0.950	0.900	0.100	0.050	0.025	0.010	0.005
1	0.000	0.000	0.001	0.004	0.016	2.706	3.841	5.024	6.635	7.879
2	0.010	0.020	0.051	0.103	0.211	4.605	5.991	7.378	9.210	10.597
3	0.072	0.115	0.216	0.352	0.584	6.251	7.815	9.348	11.345	12.838
4	0.207	0.297	0.484	0.711	1.064	7.779	9.488	11.143	13.277	14.860
5	0.412	0.554	0.831	1.145	1.610	9.236	11.070	12.833	15.086	16.750
6	0.676	0.872	1.237	1.635	2.204	10.645	12.592	14.449	16.812	18.548
7	0.989	1.239	1.690	2.167	2.833	12.017	14.067	16.013	18.475	20.278
8	1.344	1.646	2.180	2.733	3.490	13.362	15.507	17.535	20.090	21.955
9	1.735	2.088	2.700	3.325	4.168	14.684	16.919	19.023	21.666	23.589
10	2.156	2.558	3.247	3.940	4.865	15.987	18.307	20.483	23.209	25.188
11	2.603	3.053	3.816	4.575	5.578	17.275	19.675	21.920	24.725	26.757
12	3.074	3.571	4.404	5.226	6.304	18.549	21.026	23.337	26.217	28.300
13	3.565	4.107	5.009	5.892	7.042	19.812	22.362	24.736	27.688	29.819
14	4.075	4.660	5.629	6.571	7.790	21.064	23.685	26.119	29.141	31.319
15	4.601	5.229	6.262	7.261	8.547	22.307	24.996	27.488	30.578	32.801
16	5.142	5.812	6.908	7.962	9.312	23.542	26.296	28.845	32.000	34.267
17	5.697	6.408	7.564	8.672	10.085	24.769	27.587	30.191	33.409	35.718
18	6.265	7.015	8.231	9.390	10.865	25.989	28.869	31.526	34.805	37.156
19	6.844	7.633	8.907	10.117	11.651	27.204	30.144	32.852	36.191	38.582
20	7.434	8.260	9.591	10.851	12.443	28.412	31.410	34.170	37.566	39.997
22	8.643	9.542	10.982	12.338	14.041	30.813	33.924	36.781	40.289	42.796
24	9.886	10.856	12.401	13.848	15.659	33.196	36.415	39.364	42.980	45.559
26	11.160	12.198	13.844	15.379	17.292	35.563	38.885	41.923	45.642	48.290
28	12.461	13.565	15.308	16.928	18.939	37.916	41.337	44.461	48.278	50.993
30	13.787	14.953	16.791	18.493	20.599	40.256	43.773	46.979	50.892	53.672
40	20.707	22.164	24.433	26.509	29.051	51.805	55.758	59.342	63.691	66.766
50	27.991	29.707	32.357	34.764	37.689	63.167	67.505	71.420	76.154	79.490
60	35.534	37.485	40.482	43.188	46.459	74.397	79.082	83.298	88.379	91.952
70	43.275	45.442	48.758	51.739	55.329	85.527	90.531	95.023	100.425	104.215
80	51.172	53.540	57.153	60.391	64.278	96.578	101.879	106.629	112.329	116.321
90	59.196	61.754	65.647	69.126	73.291	107.565	113.145	118.136	124.116	128.299
100	67.328	70.065	74.222	77.929	82.358	118.498	124.342	129.561	135.807	140.169
110	75.550	78.458	82.867	86.792	91.471	129.385	135.480	140.917	147.414	151.948
120	83.852	86.923	91.573	95.705	100.624	140.233	146.567	152.211	158.950	163.648

（著者作表）

4－1　F分布表（上側確率５％）

注：表中の値が上側確率５％のＦ値を表す。ν_1は統計量Ｆの分子の自由度、ν_2は分母の自由度である。なお、分散分析は片（上）側検定なので、有意水準５％の限界値を読み取る場合には、この表の値をそのまま使えばよい（ソフトが算出するｐ値は両側確率を表す場合が多いので注意）。

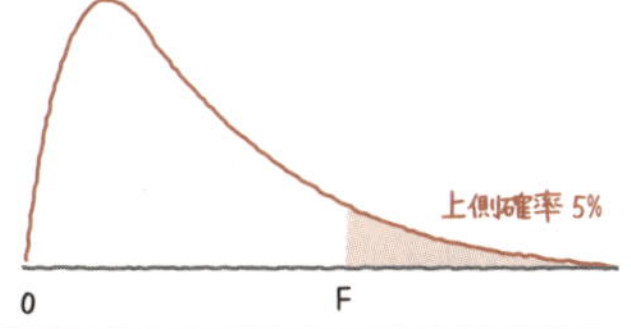

ν_2（分母の自由度）	ν_1（分子の自由度）											
	1	2	3	4	5	6	7	8	9	10	15	20
2	18.51	19.00	19.16	19.25	19.30	19.33	19.35	19.37	19.38	19.40	19.43	19.45
3	10.13	9.55	9.28	9.12	9.01	8.94	8.89	8.85	8.81	8.79	8.70	8.66
4	7.71	6.94	6.59	6.39	6.26	6.16	6.09	6.04	6.00	5.96	5.86	5.80
5	6.61	5.79	5.41	5.19	5.05	4.95	4.88	4.82	4.77	4.74	4.62	4.56
6	5.99	5.14	4.76	4.53	4.39	4.28	4.21	4.15	4.10	4.06	3.94	3.87
7	5.59	4.74	4.35	4.12	3.97	3.87	3.79	3.73	3.68	3.64	3.51	3.44
8	5.32	4.46	4.07	3.84	3.69	3.58	3.50	3.44	3.39	3.35	3.22	3.15
9	5.12	4.26	3.86	3.63	3.48	3.37	3.29	3.23	3.18	3.14	3.01	2.94
10	4.96	4.10	3.71	3.48	3.33	3.22	3.14	3.07	3.02	2.98	2.85	2.77
11	4.84	3.98	3.59	3.36	3.20	3.09	3.01	2.95	2.90	2.85	2.72	2.65
12	4.75	3.89	3.49	3.26	3.11	3.00	2.91	2.85	2.80	2.75	2.62	2.54
13	4.67	3.81	3.41	3.18	3.03	2.92	2.83	2.77	2.71	2.67	2.53	2.46
14	4.60	3.74	3.34	3.11	2.96	2.85	2.76	2.70	2.65	2.60	2.46	2.39
15	4.54	3.68	3.29	3.06	2.90	2.79	2.71	2.64	2.59	2.54	2.40	2.33
16	4.49	3.63	3.24	3.01	2.85	2.74	2.66	2.59	2.54	2.49	2.35	2.28
17	4.45	3.59	3.20	2.96	2.81	2.70	2.61	2.55	2.49	2.45	2.31	2.23
18	4.41	3.55	3.16	2.93	2.77	2.66	2.58	2.51	2.46	2.41	2.27	2.19
19	4.38	3.52	3.13	2.90	2.74	2.63	2.54	2.48	2.42	2.38	2.23	2.16
20	4.35	3.49	3.10	2.87	2.71	2.60	2.51	2.45	2.39	2.35	2.20	2.12
22	4.30	3.44	3.05	2.82	2.66	2.55	2.46	2.40	2.34	2.30	2.15	2.07
24	4.26	3.40	3.01	2.78	2.62	2.51	2.42	2.36	2.30	2.25	2.11	2.03
26	4.23	3.37	2.98	2.74	2.59	2.47	2.39	2.32	2.27	2.22	2.07	1.99
28	4.20	3.34	2.95	2.71	2.56	2.45	2.36	2.29	2.24	2.19	2.04	1.96
30	4.17	3.32	2.92	2.69	2.53	2.42	2.33	2.27	2.21	2.16	2.01	1.93
32	4.15	3.29	2.90	2.67	2.51	2.40	2.31	2.24	2.19	2.14	1.99	1.91
34	4.13	3.28	2.88	2.65	2.49	2.38	2.29	2.23	2.17	2.12	1.97	1.89
36	4.11	3.26	2.87	2.63	2.48	2.36	2.28	2.21	2.15	2.11	1.95	1.87
38	4.10	3.24	2.85	2.62	2.46	2.35	2.26	2.19	2.14	2.09	1.94	1.85
40	4.08	3.23	2.84	2.61	2.45	2.34	2.25	2.18	2.12	2.08	1.92	1.84
42	4.07	3.22	2.83	2.59	2.44	2.32	2.24	2.17	2.11	2.06	1.91	1.83
44	4.06	3.21	2.82	2.58	2.43	2.31	2.23	2.16	2.10	2.05	1.90	1.81
46	4.05	3.20	2.81	2.57	2.42	2.30	2.22	2.15	2.09	2.04	1.89	1.80
48	4.04	3.19	2.80	2.57	2.41	2.29	2.21	2.14	2.08	2.03	1.88	1.79
50	4.03	3.18	2.79	2.56	2.40	2.29	2.20	2.13	2.07	2.03	1.87	1.78
60	4.00	3.15	2.76	2.53	2.37	2.25	2.17	2.10	2.04	1.99	1.84	1.75
70	3.98	3.13	2.74	2.50	2.35	2.23	2.14	2.07	2.02	1.97	1.81	1.72
80	3.96	3.11	2.72	2.49	2.33	2.21	2.13	2.06	2.00	1.95	1.79	1.70
90	3.95	3.10	2.71	2.47	2.32	2.20	2.11	2.04	1.99	1.94	1.78	1.69
100	3.94	3.09	2.70	2.46	2.31	2.19	2.10	2.03	1.97	1.93	1.77	1.68

（著者作表）

4－2　F分布表のつづき（上側確率2.5%）

注：一般的に、Ｆ値は、分母よりも分子に大きい値を持ってくることになっている。そのため等分散検定の場合も片（上）側だけでの検定となるが、両側有意水準の限界値を用いることで検定が甘くなることを防いでいる。
よって、等分散の検定における５％有意水準の限界値はこの表から読む。

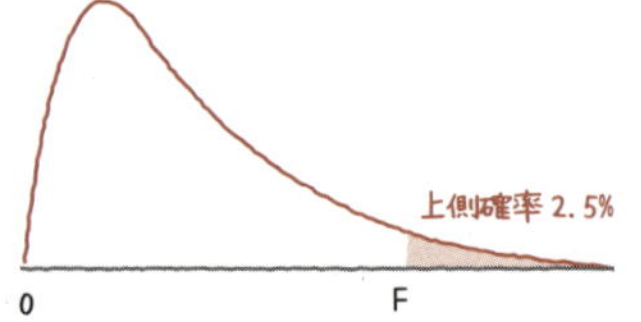

	ν₁（分子の自由度）											
ν₂（分母の自由度）	1	2	3	4	5	6	7	8	9	10	15	20
2	38.51	39.00	39.17	39.25	39.30	39.33	39.36	39.37	39.39	39.40	39.43	39.45
3	17.44	16.04	15.44	15.10	14.88	14.73	14.62	14.54	14.47	14.42	14.25	14.17
4	12.22	10.65	9.98	9.60	9.36	9.20	9.07	8.98	8.90	8.84	8.66	8.56
5	10.01	8.43	7.76	7.39	7.15	6.98	6.85	6.76	6.68	6.62	6.43	6.33
6	8.81	7.26	6.60	6.23	5.99	5.82	5.70	5.60	5.52	5.46	5.27	5.17
7	8.07	6.54	5.89	5.52	5.29	5.12	4.99	4.90	4.82	4.76	4.57	4.47
8	7.57	6.06	5.42	5.05	4.82	4.65	4.53	4.43	4.36	4.30	4.10	4.00
9	7.21	5.71	5.08	4.72	4.48	4.32	4.20	4.10	4.03	3.96	3.77	3.67
10	6.94	5.46	4.83	4.47	4.24	4.07	3.95	3.85	3.78	3.72	3.52	3.42
11	6.72	5.26	4.63	4.28	4.04	3.88	3.76	3.66	3.59	3.53	3.33	3.23
12	6.55	5.10	4.47	4.12	3.89	3.73	3.61	3.51	3.44	3.37	3.18	3.07
13	6.41	4.97	4.35	4.00	3.77	3.60	3.48	3.39	3.31	3.25	3.05	2.95
14	6.30	4.86	4.24	3.89	3.66	3.50	3.38	3.29	3.21	3.15	2.95	2.84
15	6.20	4.77	4.15	3.80	3.58	3.41	3.29	3.20	3.12	3.06	2.86	2.76
16	6.12	4.69	4.08	3.73	3.50	3.34	3.22	3.12	3.05	2.99	2.79	2.68
17	6.04	4.62	4.01	3.66	3.44	3.28	3.16	3.06	2.98	2.92	2.72	2.62
18	5.98	4.56	3.95	3.61	3.38	3.22	3.10	3.01	2.93	2.87	2.67	2.56
19	5.92	4.51	3.90	3.56	3.33	3.17	3.05	2.96	2.88	2.82	2.62	2.51
20	5.87	4.46	3.86	3.51	3.29	3.13	3.01	2.91	2.84	2.77	2.57	2.46
22	5.79	4.38	3.78	3.44	3.22	3.05	2.93	2.84	2.76	2.70	2.50	2.39
24	5.72	4.32	3.72	3.38	3.15	2.99	2.87	2.78	2.70	2.64	2.44	2.33
26	5.66	4.27	3.67	3.33	3.10	2.94	2.82	2.73	2.65	2.59	2.39	2.28
28	5.61	4.22	3.63	3.29	3.06	2.90	2.78	2.69	2.61	2.55	2.34	2.23
30	5.57	4.18	3.59	3.25	3.03	2.87	2.75	2.65	2.57	2.51	2.31	2.20
32	5.53	4.15	3.56	3.22	3.00	2.84	2.71	2.62	2.54	2.48	2.28	2.16
34	5.50	4.12	3.53	3.19	2.97	2.81	2.69	2.59	2.52	2.45	2.25	2.13
36	5.47	4.09	3.50	3.17	2.94	2.78	2.66	2.57	2.49	2.43	2.22	2.11
38	5.45	4.07	3.48	3.15	2.92	2.76	2.64	2.55	2.47	2.41	2.20	2.09
40	5.42	4.05	3.46	3.13	2.90	2.74	2.62	2.53	2.45	2.39	2.18	2.07
42	5.40	4.03	3.45	3.11	2.89	2.73	2.61	2.51	2.43	2.37	2.16	2.05
44	5.39	4.02	3.43	3.09	2.87	2.71	2.59	2.50	2.42	2.36	2.15	2.03
46	5.37	4.00	3.42	3.08	2.86	2.70	2.58	2.48	2.41	2.34	2.13	2.02
48	5.35	3.99	3.40	3.07	2.84	2.69	2.56	2.47	2.39	2.33	2.12	2.01
50	5.34	3.97	3.39	3.05	2.83	2.67	2.55	2.46	2.38	2.32	2.11	1.99
60	5.29	3.93	3.34	3.01	2.79	2.63	2.51	2.41	2.33	2.27	2.06	1.94
70	5.25	3.89	3.31	2.97	2.75	2.59	2.47	2.38	2.30	2.24	2.03	1.91
80	5.22	3.86	3.28	2.95	2.73	2.57	2.45	2.35	2.28	2.21	2.00	1.88
90	5.20	3.84	3.26	2.93	2.71	2.55	2.43	2.34	2.26	2.19	1.98	1.86
100	5.18	3.83	3.25	2.92	2.70	2.54	2.42	2.32	2.24	2.18	1.97	1.85

（著者作表）

5　スチューデント化された範囲（q）の分布表（上側確率５％）

注：表中の値は自由度ν（全標本サイズN－群数ｊ）、群数ｊの上側限界値であるｑ値を表す。なお、Tukey-Kramer法ではさらに√２で割った値を使う。また、統計量はｔ値の一種なので対立仮説が片側のみに位置することも考えられるが、限界値を異なる分布（同じ場合もある）から持ってくるので、普通は両側検定・片側検定を区別しない（片側確率で両側検定を実施していると考える）。

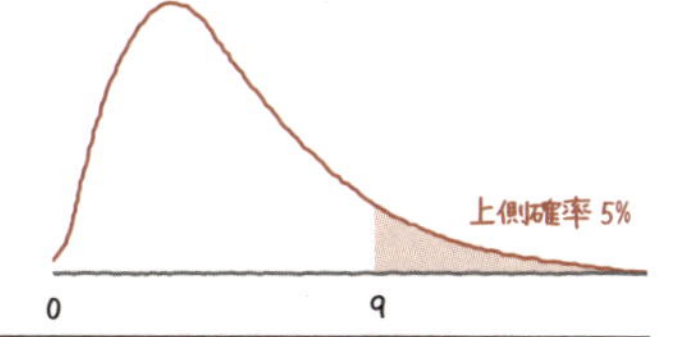

j ＼ ν	2	3	4	5	6	7	8	9
2	6.085	8.331	9.798	10.881	11.734	12.434	13.027	13.538
3	4.501	5.910	6.825	7.502	8.037	8.478	8.852	9.177
4	3.927	5.040	5.757	6.287	6.706	7.053	7.347	7.602
5	3.635	4.602	5.218	5.673	6.033	6.330	6.582	6.801
6	3.460	4.339	4.896	5.305	5.629	5.895	6.122	6.319
7	3.344	4.165	4.681	5.060	5.359	5.605	5.814	5.995
8	3.261	4.041	4.529	4.886	5.167	5.399	5.596	5.766
9	3.199	3.948	4.415	4.755	5.023	5.244	5.432	5.594
10	3.151	3.877	4.327	4.654	4.912	5.124	5.304	5.460
11	3.113	3.820	4.256	4.574	4.823	5.028	5.202	5.353
12	3.081	3.773	4.199	4.508	4.750	4.949	5.118	5.265
13	3.055	3.734	4.151	4.453	4.690	4.884	5.049	5.192
14	3.033	3.701	4.111	4.407	4.639	4.829	4.990	5.130
15	3.014	3.673	4.076	4.367	4.595	4.782	4.940	5.077
16	2.998	3.649	4.046	4.333	4.557	4.741	4.896	5.031
17	2.984	3.628	4.020	4.303	4.524	4.705	4.858	4.991
18	2.971	3.609	3.997	4.276	4.494	4.673	4.824	4.955
19	2.960	3.593	3.977	4.253	4.468	4.645	4.794	4.924
20	2.950	3.578	3.958	4.232	4.445	4.620	4.768	4.895
22	2.933	3.553	3.927	4.196	4.405	4.577	4.722	4.847
24	2.919	3.532	3.901	4.166	4.373	4.541	4.684	4.807
26	2.907	3.514	3.880	4.141	4.345	4.511	4.652	4.773
28	2.897	3.499	3.861	4.120	4.322	4.486	4.625	4.745
30	2.888	3.487	3.845	4.102	4.301	4.464	4.601	4.720
32	2.881	3.475	3.832	4.086	4.284	4.445	4.581	4.698
34	2.874	3.465	3.820	4.072	4.268	4.428	4.563	4.680
36	2.868	3.457	3.809	4.060	4.255	4.414	4.547	4.663
38	2.863	3.449	3.799	4.049	4.243	4.400	4.533	4.648
40	2.858	3.442	3.791	4.039	4.232	4.388	4.521	4.634
42	2.854	3.436	3.783	4.030	4.222	4.378	4.509	4.622
44	2.850	3.430	3.776	4.022	4.213	4.368	4.499	4.611
46	2.847	3.425	3.770	4.015	4.205	4.359	4.489	4.601
48	2.844	3.420	3.764	4.008	4.197	4.351	4.481	4.592
50	2.841	3.416	3.758	4.002	4.190	4.344	4.473	4.584
60	2.829	3.399	3.737	3.977	4.163	4.314	4.441	4.550
80	2.814	3.377	3.711	3.947	4.129	4.278	4.402	4.509
100	2.806	3.365	3.695	3.929	4.109	4.256	4.379	4.484
120	2.800	3.356	3.685	3.917	4.096	4.241	4.363	4.468
∞	2.772	3.314	3.633	3.858	4.030	4.170	4.286	4.387

（永田靖・吉田道弘（1997）『統計的多重比較法の基礎』サイエンティスト社、から一部抜粋）

6　マン・ホイットニーのU検定表（両側確率５％と１％）

注：表中の値は、標本サイズが$n_B > n_A$の場合の下側限界値を表す。つまり、普通は下側で検定が実施されるので、検定統計量U値が表中の値よりも小さければ有意水準５％もしくは１％（両側）で帰無仮説を棄却できる。なお、“—”は標本サイズが小さすぎて検定できないことを表す。

両側5%（片側2.5%）	n_B（大きい群の標本サイズ）																
n_A（小さい群の標本サイズ）	4	5	6	7	8	9	10	11	12	13	14	15	16	17	18	19	20
2	—	—	—	—	0	0	0	0	1	1	1	1	1	2	2	2	2
3	—	0	1	1	2	2	3	3	4	4	5	5	6	6	7	7	8
4	0	1	2	3	4	4	5	6	7	8	9	10	11	11	12	13	14
5		2	3	5	6	7	8	9	11	12	13	14	15	17	18	19	20
6			5	6	8	10	11	13	14	16	17	19	21	22	24	25	27
7				8	10	12	14	16	18	20	22	24	26	28	30	32	34
8					13	15	17	19	22	24	26	29	31	34	36	38	41
9						17	20	23	26	28	31	34	37	39	42	45	48
10							23	26	29	33	36	39	42	45	48	52	55
11								30	33	37	40	44	47	51	55	58	62
12									37	41	45	49	53	57	61	65	69
13										45	50	54	59	63	67	72	76
14											55	59	64	69	74	78	83
15												64	70	75	80	85	90
16													75	81	86	92	98
17														87	93	99	105
18															99	106	112
19																113	119
20																	127

両側1%	n_B（大きい群の標本サイズ）																
n_A（小さい群の標本サイズ）	4	5	6	7	8	9	10	11	12	13	14	15	16	17	18	19	20
2	—	—	—	—	—	—	—	—	—	—	—	—	—	—	—	0	0
3	—	—	—	—	—	0	0	0	1	1	1	2	2	2	2	3	3
4	—	—	0	0	1	1	2	2	3	3	4	5	5	6	6	7	8
5		0	1	1	2	3	4	5	6	7	7	8	9	10	11	12	13
6			2	3	4	5	6	7	9	10	11	12	13	15	16	17	18
7				4	6	7	9	10	12	13	15	16	18	19	21	22	24
8					7	9	11	13	15	17	18	20	22	24	26	28	30
9						11	13	16	18	20	22	24	27	29	31	33	36
10							16	18	21	24	26	29	31	34	37	39	42
11								21	24	27	30	33	36	39	42	45	48
12									27	31	34	37	41	44	47	51	54
13										34	38	42	45	49	53	57	60
14											42	46	50	54	58	63	67
15												51	55	60	64	69	73
16													60	65	70	74	79
17														70	75	81	86
18															81	87	92
19																93	99
20																	105

（山内二郎編集（1972）『統計数値表 JSA—1972』日本規格協会、から様式変更のうえ抜粋）

7　符号検定のための確率1/2の２項分布表（下側確率）

注：表中の値は、ｎ対のデータで少ない方の符号がｒ以下になる確率（下側からの累積確率）を表す。たとえば、６対のデータで、ｒが１の場合は、ｐ値が両側で22％（下側だけでは11％）となるので、両側有意水準５％（10％でさえ）では帰無仮説は棄却できない。

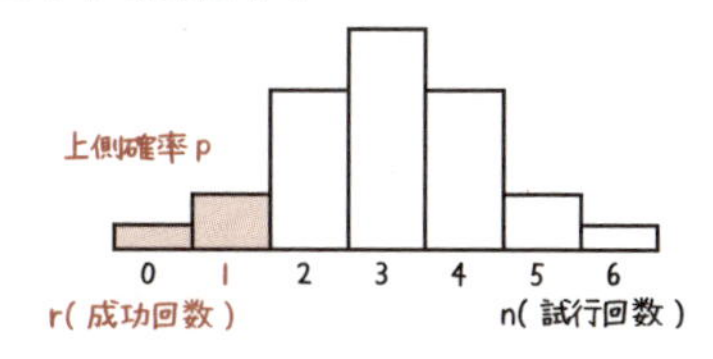

n＼r	0	1	2	3	4	5	6	7	8	9	10	11	12	13
4	0.06	0.31	0.69	0.94	1.00									
5	0.03	0.19	0.50	0.81	0.97	1.00								
6	0.02	0.11	0.34	0.66	0.89	0.98	1.00							
7	0.01	0.06	0.23	0.50	0.77	0.94	0.99	1.00						
8	0.00	0.04	0.14	0.36	0.64	0.86	0.96	1.00	1.00					
9	0.00	0.02	0.09	0.25	0.50	0.75	0.91	0.98	1.00	1.00				
10	0.00	0.01	0.05	0.17	0.38	0.62	0.83	0.95	0.99	1.00	1.00			
11	0.00	0.01	0.03	0.11	0.27	0.50	0.73	0.89	0.97	0.99	1.00	1.00		
12	0.00	0.00	0.02	0.07	0.19	0.39	0.61	0.81	0.93	0.98	1.00	1.00	1.00	
13	0.00	0.00	0.01	0.05	0.13	0.29	0.50	0.71	0.87	0.95	0.99	1.00	1.00	1.00
14	0.00	0.00	0.01	0.03	0.09	0.21	0.40	0.60	0.79	0.91	0.97	0.99	1.00	1.00
15	0.00	0.00	0.00	0.02	0.06	0.15	0.30	0.50	0.70	0.85	0.94	0.98	1.00	1.00
16		0.00	0.00	0.01	0.04	0.11	0.23	0.40	0.60	0.77	0.89	0.96	0.99	1.00
17		0.00	0.00	0.01	0.02	0.07	0.17	0.31	0.50	0.69	0.83	0.93	0.98	0.99
18		0.00	0.00	0.00	0.02	0.05	0.12	0.24	0.41	0.59	0.76	0.88	0.95	0.98
19			0.00	0.00	0.01	0.03	0.08	0.18	0.32	0.50	0.68	0.82	0.92	0.97
20			0.00	0.00	0.01	0.02	0.06	0.13	0.25	0.41	0.59	0.75	0.87	0.94
21			0.00	0.00	0.00	0.01	0.04	0.09	0.19	0.33	0.50	0.67	0.81	0.91
22				0.00	0.00	0.01	0.03	0.07	0.14	0.26	0.42	0.58	0.74	0.86
23				0.00	0.00	0.01	0.02	0.05	0.11	0.20	0.34	0.50	0.66	0.80
24				0.00	0.00	0.00	0.01	0.03	0.08	0.15	0.27	0.42	0.58	0.73
25					0.00	0.00	0.01	0.02	0.05	0.11	0.21	0.35	0.50	0.65

（著者作表）

8　ウィルコクソンの符号付き順位検定表

注：表中の値は、検定統計量Tが有意になる下側限界値を表している。つまり、Tが表中の値よりも小さければ帰無仮説を棄却できる。なお、有意水準を両側で5%とするにはp=0.025の列の値を使う（グレーの背景とした）。

n ＼ p	0.050	0.025	0.010	0.005
5	0	—	—	—
6	2	0	—	—
7	3	2	0	—
8	5	3	1	0
9	8	5	3	1
10	10	8	5	3
11	13	10	7	5
12	17	13	9	7
13	21	17	12	9
14	25	21	15	12
15	30	25	19	15
16	35	29	23	19
17	41	34	27	23
18	47	40	32	27
19	53	46	37	32
20	60	52	43	37
21	67	58	49	42
22	75	65	55	48
23	83	73	62	54
24	91	81	69	61
25	100	89	76	68

（山内二郎編集（1972）『統計数値表 JSA―1972』日本規格協会から抜粋）

9　クラスカル・ウォリス検定表（3群と4群）

注：表中の値は、検定統計量Hが有意になる上側限界値を表している。つまり、Hが表中の値よりも大きければ帰無を棄却できる。なお、nはデータ総数、n_1～n_4は各群のデータ数を表す。もっとも用いられる5％（3群以上のχ^2検定なので片側確率）の列をグレーの背景とした。

3群

n	n_1	n_2	n_3	p=0.05	p=0.01
7	2	2	3	4.714	—
8	2	2	4	5.333	—
	2	3	3	5.361	—
9	2	2	5	5.160	6.533
	2	3	4	5.444	6.444
	3	3	3	5.600	7.200
10	2	2	6	5.346	6.655
	2	3	5	5.251	6.909
	2	4	4	5.455	7.036
	3	3	4	5.791	6.746
11	2	2	7	5.143	7.000
	2	3	6	5.349	6.970
	2	4	5	5.273	7.205
	3	3	5	5.649	7.079
	3	4	4	5.599	7.144
12	2	2	8	5.356	6.664
	2	3	7	5.357	6.839
	2	4	6	5.340	7.340
	2	5	5	5.339	7.339
	3	3	6	5.615	7.410
	3	4	5	5.656	7.445
	4	4	4	5.692	7.654
13	2	2	9	5.260	6.897
	2	3	8	5.316	7.022
	2	4	7	5.376	7.321
	2	5	6	5.339	7.376
	3	3	7	5.620	7.228
	3	4	6	5.610	7.500
	3	5	5	5.706	7.578
	4	4	5	5.657	7.760
14	2	2	10	5.120	6.537
	2	3	9	5.340	7.006
	2	4	8	5.393	7.350
	2	5	7	5.393	7.450
	2	6	6	5.410	7.467
	3	3	8	5.617	7.350
	3	4	7	5.623	7.550
	3	5	6	5.602	7.591
	4	4	6	5.681	7.795
	4	5	5	5.657	7.823

（山内二郎編集（1977）『簡約統計数値表』日本規格協会から抜粋）

3群のつづき

n	n_1	n_2	n_3	p=0.05	p=0.01
15	2	2	11	5.164	6.766
	2	3	10	5.362	7.042
	2	4	9	5.400	7.364
	2	5	8	5.415	7.440
	2	6	7	5.357	7.491
	3	3	9	5.589	7.422
	3	4	8	5.623	7.585
	3	5	7	5.607	7.697
	3	6	6	5.625	7.725
	4	4	7	5.650	7.814
	4	5	6	5.661	7.936
	5	5	5	5.780	8.000

4群

n	n_1	n_2	n_3	n_4	p=0.05	p=0.01
8	2	2	2	2	6.167	6.667
9	2	2	2	3	6.333	7.133
10	2	2	2	4	6.546	7.391
	2	2	3	3	6.527	7.636
11	2	2	2	5	6.564	7.773
	2	2	3	4	6.621	7.871
	2	3	3	3	6.727	8.015
12	2	2	2	6	6.539	7.923
	2	2	3	5	6.664	8.203
	2	2	4	4	6.731	8.346
	2	3	3	4	6.795	8.333
	3	3	3	3	7.000	8.539
13	2	2	2	7	6.565	8.053
	2	2	3	6	6.703	8.363
	2	2	4	5	6.725	8.473
	2	3	3	5	6.822	8.607
	2	3	4	4	6.874	8.621
	3	3	3	4	6.984	8.659
14	2	2	2	8	6.571	8.207
	2	2	3	7	6.718	8.407
	2	2	4	6	6.743	8.610
	2	2	5	5	6.777	8.634
	2	3	3	6	6.876	8.695
	2	3	4	5	6.926	8.802
	2	4	4	4	6.957	8.871
	3	3	3	5	7.019	8.848
	3	3	4	4	7.038	8.876

10　フリードマン検定表（3群と4群）

注：表中の値は、検定統計量Qが有意になる上側限界値を表している。つまり、Qが表中の値よりも大きければ帰無を棄却できる。なお、nは対の数を表す。もっとも用いられる5％（3群以上のχ^2検定なので片側確率）の列をグレーの背景とした。

3群

n＼p	0.050	0.010
3	6.00	—
4	6.50	8.00
5	6.40	8.40
6	7.00	9.00
7	7.14	8.86
8	6.25	9.00
9	6.22	9.56
∞	5.99	9.21

4群

n＼p	0.050	0.010
2	6.00	—
3	7.40	9.00
4	8.70	9.60
5	7.80	9.96
∞	7.81	11.34

（山内二郎編集（1977）『簡約統計数値表』日本規格協会から抜粋）

11－1　直交表（2水準系）

注：表中の値は水準を表している。また、各列の下のアルファベットは各列の成分を表す記号で、要因の割り付けを考えるとき、交互作用が現れる列を見つけるのに用いる。

$L_4(2^3)$

No.＼列番	1	2	3
1	1	1	1
2	1	2	2
3	2	1	2
4	2	2	1
成分	a	b	a
			b

←3列目に1列目と2列目の交互作用が現れる。

$L_8(2^7)$

No.＼列番	1	2	3	4	5	6	7
1	1	1	1	1	1	1	1
2	1	1	1	2	2	2	2
3	1	2	2	1	1	2	2
4	1	2	2	2	2	1	1
5	2	1	2	1	2	1	2
6	2	1	2	2	1	2	1
7	2	2	1	1	2	2	1
8	2	2	1	2	1	1	2
成分	a	b	a	c	a	b	a
			b		c	c	b
							c

$L_{16}(2^{15})$

No.＼列番	1	2	3	4	5	6	7	8	9	10	11	12	13	14	15
1	1	1	1	1	1	1	1	1	1	1	1	1	1	1	1
2	1	1	1	1	1	1	1	2	2	2	2	2	2	2	2
3	1	1	1	2	2	2	2	1	1	1	1	2	2	2	2
4	1	1	1	2	2	2	2	2	2	2	2	1	1	1	1
5	1	2	2	1	1	2	2	1	1	2	2	1	1	2	2
6	1	2	2	1	1	2	2	2	2	1	1	2	2	1	1
7	1	2	2	2	2	1	1	1	1	2	2	2	2	1	1
8	1	2	2	2	2	1	1	2	2	1	1	1	1	2	2
9	2	1	2	1	2	1	2	1	2	1	2	1	2	1	2
10	2	1	2	1	2	1	2	2	1	2	1	2	1	2	1
11	2	1	2	2	1	2	1	1	2	1	2	2	1	2	1
12	2	1	2	2	1	2	1	2	1	2	1	1	2	1	2
13	2	2	1	1	2	2	1	1	2	2	1	1	2	2	1
14	2	2	1	1	2	2	1	2	1	1	2	2	1	1	2
15	2	2	1	2	1	1	2	1	2	2	1	2	1	1	2
16	2	2	1	2	1	1	2	2	1	1	2	1	2	2	1
成分	a		a		a		a		a		a		a		a
		b	b			b	b			b	b			b	b
				c	c	c	c					c	c	c	c
								d	d	d	d	d	d	d	d

（田口玄一（1977）『実験計画法　下』丸善株式会社から抜粋、編集）

11－2　直交表のつづき（3水準系）

$L_9(3^4)$

No. ＼ 列番	1	2	3	4
1	1	1	1	1
2	1	2	2	2
3	1	3	3	3
4	2	1	2	3
5	2	2	3	1
6	2	3	1	2
7	3	1	3	2
8	3	2	1	3
9	3	3	2	1
成分	a	b	ab	a^2b

$L_{27}(3^{13})$

No. ＼ 列番	1	2	3	4	5	6	7	8	9	10	11	12	13
1	1	1	1	1	1	1	1	1	1	1	1	1	1
2	1	1	1	1	2	2	2	2	2	2	2	2	2
3	1	1	1	1	3	3	3	3	3	3	3	3	3
4	1	2	2	2	1	1	1	2	2	2	3	3	3
5	1	2	2	2	2	2	2	3	3	3	1	1	1
6	1	2	2	2	3	3	3	1	1	1	2	2	2
7	1	3	3	3	1	1	1	3	3	3	2	2	2
8	1	3	3	3	2	2	2	1	1	1	3	3	3
9	1	3	3	3	3	3	3	2	2	2	1	1	1
10	2	1	2	3	1	2	3	1	2	3	1	2	3
11	2	1	2	3	2	3	1	2	3	1	2	3	1
12	2	1	2	3	3	1	2	3	1	2	3	1	2
13	2	2	3	1	1	2	3	2	3	1	3	1	2
14	2	2	3	1	2	3	1	3	1	2	1	2	3
15	2	2	3	1	3	1	2	1	2	3	2	3	1
16	2	3	1	2	1	2	3	3	1	2	2	3	1
17	2	3	1	2	2	3	1	1	2	3	3	1	2
18	2	3	1	2	3	1	2	2	3	1	1	2	3
19	3	1	3	2	1	3	2	1	3	2	1	3	2
20	3	1	3	2	2	1	3	2	1	3	2	1	3
21	3	1	3	2	3	2	1	3	2	1	3	2	1
22	3	2	1	3	1	3	2	2	1	3	3	2	1
23	3	2	1	3	2	1	3	3	2	1	1	3	2
24	3	2	1	3	3	2	1	1	3	2	2	1	3
25	3	3	2	1	1	3	2	3	2	1	2	1	3
26	3	3	2	1	2	1	3	1	3	2	3	2	1
27	3	3	2	1	3	2	1	2	1	3	1	3	2
成分	a	b	ab	a^2b	c	ac	ac^2	bc	abc	ab^2c^2	bc^2	ab^2c	abc^2

（田口玄一（1977）『実験計画法　下』丸善株式会社から抜粋、編集）

11－3　直交表のつづき（混合系）

注：交互作用が各列に均等に割り振られているため、（交互作用を想定しない）品質工学のパラメータ設計などで用いられる。

$L_{18}(2^1 \times 3^7)$

No. ＼ 列番	1	2	3	4	5	6	7	8
1	1	1	1	1	1	1	1	1
2	1	1	2	2	2	2	2	2
3	1	1	3	3	3	3	3	3
4	1	2	1	1	2	2	3	3
5	1	2	2	2	3	3	1	1
6	1	2	3	3	1	1	2	2
7	1	3	1	2	1	3	2	3
8	1	3	2	3	2	1	3	1
9	1	3	3	1	3	2	1	2
10	2	1	1	3	3	2	2	1
11	2	1	2	1	1	3	3	2
12	2	1	3	2	2	1	1	3
13	2	2	1	2	3	1	3	2
14	2	2	2	3	1	2	1	3
15	2	2	3	1	2	3	2	1
16	2	3	1	3	2	3	1	2
17	2	3	2	1	3	1	2	3
18	2	3	3	2	1	2	3	1

$L_{36}(2^{11} \times 3^{12})$

No. ＼ 列番	1	2	3	4	5	6	7	8	9	10	11	12	13	14	15	16	17	18	19	20	21	22	23
1	1	1	1	1	1	1	1	1	1	1	1	1	1	1	1	1	1	1	1	1	1	1	1
2	1	1	1	1	1	1	1	1	1	1	1	2	2	2	2	2	2	2	2	2	2	2	2
3	1	1	1	1	1	1	1	1	1	1	1	3	3	3	3	3	3	3	3	3	3	3	3
4	1	1	1	1	1	2	2	2	2	2	2	1	1	1	1	2	2	2	2	3	3	3	3
5	1	1	1	1	1	2	2	2	2	2	2	2	2	2	2	3	3	3	3	1	1	1	1
6	1	1	1	1	1	2	2	2	2	2	2	3	3	3	3	1	1	1	1	2	2	2	2
7	1	1	2	2	2	1	1	1	2	2	2	1	1	2	3	1	2	3	3	1	2	2	3
8	1	1	2	2	2	1	1	1	2	2	2	2	2	3	1	2	3	1	1	2	3	3	1
9	1	1	2	2	2	1	1	1	2	2	2	3	3	1	2	3	1	2	2	3	1	1	2
10	1	2	1	2	2	1	2	2	1	1	2	1	1	3	2	1	3	2	3	2	1	3	2
11	1	2	1	2	2	1	2	2	1	1	2	2	2	1	3	2	1	3	1	3	2	1	3
12	1	2	1	2	2	1	2	2	1	1	2	3	3	2	1	3	2	1	2	1	3	2	1
13	1	2	2	1	2	2	1	2	1	2	1	1	2	3	1	3	2	1	3	3	2	1	2
14	1	2	2	1	2	2	1	2	1	2	1	2	3	1	2	1	3	2	1	1	3	2	3
15	1	2	2	1	2	2	1	2	1	2	1	3	1	2	3	2	1	3	2	2	1	3	1
16	1	2	2	2	1	2	2	1	2	1	1	1	2	3	2	1	1	3	2	3	3	2	1
17	1	2	2	2	1	2	2	1	2	1	1	2	3	1	3	2	2	1	3	1	1	3	2
18	1	2	2	2	1	2	2	1	2	1	1	3	1	2	1	3	3	2	1	2	2	1	3
19	2	1	2	2	1	1	2	2	1	2	1	1	2	1	3	3	3	1	2	2	1	2	3
20	2	1	2	2	1	1	2	2	1	2	1	2	3	2	1	1	1	2	3	3	2	3	1
21	2	1	2	2	1	1	2	2	1	2	1	3	1	3	2	2	2	3	1	1	3	1	2
22	2	1	2	1	2	2	2	1	1	1	2	1	2	2	3	3	1	2	1	1	3	3	2
23	2	1	2	1	2	2	2	1	1	1	2	2	3	3	1	1	2	3	2	2	1	1	3
24	2	1	2	1	2	2	2	1	1	1	2	3	1	1	2	2	3	1	3	3	2	2	1
25	2	1	1	2	2	2	1	2	2	1	1	1	3	2	1	2	3	3	1	3	1	2	2
26	2	1	1	2	2	2	1	2	2	1	1	2	1	3	2	3	1	1	2	1	2	3	3
27	2	1	1	2	2	2	1	2	2	1	1	3	2	1	3	1	2	2	3	2	3	1	1
28	2	2	2	1	1	1	1	2	2	1	2	1	3	2	2	2	1	1	3	2	3	1	3
29	2	2	2	1	1	1	1	2	2	1	2	2	1	3	3	3	2	2	1	3	1	2	1
30	2	2	2	1	1	1	1	2	2	1	2	3	2	1	1	1	3	3	2	1	2	3	2
31	2	2	1	2	1	2	1	1	1	2	2	1	3	3	3	2	3	2	2	1	2	1	1
32	2	2	1	2	1	2	1	1	1	2	2	2	1	1	1	3	1	3	3	2	3	2	2
33	2	2	1	2	1	2	1	1	1	2	2	3	2	2	2	1	2	1	1	3	1	3	3
34	2	2	1	1	2	1	2	1	2	2	1	1	3	1	2	3	2	3	1	2	2	3	1
35	2	2	1	1	2	1	2	1	2	2	1	2	1	2	3	1	3	1	2	3	3	1	2
36	2	2	1	1	2	1	2	1	2	2	1	3	2	3	1	2	1	2	3	1	1	2	3

（田口玄一（1977）『実験計画法　下』丸善株式会社から抜粋、編集）

12 ギリシャ文字

大文字	小文字	読み方	対応するアルファベット	統計学での使い方
Α	α	アルファ	a	第一種の過誤の確率（有意確率）、回帰モデルの切片（定数項）
Β	β	ベータ	b	第二種の過誤の確率、回帰モデルの偏回帰係数
Γ	γ	ガンマ	g	ガンマ関数（大文字）
Δ	δ	デルタ	d	差（変化量）
Ε	ε	イプシロン	e	回帰モデルの誤差項
Ζ	ζ	ゼータ	z	
Η	η	イータ	e（長音）	相関比
Θ	θ	シータ	th	母数、定数、推定値
Ι	ι	イオタ	i	
Κ	κ	カッパ	k	
Λ	λ	ラムダ	l	ポアソン分布の母数、固有値、定数
Μ	μ	ミュー	m	母平均
Ν	ν	ニュー	n	自由度
Ξ	ξ	グザイ	x	変数
Ο	ο	オミクロン	o	
Π	π	パイ	p	総乗（大文字）、円周率（小文字）
Ρ	ρ	ロー	r	相関係数
Σ	σ	シグマ	s	総和（大文字）、母標準偏差（小文字）、母分散（σ^2）
Τ	τ	タウ	t	
Υ	υ	ウプシロン	y	
Φ	φ	ファイ	ph	自由度（小文字）
Χ	χ	カイ	ch	カイ2乗分布の統計量（小文字）
Ψ	ψ	プサイ	ps	
Ω	ω	オメガ	o（長音）	

さくいん

数字

A

B

C

D

E

F

G

H

S

た

な

は

ま

や

著者略歴

栗原　伸一（くりはら　しんいち）
【序章、第３章、第４章、第５章、第６章、第７章、第８章、第11章（ベイズ統計学）、付録Ｂ、偉人伝】

1966年　茨城県水戸市生まれ
1996年　東京農工大学大学院博士課程修了　博士（農学）
1997年　千葉大学園芸学部助手
2015年より　同大学大学院園芸学研究科教授

専門は農村計画や政策評価であるが、近年は食品安全性に対する消費者意識を数多く研究している。授業は統計学のほか、計量経済学や消費者行動論などを担当している。

丸山　敦史（まるやま　あつし）
【第１章、第２章、第９章、第10章、第11章（ビッグデータ）、付録Ａ】

1972年　長野県長野市生まれ
1996年　千葉大学大学院園芸学研究科修士課程修了
2001年　千葉大学にて博士（学術）取得
2007年より　同大学大学院園芸学研究科准教授

専門は農業経済学。計量経済学の手法を用いて、農業生産や環境評価など幅広いテーマについて研究している。授業は統計学のほか、経済数学や消費者行動論などを担当している。

◉制　　作　　ジーグレイプ株式会社
◉イラスト　　UNSUI　WORKS

統 計 学 図 鑑

平成 29 年 9 月 15 日　　第 1 版第 1 刷発行
平成 30 年 4 月 10 日　　第 1 版第 5 刷発行

著　者　栗 原 伸 一・丸 山 敦 史
制　作　ジーグレイプ
発 行 者　村 上 和 夫
発 行 所　株式会社 オ ー ム 社
郵便番号　101-8460
東京都千代田区神田錦町 3-1
電 話　03(3233)0641(代表)
URL　http://www.ohmsha.co.jp/

組版　ジーグレイプ　　印刷・製本　三美印刷
ISBN978-4-274-22080-7　Printed in Japan